Die perfekte Bewerbung

Sabine Kanzler

ISBN 978-3-8006-3792-8

© 2011 Verlag Franz Vahlen GmbH
Wilhelmstraße 9, 80801 München
Druck und Bindung: Druckhaus Nomos
In den Lissen 12, 76547 Sinzheim
Umschlaggestaltung: Ralph Zimmermann, Bureau Parapluie

Lektorat und Satz: Text+Design Jutta Cram
Spicherer Straße 26, 86157 Augsburg

Gedruckt auf säurefreiem, alterungsbeständigen Papier
(hergestellt aus chlorfrei gebleichtem Zellstoff)

Die perfekte Bewerbung

Das persönliche Erfolgskonzept bei der Jobsuche

Sabine Kanzler

Verlag Franz Vahlen München

So orientieren Sie sich im Buch

Folgende Elemente erleichtern Ihnen die Orientierung in diesem Buch:

 Das CD-Icon finden Sie neben Checklisten, Arbeitsblättern usw., die auf der CD enthalten sind und die Sie daher bequem ausdrucken und bearbeiten können.

> Die mit der Lupe gekennzeichneten Kästen enthalten Definitionen wichtiger Begriffe und Beispiele, die das Gesagte illustrieren.

> In diesen Kästen finden Sie wertvolle Hinweise für Ihre Bewerbung, die Sie beachten sollten.

Inhalt

Vorwort

Sie spielen Lotto? Ja?

Sie machen sich von Zeit zu Zeit Gedanken über Ihre berufliche Entwicklung, nicht nur so nebenbei, sondern intensiv? Nein?

Dann gehören Sie zu den Menschen, die mit dem Besten – dem Lottogewinn – eher rechnen als mit (manchmal unfreiwilligen) beruflichen Wechseln. Und das ganz gegen alle statistische Wahrscheinlichkeit.

Meine erste Begegnung mit dem Thema dieses Buches hatte ich vor fast 20 Jahren. Es war eine Begegnung der besonderen Art. Ich hatte gekündigt, weil ich umziehen wollte. Meine Stelle – Pädagogischer Mitarbeiter zum Thema „Schulergänzende Maßnahmen" – war in der ZEIT ausgeschrieben. Als eine meiner letzten Aktivitäten sollte ich die eingegangenen Bewerbungen sichten und bewerten. Eine machte mich fassungslos! Handgeschrieben auf einem linierten Bogen Papier mit einem Filzschreiber, der schon ziemlich tintenarm und in der Spitze zerfasert war. Und als ob das noch nicht genügt hätte – sozusagen als Krönung – waren zwei falsch geschriebene Wörter mit gelblichem Klebeband (zur farblichen Anpassung mit Tippex überpinselt!) abgeklebt und dieses dann richtig beschrieben. Zwischen Amüsement und Fassungslosigkeit kam mir in diesem Augenblick der Gedanke, es müsse eine lohnende Aufgabe sein, Menschen bei ihren Bewerbungsaktivitäten zu unterstützen!

Seither ist viel Zeit ins Land gegangen und eine Menge an Erfahrung hinzugekommen, genauer gesagt: fast 20 Jahre an Beratungstätigkeit! Dabei habe ich gelernt, dass es nichts gibt, was es nicht gibt. Dass sich für jeden Ratschlag, wie man erfolgreich sein könne mit seinen Bewerbungen, mindestens einen gibt, der das Gegenteil behauptet. Dass keine Vorgehensweise so abwegig ist, dass sie nicht irgendwer irgendwann schon einmal erfolgreich praktiziert hätte. Dass Bewerben Arbeit ist, dass sie aber durchaus erfolgreich bewältigt werden kann. Dass die Fragen, die verunsicherte Menschen stellen, im Kern eigentlich immer die gleichen sind, egal ob sie eine Managementfunktion, eine Tätigkeit als Sachbearbeiter oder eine Aushilfstätigkeit anstreben:

- Was muss, was kann, was soll ich über meine Kenntnisse und Erfahrungen mitteilen?
- Wie überzeuge ich von mir als Person?
- Was tue ich, wenn meine Bewerbungen scheitern?

Es gibt unterschiedliche Ratgeber, es gibt den sogenannten gesunden Menschenverstand – und alle propagieren unterschiedliche Meinungen. Das Ergebnis? Viele Bewerber sind verunsichert, was denn nun richtig sei. Wie man es machen müsse. Wer garantiere, dass man mit dem empfohlenen Vorgehen keinen Fehler mache.

Sie werden in diesem Buch ganz selten Aussagen wie „richtig" oder „falsch" lesen, Hinweise, wie Sie es unbedingt machen müssen und dass es nur einen einzigen richtigen Weg gibt. Sie bekommen also keine Rezepte. Stattdessen werden Sie Material finden, mit dessen Hilfe Sie sich orientieren können: Erfahrungsberichte, Checklisten, Arbeitsbögen, Vorschläge. Nichts zum Abschreiben, alles als Anregung. Damit können Sie Ihren eigenen, individuellen Weg beschreiten und so die auf Sie zugeschnittene perfekte – erfolgreiche – Bewerbung entwickeln. Denn wer eingeladen wird und den Job bekommt, der hat recht, ganz gleich ob er mit oder gegen Ratschläge aller Art gehandelt hat!

Einleitung

Wer sich bewirbt, der ist vordergründig zuerst einmal auf der Suche nach einer neuen Stelle. Erfolgreich ist er damit, wenn er möglichst kurzfristig eine findet. Oder doch nicht?

Kaum jemand sucht irgendetwas, nach dem Motto: „Hauptsache, ich verdiene so viel damit, dass ich mir … (Ja, was eigentlich?) leisten kann." Fast jeder hat bestimmte Vorstellungen davon, was er gerne den lieben langen Tag tun würde. Zumindest wissen fast alle, was sie auf gar keinen Fall tun wollen: dauernd am Schreibtisch sitzen („Davon bekomme ich es im Kreuz!"), körperliche Arbeit verrichten („Da hab ich es immer gleich im Kreuz!"), Pommes verkaufen („Da stinkt man immer so nach Frittenfett!"), als Sekretärin arbeiten („Ich bring dem Typ doch nicht Kaffee an den Tisch und räume hinterher ab! Mein Mann macht das ja auch selber."), in einem Kleinunternehmen beschäftigt sein („Hab ich dafür Sprachen gelernt?"), als Sachbearbeiter tätig sein („Hab ich dafür studiert?"), sich auf eine nicht sehr anspruchsvolle Stelle ohne große Entscheidungsbefugnisse in Kleinkleckersdorf bewerben („Schließlich habe ich internationale Führungserfahrung!"), für weniger Geld als im letzten Job arbeiten („Ich steh doch morgens nicht um sechs auf, um dann weniger auf dem Konto zu haben als mit Arbeitslosengeld!") … Die Aufzählung ließe sich beliebig fortsetzen.

Man sucht also nicht irgendeinen Job, man sucht *den* Job: der einen zufrieden macht, der das richtige Einkommen garantiert, der der Ausbildung und Begabung entspricht, der Prestige bringt. Und mit diesen Vorgaben ist Bewerben keine einfache Suche nach einer Tätigkeit mehr, die den Lebensunterhalt sichert, sondern wird zur Karriere- und Lebensplanung.

Karriere- und Lebens- planung

Dabei fängt niemand bei null an – wie in der Spielbank zum Beispiel. „Neues Spiel – neues Glück!" gibt es hier nicht! In jedem Bewerbungsverfahren begegnen sich berufliche Vergangenheit und berufliche Zukunft, im Guten wie im Schlechten. Ein guter Ausbildungsabschluss, die Sprachen, die man in jungen Jahren gelernt hat, machen zumindest im ersten Drittel des Berufslebens vieles leichter. Die Bereitschaft, nach einer betriebsbedingten Kündigung eine Weile lange Fahrzeiten zur neuen Arbeitsstelle auf sich zu nehmen, bewahrt einen vor längerfristiger Arbeitslosigkeit und erhöht mittelfristig die Chancen, beim nächsten Stellenwechsel wieder in Heimatnähe eine zufriedenstellende Aufgabe zu finden.

Langfristig denken

Unsere Fehler, die wir irgendwann einmal gemacht haben, begleiten uns ebenso. Die Entscheidung, nicht zu studieren, sondern gleich mit einer betrieblichen Ausbildung ins Berufsleben einzusteigen, zeigt ihre Konsequenzen manchmal erst ein Jahrzehnt später, wenn wir nämlich durch einen Arbeitgeberwechsel den nächsten Karriereschritt planen und völlig irritiert feststellen, dass erreichte Erfolge ein fehlendes Studium in den Augen eines suchenden Unternehmens nicht ersetzen. Um nur ein Beispiel von vielen zu nennen.

Der Grund dafür? Sind Unternehmensvertreter, die für die Personalbeschaffung zuständig sind, so wenig tolerant, so engstirnig, so sicherheitsbetont in ihrem Denken und Handeln, dass sie immer nur den Kandidaten wollen, der garantiert ins Raster passt, der mit nahezu hundertprozentiger Sicherheit keine Probleme macht, den Menschen ohne Überraschungen?

Nun, diese Menschen haben nur Ihre dargestellte Vergangenheit und aus dieser leiten sich die Erwartungen für Ihr zukünftiges Handeln ab. Wer bis zum Tag seiner Bewerbung nie die Fähigkeit gezeigt hat, sich durchzubeißen und Schwierigkeiten zu überwinden, der lässt nicht glauben, dass es ausgerechnet bei dieser Stelle anders werden könnte. Wenn bei drei eher kurzfristigen Arbeitsverhältnissen in Folge der Chef das Potenzial des Mitarbeiters nicht erkannt hat (in der Darstellung des Bewerbers), wieso sollte es sich ein potenzieller neuer Chef antun, ein Jahr später (wieder aus der Sicht dieses Bewerbers) in die Reihe dieser Trottel aufgenommen zu werden?

Andererseits: Wer gute Ergebnisse nachweisen kann, wer auf eine Reihe von Beförderungen zurückblicken kann, warum sollte der auf einmal zum Versager werden?

Mit einem Wechsel des Arbeitgebers lässt der Mensch ja nicht seine Persönlichkeit, sein Wissen, seine Selbstdisziplin zurück, er nimmt sich mit, mit all seinen Stärken und Schwächen. Und da Erfolge oder Misserfolge immer auch in der Person des Individuums liegen, geht man natürlich davon aus, dass Sie als Bewerber ebenso „Wiederholungstäter" sind. Dass Ihr Erfolg in Ihren eigenen Fähigkeiten begründet liegt, an Ihrem Misserfolg jedoch ausschließlich der andere, das Unternehmen, die Wirtschaftslage o. Ä. schuld sind, dieser Argumentation wird niemand folgen.

Eine Bewerbung um eine neue Stelle steht also nicht isoliert für sich. Und bei keinem Stellenwechsel können Sie sicher sein, dass es der letzte Ihres Berufslebens ist. Der Blick in den Wirtschaftsteil unserer Tageszeitung lehrt uns das.

Aus diesem Grund geht es in diesem Buch nicht nur darum, wie eine gute – eine erfolgreiche – Bewerbung am besten zu erstellen ist. Es geht um notwendige Überlegungen im Vorfeld, es geht darum, sich die Grundlagen der eigenen Entscheidungen klarzumachen. Denn sich erfolgreich zu bewerben und diese Verfahren (kurzfristig und langfristig) im Verlauf eines ganzen beruflichen Lebens mit gutem Ergebnis abzuschließen bedeutet, die richtigen Entscheidungen zu treffen. Oder, wenn das schon nicht immer machbar ist, doch wenigstens die schlimmsten Fehler zu vermeiden.

Es gibt zwei wichtige Schlüssel zum Erfolg:

- Der eine sind gute Unterlagen, in denen die eigenen Ziele, Kenntnisse und Erfahrungen nachvollziehbar und schlüssig kommuniziert werden.

- Ebenso wichtig ist aber auch, eine realistische Einschätzung dessen zu bekommen, wie Unternehmen, wie der Arbeitsmarkt, wie Vorgesetzte denken und handeln, wie sie „ticken", unabhängig von der aktuellen wirtschaftlichen Lage.

Schlüssel zum Erfolg

Hinter jeder Personalsuche stehen Abläufe in den Unternehmen, die bei einer Stellenbesetzung zum Tragen kommen. Wer weiß, was dort passiert, kann sich darauf einstellen und in sein Vorgehen einbeziehen. Das hilft, Fehler zu vermeiden und gibt damit Handlungsspielraum.

Wie Sie als Leser mit diesem Buch arbeiten können

Dieses Buch ist in zwei große Blöcke gegliedert. Der erste Block umfasst all das, was zu einer umfassenden Bestandsaufnahme und zu einer Planung des Vorgehens notwendig ist:

- die Identifizierung der Themen, die Einfluss auf das eigene Bewerbungsverhalten haben

- eine Bestandsaufnahme der persönlichen Entwicklung, der „rote Faden" des eigenen Berufslebens, die Identifizierung der Kenntnisse, Fähigkeiten und Erfahrungen, die Erfolge, die Stolpersteine, die Probleme, die der Empfänger im Werdegang identifizieren könnte

- Hinweise zur Erstellung der Unterlagen: von der Anzeigenanalyse über Überlegungen zur Gestaltung von Anschreiben bis hin zur Lebenslauferstellung (mit kommentierten Beispielen)

- die Vorbereitung auf das Vorstellungsgespräch, der Teil des Bewerbungsverfahrens, nach dem sich herausstellen wird, ob Sie richtig lagen mit Ihren Einschätzungen im Vorfeld, ob Sie sich richtig vorbereitet haben, ob Sie zum Unternehmen passen. Und natürlich auch, ob das Unternehmen zu Ihnen passt!

Der zweite Block ist eine Zusammenstellung von Themen, die Hintergründe und im Zusammenhang mit Recruiting viel diskutierte Themen beleuchten – ein Lesebuch mit informativem und hoffentlich auch unterhaltendem Charakter.

Dieses Buch bildet die Stationen ab, die im Laufe eines Beratungsprozesses zum Thema „Berufliche Veränderung" zu bearbeiten sind – natürlich nicht immer und auch nicht von jedem in gleicher Intensität. Dazu sind die Ausgangvoraussetzungen zu unterschiedlich. Sie können dieses Buch also von Anfang bis Ende durchlesen. Vermutlich wird aber nicht jedes Kapitel für jeden auf den ersten Blick gleichermaßen interessant sein. Treffen Sie eine Auswahl und suchen Sie sich Ihre Schwerpunkte; und wenn Sie merken, dass Ihnen etwas fehlt, dann blättern Sie zurück – Sie werden die notwendigen Hinweise in den Texten finden.

Arbeits-blätter, Checklisten

Diesem Buch beigefügt ist eine CD-ROM mit Arbeitsblättern und Checklisten. Erfahrungsgemäß empfiehlt es sich, gerade die Aufgaben zur Bestandsaufnahme schriftlich zu bearbeiten. Sie haben dann, wenn es schließlich an die Erstellung der Unterlagen geht, Material, das Sie nutzen können. Wenn Sie alle Themen sorgfältig durchgearbeitet haben, brauchen Sie vor den oft gefürchteten „Fangfragen" in einem Vorstellungsgespräch keine Sorge mehr zu haben. Dann haben Sie nämlich alle Themen für sich durchdacht, formuliert und Ihre Schlüsse aus Ihren Überlegungen gezogen. Sie sind mit sich im Reinen, immer eine gute Voraussetzung für wichtige Gespräche!

Und noch etwas: Wenn Sie die hier dargestellten Themen schriftlich bearbeiten, zwingen Sie sich zu Präzision im Denken. Gerade bei unangenehmen Fragen, bei emotional belastenden Überlegungen ist das zwar schwierig und mühsam, verhilft aber zu Klarheit und damit zu Sicherheit und Überzeugungskraft. Und das wollen Sie doch erreichen, oder?

Teil 1: Bestandsaufnahme

1 Die Basis für Ihr Vorgehen finden: Damit müssen Sie sich beschäftigen

Nein, wir springen nicht gleich mit dem ersten Kapitel mitten ins Thema des Buches. Wir besteigen einen Hubschrauber und sehen uns das Thema erst einmal von oben an!

Warum das?

Berufliche Veränderungen sind massive und weitreichende Eingriffe in unser Leben. Das gilt besonders für erzwungene Veränderungen. Sie wirken weit in die Zukunft hinein, sie sind immer mit Unsicherheiten verbunden und damit auch risikobehaftet und sie berühren unsere wirtschaftliche Lebensgrundlage, ob nun positiv (mehr Gehalt) oder negativ (finanzielle Abstriche).

Soll oder muss hier etwas verändert werden, dann gerät nur zu leicht alles in Bewegung: die Familie (weil sie sich auf einen veränderten Lebensrhythmus einstellen muss), die Zeit, die bisher für Freizeit und Freunde eingeplant war, die berufliche Identität, die eigene Befindlichkeit. Alles muss wahrgenommen, bewertet und ggf. neu geordnet werden. Unerheblich ist dabei, ob alles besser oder gar schlechter wird als im Moment, es wird auf alle Fälle anders. Und das kostet Energie!

1.1 Zunächst den Überblick gewinnen

Stellen Sie sich die Bereiche Ihres Lebens als Netz vor, geknüpft aus einem einzigen langen Faden. Wenn eine Knotenstelle – Ihr Beruf – gelöst wird oder reißt, dann kann sich bei einer unerwarteten Belastung das ganze Netz auflösen oder doch stark in Mitleidenschaft gezogen werden.

Natürlich können Sie dieses Risiko, dass alles aus den Fugen gerät, nie völlig ausschalten, aber es lohnt sich, kritische Bereiche im Vorfeld zu identifizieren und, wenn nötig, Sicherungssysteme einzubauen.

Sie werden Veränderungen erleben – in Ihren Einstellungen und Überzeugungen, aber auch ganz praktisch in Ihrem Tagesablauf. Sie werden Ihre Zeit anders verteilen müssen, denn es kommen Aufgaben auf Sie zu, für die Sie Raum brauchen.

Beginnen wir also mit der Bestandsaufnahme!

Was gehört alles zum Thema?

Meine Zeit – und wie ich sie verbringe

Prioritäten

Jeder trifft Entscheidungen, wie er sich sein Leben einrichtet und Prioritäten setzt. Das geschieht bewusst oder unbewusst. Der Partner, Freizeit, Kind(er), Freunde, soziale Bindungen/Verpflichtungen (hierzu gehören auch all die Dinge, die wir tun, um unseren Alltag zu organisieren und zu bewältigen), berufliches Engagement, die persönliche Zeit für sich selbst – das sind in der Regel die Pole, zwischen denen wir uns bewegen.

Hier geht es darum, sich in einem ersten Schritt die zeitliche Gewichtung bewusst zu machen. Wie verbrauchen Sie Ihre verfügbare Zeit? Denken Sie daran, dass Sie Wochenenden, Feiertage und auch Urlaub haben. Und dass Sie irgendwann auch schlafen müssen!

Wenn Ihnen eine Gesamtübersicht schwerfällt, trennen Sie Arbeitstage von Wochenenden und Urlaub und fertigen Sie getrennte Übersichten an.

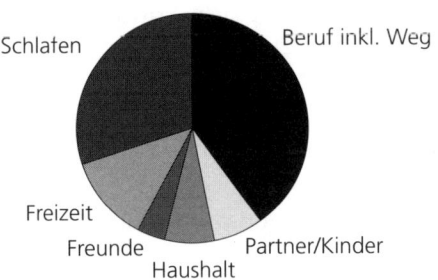

Fertigen Sie sich nun eine Übersicht für sich selbst an. Sie finden dazu auf Ihrer CD-ROM eine Excel-Vorlage.

Beruf inkl. Weg

Partner/Kinder

Haushalt

Freunde

Freizeit

Schlafen

Weiterbildung/Fachliteratur

Meine Themen – und wie ich sie gewichte

Unabhängig von der Zeit, die Sie mit den verschiedenen Themen verbringen, haben diese eine Bedeutung in Ihrem Leben. Überlegen Sie deshalb in einem zweiten Schritt, wie wichtig Ihnen die verschiedenen Themen sind, welche emotionale und intellektuelle Bedeutung sie für Sie haben. Hier ein Beispiel:

Die Bedeutung der Themen

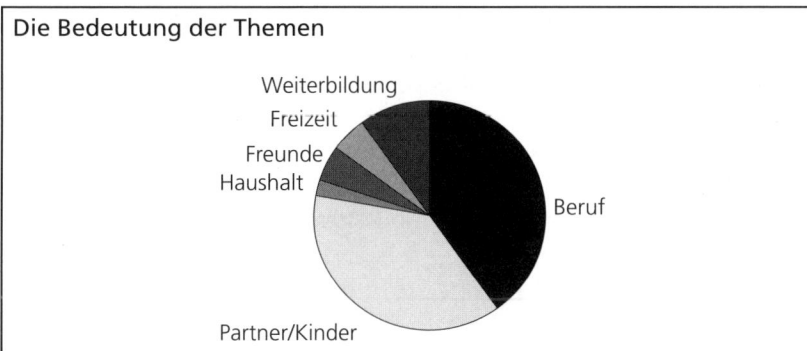

Weiterbildung
Freizeit
Freunde
Haushalt
Beruf
Partner/Kinder

Sehr gut zu erkennen: Für diese Person haben Beruf und Familie eine etwa gleich große Bedeutung, der Beruf sogar eine etwas größere, wenn man Weiterbildungsaktivitäten zu dieser Kategorie dazurechnet. Diese beiden Bereiche dominieren eindeutig. Alles andere (Freizeit, Freundschaften) fällt dagegen weit zurück.

Auch hierzu finden Sie auf Ihrer CD-ROM eine Excel-Vorlage, sodass Sie sich eine eigene Übersicht anfertigen können.

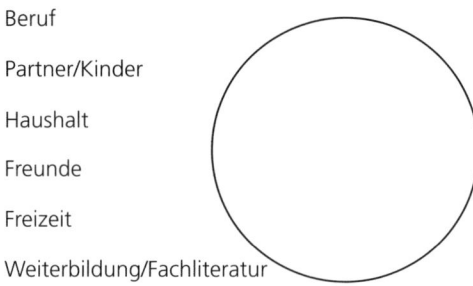

Beruf

Partner/Kinder

Haushalt

Freunde

Freizeit

Weiterbildung/Fachliteratur

Meine Konsequenzen für die Zeit der Veränderung

Entscheiden Sie in einem dritten Schritt, ob diese Gewichtung, die Sie vorgenommen haben, für Ihre Situation als Bewerber und (demnächst) neuer Mitarbeiter in einem Unternehmen angemessen erscheint.

Erscheint Ihnen Ihre Gewichtung grundsätzlich in Ordnung und Erfolg versprechend?

Oder kommen Sie jetzt, nachdem Sie sich jetzt buchstäblich ein Bild gemacht haben, zu der Erkenntnis, dass Sie etwas ändern müssen oder wollen?

Es geht nicht darum, dass grundsätzlich der berufliche Teil ausgeweitet werden müsste. Bewerben kostet aber Zeit, Zeit, die Sie bisher mit anderen Dingen verbringen. Es geht darum, dass Sie – mindestens während der Phase der Veränderung – eine andere Gewichtung brauchen. Es geht auch darum, eine angemessene Balance für Ihr Leben und die Veränderungssituation zu finden, auf die Sie sich ja jetzt hinbewegen!

Wie sieht ggf. Ihr veränderter Zeit- und Themenkreis aus?

Zeit   Themen

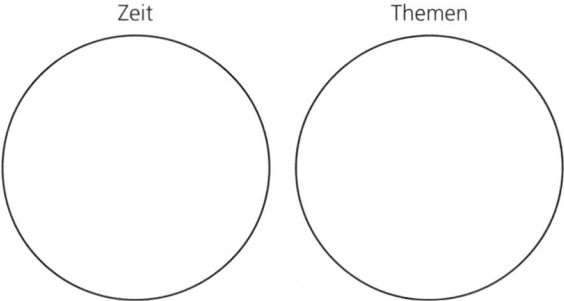

Wichtig: relevante und belastbare Informationen

Sie werden im Verlauf Ihres Bewerbungsverfahrens viele Entscheidungen treffen müssen. Ein großer Teil wird sich auf Ihre Zukunft auswirken: auf die unmittelbare Zukunft, die nächsten Wochen, aber auch auf die entfernte. Mit einigen Konsequenzen Ihrer Entscheidungen werden Sie vielleicht bis zum Ende Ihrer Berufstätigkeit leben müssen.

Wer in seine Überlegungen nicht alle beeinflussenden Faktoren rund um das Thema Job einbezieht und sich ausschließlich darauf konzentriert, sich auf die nächste Anzeige zu bewerben, vernachlässigt seine Zukunftsplanung.

Das kann natürlich gut gehen. Diejenigen, bei denen es auf Dauer nicht gut gehen wird, haben kurzfristig ein Problem gelöst. Sie haben eine neue Stelle. Sie haben dabei aber nicht im Kopf, dass man mit dieser Problemlösung neue Probleme erzeugen kann.

Beispiel: Unbedachte Kündigung

Nach zwei bis drei Jahren im Unternehmen wechselt Herr F., weil er sich unterfordert fühlt und nicht so zügig befördert oder finanziell höhergestuft wird, wie er sich das vorgestellt hat. Das nächste Unternehmen ist schnell gefunden, schließlich bringt er sehr gute Voraussetzungen mit. Die Hoffnungen sind groß, aber schon in der Probezeit stellt sich heraus, dass die Versprechungen, die Herrn F. im Einstellungsverfahren gemacht wurden, nicht gehalten werden. Verärgert kündigt er und findet wieder übergangslos einen neuen Arbeitgeber. Nach zwei Monaten erhält er dort die Kündigung. Die Chemie stimmt nicht vonseiten des Vorgesetzten aus, man hatte sich das mit dem Kandidaten anders vorgestellt. Bei einer Neubewerbung kommt unser Bewerber in Argumentationsnot, Karriereambitionen rücken erst mal in weite Ferne, er muss kleine Brötchen backen und von vorn anfangen. Der Makel der vorschnellen Kündigung und der Entlassung während der Probezeit bleiben trotz aller Erfolge, die Herr F. vielleicht erreichen wird, erst einmal haften.

Herr F. hat sich zu unüberlegten Reaktionen verleiten lassen. Bei seinem zweiten Wechsel hat er sich sicher und damit der Fragestellung, wie er sich am schnellsten weiterentwickeln könne, gewachsen gefühlt. Die Tatsache, rasch eine neue Stelle zu finden, gab ihm zusätzlich Recht. Was er versäumt hat? Die Risiken dieser Entscheidung abzuwägen und sich Informationen zu beschaffen, wie seine Entwicklung bei einem Scheitern von Unternehmensseite aus bewertet wird.

Das herauszufinden hätte keiner besonderen Fachkenntnisse bedurft! Solche Informationen sind für jeden frei zugänglich: in den Karrierebeilagen von Zeitungen, in der Ratgeberliteratur, in einschlägigen Internetforen. Herr F. hat sich nicht informiert und somit Selbstverständlichkeiten übersehen, nicht weil er dazu nicht intelligent genug gewesen wäre, sondern weil ihm schlichtweg das Problembewusstsein fehlte.

Das Thema „unbedachte Kündigung" kann ersetzt werden durch „falsche Weiterbildungsentscheidung", „provozierter Krach mit dem Vorgesetzten", „überzogene Gehaltsvorstellungen", „Illusionen über die eigen Unersetzlichkeit" etc. Die Folgen sind immer langfristig.

Dabei entspricht solch ein Vorgehen durchaus unseren Denkgewohnheiten im Alltag. Ein Problem taucht auf und wir lösen es, so wie wir es im Normalfall eben tun. Wer bei jedem Einkauf eines T-Shirts den gesamten Kontext der global agierenden Textilwirtschaft mitbedenken und in sein Handeln einbeziehen will, wird bald ohne Kleidungsstücke dastehen. Wir müssen also entscheiden lernen, wann wir uns Gedanken über die Komplexität einer Situation machen und unser Informationsverhalten danach ausrichten sollten. Der Themenbereich „Berufliche Veränderung" gehört eindeutig zu denen, bei denen es sich lohnt, mehr noch: bei denen Entscheidungen „aus dem Bauch heraus" sträflich sind!

Wie viel Information?

Die Kunst ist festzustellen, wann das richtige Maß an Informationen vorliegt. Denn man kann Menschen auf zwei Arten unfähig machen, Entscheidungen zu treffen.

- Man sagt ihnen nichts, jedenfalls nichts wirklich Wichtiges.
- Man macht ihnen alle Informationen zugänglich. Wer einmal aufs Geratewohl mit Google & Co angefangen hat, zu einem Thema Informationen zu suchen, der weiß, wie schnell und leicht man sich im Dschungel von Daten und Meinungen verlaufen und damit entscheidungsunfähig werden kann.

Es gibt eine zusätzliche mögliche Fehlerquelle: Jeder sieht sich gerne in seiner Meinung bestätigt. Ansichten, die der eigenen Anschauung entsprechen, werden in der Regel intensiver wahrgenommen als solche, die anderes – Gegensätzliches – vertreten. Verständlich, denn wer möchte sich das Leben schon gerne unbequem machen? Beziehen Sie dennoch solche Ansichten in Ihre Überlegungen mit ein!

Informationen erwerben in Entscheidungssituationen

Entscheidungen müssen getroffen werden – und das häufig nicht dann, wenn es uns angenehm ist, und auch nicht immer unter Bedingungen, die optimal sind. Trotzdem brauchen wir Informationen als Grundlage für eine tragfähige Entscheidung.

Folgende Elemente beeinflussen den Informationserwerb. Sich über die folgenden Fragen Klarheit zu verschaffen hilft, ihn besser zu strukturieren.

- **Zeitfaktor:** Wie viel Zeit zum Informationserwerb habe ich?
- **Informationsmenge:** Welche wahre Menge an Informationen existiert überhaupt? Zu welchen Themen brauche ich Informationen?
- **Kosten:** Welche Mittel (Zeit, Geld, Energie) will ich investieren?
- **Kapazität:** Wie viel Informationen kann ich verarbeiten?

Checkliste „Informationsbeschaffung zur Entscheidungsfindung"	
Haben Sie sich umfassend genug informiert?	
Haben Sie Ihren Informationsbedarf aufgelistet?	
Haben Sie sich informiert, welche Informationsquellen zu Ihrem Thema existieren?	
Haben Sie die Relevanz dieser Quellen geprüft?	
Haben Sie mehrere dieser Quellen gelesen und einen weiteren Teil mindestens kurz überflogen?	
Haben Sie mit mindestens einer Person gesprochen, die eine völlig andere Meinung vertritt als die Ihre?	
Haben Sie die Ergebnisse Ihrer Informationen kurz skizziert und auf ihre Plausibilität überprüft?	
Haben Sie zu Ihren Fragen Hypothesen gebildet, die Sie überprüfen können?	
Haben Sie sich über die kurz- und mittelfristigen Folgen Ihrer Entscheidungen Gedanken gemacht und auch schriftlich fixiert?	

1.2 Ihre persönliche Lage (Befindlichkeit): Klären Sie Ihre Ausgangssituation!

Keine Bewerbungssituation ist wie die andere. Im Folgenden sind verschiedene Ausgangssituationen dargestellt. Sie beschreiben die unterschiedlichen Voraussetzungen, mit denen Menschen in einem Bewerbungsverfahren agieren und zurechtkommen müssen.

Definieren Sie in einem ersten Schritt, zu welcher Bewerbergruppe Sie gehören. Denn sowohl der Arbeitsmarkt als auch die persönlichen Voraussetzungen sind so breit, vielschichtig und damit unübersichtlich, dass ein einziger Ratschlag niemals für alle richtig, passend sein kann.

Das fängt an bei den greifbaren Fakten, die jeder mitbringt: Alter, Geschlecht, Ausbildung, berufliche Erfahrung. Es endet bei der eigenen Persönlichkeit, den Hoffnungen, Wünschen und Ängsten, die jeder mit sich herumträgt.

Mit diesen Voraussetzungen lebt jeder. Er nimmt sie mit, wohin er auch geht: in jedes Bewerbungsverfahren, in jedes Vorstellungsgespräch, in jeden neuen Job.

Um herauszufinden, was für Sie richtig ist, klären Sie Ihre Ausgangssituation. Fangen Sie mit der Frage an, zu welcher Bewerbergruppe Sie eigentlich gehören: ob Sie sich bewerben wollen oder ob Sie sich bewerben müssen.

Sie wollen sich bewerben

Ihnen stehen alle Türen offen und eigentlich denkt jeder, Sie müssten sich nun wirklich keine Gedanken machen, wie man sich am besten bewirbt. Jeder will Sie haben, weil Sie einfach ein Traumkandidat sind. Eine exzellente Ausbildung mit guten Examina, im besten Wechselalter und gerade das richtige Maß an beruflicher Erfahrung. Eine wirklich luxuriöse Ausgangssituation für eine Neuorientierung!

Nicht ganz so komfortabel, aber immer noch recht angenehm: Sie wollen den Jobwechsel! Und das, obwohl Sie überhaupt nichts ändern müssten, wäre da nicht eine kleine Unzufriedenheit, die immer größer wird. Sicher, die Situation am Arbeitsplatz ist nicht schlecht, die Arbeit macht noch Spaß, aber es gibt kein Weiterkommen mehr. Die Möglichkeiten im Unternehmen sind ausgereizt, interne Beförderungen eher unwahrscheinlich. Trotzdem könnte eigentlich alles so bleiben, wenn … Das kann doch noch nicht alles gewesen sein!

Oder treffen die folgenden Beschreibungen auf Sie zu?

Die Aufgaben befriedigen nicht mehr. Sie sind der Meinung, fachlich größeres Potenzial zu haben. Der Verstand ist einfach nicht genügend gefragt, denn die Aufgabenstellungen wiederholen sich und Sie beginnen sich zu langweilen.

Das Unternehmen, in dem Sie arbeiten, ist in Ordnung. Aber wenn Sie in Gesprächen berichten, wo Sie arbeiten, bewirkt das in den Augen der anderen kein Erkennen, kein auch noch so kleines Fünkchen von Neid. „Ach, da arbeitest du?" Andere Unternehmen sind zweifellos attraktivere Arbeitgeber, nicht nur des Gehalts wegen! Und so einen wollen Sie auch haben!

All dies sind beispielhafte Szenarien, die nach beruflicher Veränderung rufen. Der Wunsch nach Weiterentwicklung ist legitim, manchmal gilt der Prophet im eigenen Lande, sprich der Spezialist im eigenen Unternehmen nichts. Wer als Praktikant angefangen hat und nach Ausbildungsende und ein oder zwei Jahren Arbeit immer noch für Zuarbeiten aller Art herangeholt wird, der muss weg aus dem Unternehmen und als vollwertiger Mitarbeiter einen neuen Anfang machen.

Es müsste eigentlich leicht sein, sich in einer solchen Situation umzuorientieren. Es gibt keinen zeitlichen Druck, der durch ein drohendes Ende eines Arbeitsvertrags hervorgerufen wird. Der Wechselzeitraum kann selbst gewählt und mit den privaten Erfordernissen in Einklang gebracht werden. Die einzige Gefahr, die droht: Man verpasst den optimalen Zeitraum, weil immer etwas dazwischenkommt. Aber das ist dann eher eine Frage der Prioritätensetzung.

Eine solche Ausgangssituation ist ideal für einen Wechsel. Denn sie macht unabhängig. Das stärkt die Verhandlungssituation, das stärkt die Fähigkeit, vorurteilslos das Für und Wider von Angeboten zu prüfen, zu überlegen, was gut für die eigene Entwicklung ist. Nur aus einer sicheren

Situation heraus lässt sich frei entscheiden, ohne unnötigen Druck, ohne Angst.

Warum also sich dann Gedanken machen? Weil es auch da, wo die Chancen so groß sind, Probleme geben kann. Weil derjenige, der höher hinaus will, auch tiefer fallen kann.

Menschen, die aus einer solchen Situation heraus wechseln, sind häufig ehrgeizig. Sie sind begabt, es bieten sich viele Möglichkeiten, sie haben bisher in der Regel Zustimmung erfahren. Da liegt natürlich nahe, nach Entwicklungschancen zu suchen, Karriere zu machen, mehr Geld verdienen zu wollen. Das ist gut und richtig so. Allerdings steigt das Risiko des Scheiterns, sollte man seine Ausgangssituation falsch wahrnehmen und damit seine Chancen falsch einschätzen. Denn je höher man hinaus will, desto weniger verzeiht der Arbeitsmarkt Fehler. Ein Scheitern – und das kann immer passieren, das muss man auch gar nicht selbst verschuldet haben – ist u. U. nur noch schwer oder gar nicht zu reparieren. Drei Beispiele sollen deutlich machen, was alles passieren kann:

Beispiel 1: Streben nach Höherem

Die eigene Ungeduld kann gerade jungen Leuten Streiche spielen. Man ist überzeugt davon, gut zu sein, man engagiert sich, und trotzdem: Der nächste Karriereschritt will einfach nicht kommen. Keine interessanten Sonderaufgaben, mit denen man sich profilieren kann, kein größerer Verantwortungsrahmen. Der Weg nach draußen scheint die einzige Möglichkeit zum Vorankommen zu sein!

Florian Z. wollte Personal- oder Projektverantwortung übernehmen, hat aber im eigenen Unternehmen keine entsprechenden Aufgaben im Rahmen einer Beförderung übertragen bekommen. Nun musste er im Bewerbungsverfahren glaubhaft argumentieren, warum ein neuer Arbeitgeber ihm etwas zutrauen sollte, was beim alten Arbeitgeber offenbar niemand tat, und das, obwohl man den Bewerber und seine Fähigkeiten dort doch kennt. Also musste Florian Z. erst einmal in der alten Position weitermachen. Dummerweise hat sein Vorgesetzter von den Wechselabsichten Wind bekommen und Florian Z. kann jetzt ist noch weniger mit weiterführenden Aufgaben rechnen!

Beispiel 2: Selbstüberschätzung

Nach erfolgreicher Tätigkeit als Leiter einer Abteilung wünscht sich Klaus H., Gesamtverantwortung in einem Unternehmen zu übernehmen, und bewirbt sich auf die Position eines Geschäftsführers eines mittelständischen Unternehmens. Er erhält die Stelle, stellt aber nach zwei Jahren fest, dass er sich in der Zusammenarbeit mit den Eigentümern aufreibt. Es passt einfach nicht und er braucht einen neuen Job. Durch die Erfahrungen ein Stück desillusioniert stellt er bei der Suche fest, dass die Rückkehr in seine alte Funktion nicht so einfach ist. Es steht vor der Erkenntnis, dass für viele die Einstellung gilt: „Einmal Geschäftsführer, immer Geschäftsführer". Man traut ihm nicht zu, sich wieder auf einen vergleichsweise kleinen Bereich zu beschränken, man befürchtet, er werde sich in die Geschäftsführung einmischen. Dass so etwas passieren könne, hatte er nicht bedacht.

Zu guter Letzt ein Beispiel, in dem es nicht um die große Karriere geht, sondern „nur" um den Wunsch, sich inhaltlich und persönlich weiterzuentwickeln:

Beispiel 3: Kurzes Gastspiel

Karin G. ist erfolgreich in ihrer Position. Sie ist fachlich gut qualifiziert, sie wird geschätzt und sie kann eigentlich mehr, als ihr bei ihrem jetzigen Job abverlangt wird. Innerhalb des Unternehmens gibt es jedoch keine Möglichkeiten, ihr Potenzial zu nutzen. Eine Anzeige verspricht genau den Arbeitsplatz, den sie sich gewünscht hat. Sie bekommt die Stelle, es ist alles wunderbar. Vier Monate später verlegt das Unternehmen ihre Abteilung an einen anderen Standort. Sie kann und will nicht den Wohnort wechseln, für sie bleiben vor Ort mehr oder minder Hilfsarbeiten.

Keines dieser Beispiele zeigt eine katastrophale Entwicklungen auf, aber jedes offenbart, wie schnell aus einer komfortablen Situation durch Unachtsamkeit, mangelnde Information oder ganz einfach Pech ein steiniger Weg zurück auf die Überholspur werden kann.

Das soll niemanden abhalten, Chancen zu suchen und zu ergreifen! Es soll nur ermutigen, vorher genau hinzuschauen.

Die folgenden Checklisten, die Sie auch auf Ihrer CD-ROM finden, sollen Ihnen einen ersten Anhaltspunkt für Ihre Entscheidungen bieten.

Checkliste „Wechseln oder nicht?"	
Sie blicken auf eine erfolgreiche Zeit/erfolgreiche Projekte zurück.	
Sie haben Ihre Ziele innerhalb Ihres Unternehmens erreicht.	
Sie haben für sich geklärt bzw. wissen, warum Sie die Entwicklungschancen, die Sie haben möchten, in Ihrem bestehenden Arbeitsverhältnis nicht finden.	
Ihr bisheriger Lebenslauf ist „sauber", weist keine Brüche auf.	
Ihr letzter Jobwechsel liet ca. zwei bis drei Jahre zurück.	
Ihre Fachkompetenz ist geschätzt.	
Sie sind als Person anerkannt.	
Ihre persönlichen Lebensumstände sind geordnet.	
Sie wissen, was Sie wollen.	
Sie wissen, was Sie können und was nicht.	
Sie sind im guten Wechselalter.	

Wenn Sie mehr als einem Drittel der Aussagen nicht zustimmen können, dann klären Sie besser zunächst Ihre persönliche Situation, bevor Sie Ihre Wechselabsichten weiterverfolgen.

Arbeitsblatt „Jobwechsel"	
Welchen Entwicklungsschritt streben Sie durch einen Wechsel an?	
Haben Sie bedacht, dass Sie sich bei einem Wechsel auf eine Probezeit einlassen?	
Welche Unternehmen kommen für einen Wechsel infrage? Wie sind sie am Markt positioniert? Sind es innovative Unternehmen? Sind es nachweislich erfolgreiche Unternehmen?	
Welche Entwicklungschancen bieten diese Unternehmen? Können Sie dort Ihre nächsten Karrierestufen erreichen?	

Wenn Sie diese Fragen konkret und positiv beantworten können, gibt es keinen Grund, noch lange zu zögern.

Sie müssen sich bewerben

Ein Beispiel – zugegebenermaßen extrem – vorweg. Extrem deshalb, um deutlich zu machen, worum es in diesem Kapitel geht und welche Folgen falsche Einschätzungen nach sich ziehen können:

Vertane Chancen
Christian S., ein 40-jähriger Manager, ist vor vier Jahren nach einer bis dahin glänzenden Karriere in drei verschiedenen Unternehmen aus seiner letzten Position ausgeschieden und noch immer arbeitslos. Er habe, so sagt er, damals eine hohe Abfindung erhalten, die jetzt allerdings bald ebenso wie sein Erspartes zur Neige gehe. Speziell am Anfang seiner Arbeitslosigkeit habe er durchaus interessante Jobangebote erhalten, allerdings nicht gut so bezahlt wie seine letzte Position. Deshalb habe er damals abgelehnt.

Was ist falsch gelaufen bei Christian S.? Wann hätte er spätestens merken müssen, dass er immer schneller in eine Sackgasse gerät? Dass er einer Illusion über seine Arbeitsmarktchancen nachgehangen hat?

Damit Ihnen so etwas nicht passiert, finden Sie hier Hinweise, die beschreiben, wie es zu solchen Entwicklungen kommt, woran man sie erkennt, wie man sich darauf vorbereitet und wie, falls man schon mittendrin steckt und vielleicht auch arbeitslos ist, wieder herauskommt.

Drohender Arbeitsplatzverlust löst massiven Stress aus. Unsicherheit und Sorgen sind kein guter Ratgeber. Sich zu sorgen bindet Energien und verhindert den Blick auf die Realität. Angst färbt ihn ein und verhindert, das zu sehen, was tatsächlich passiert. Im Grunde verschlechtern sich damit Chancen auf dem Arbeitsmarkt schon ab dem Augenblick, in dem jemand anfängt, sich sorgend Gedanken zu machen. Denn das öffnet Tür

Stress-situation

und Tor für unüberlegten Aktionismus. Ein Grund also, sofort die Flinte ins Korn zu werfen? Mitnichten!

Zuerst einmal: Was kann jemanden auf den Gedanken bringen, er müsse sich bewerben? Oder auch: Was kann jemanden auf den Gedanken bringen, er solle eine Bewerbung ins Auge fassen, obwohl er bis jetzt eigentlich nicht daran gedacht hat?

Ein eindeutiger Indikator, das Thema auf die eigene Agenda zu setzen, ist die wirtschaftliche Schieflage des Unternehmens, bei dem man angestellt ist. Wie der Arbeitgeber dasteht, wie seine Auslastung im Vergleich zu den Wettbewerbern ist, wie zufrieden die Kunden sind, das sollte zum Basiswissen eines jeden Arbeitnehmers gehören. Nicht um bei den ersten Anzeichen von Problemen überstürzt das Weite zu suchen, sondern um die gefundenen Informationen rechtzeitig ins eigene Planungsverhalten einzubeziehen.

Krisen-zeiten? So ist es z. B. in Krisenzeiten kaum sinnvoll, sich mit dem Kauf einer Immobilie hohe Zahlungsverpflichtungen aufzuerlegen. Wenn erst über Personalabbau im Flurfunk oder, bei großen Unternehmen, in der regionalen oder überregionalen Presse spekuliert wird, dann sind personelle Einschnitte in der Regel schon beschlossene Sache. Es geht dann nur noch um den Umfang der Abbaumaßnahmen. Wer dann erst anfängt, darüber nachzudenken, ob er in seiner Immobilie überhaupt wird bleiben können und ob er sie dann mit Verlust verkaufen muss, der hat doppelte Sorgen.

Ein weiterer Hinweis sind Kauf- und/oder Verkaufsverhandlungen, die im Unternehmen geführt werden. Denn aus einem Besitzerwechsel ergeben sich oft Standortverlagerungen von Betriebsteilen oder Aufgabenfeldern.

Neben solchen von außen kommenden Gründen gibt es auch individuelle Gründe, sich um die berufliche Zukunft Gedanken zu machen, Ursachen, die entweder in der eigenen Person liegen oder im Verhältnis zu Ihrem unternehmensinternen Umfeld.

Klassisch: das schlechte Verhältnis zum eigenen Vorgesetzten. Dabei ist erst einmal unerheblich, wie dieses schlechte Verhältnis zustande gekommen ist. Fakt ist, dass der Mitarbeiter im Normalfall in der schwächeren Position ist, und wenn jemand in solch einer Situation geht, dann ist das im Regelfall nicht der Vorgesetzte.

Aber es gibt auch inhaltliche Anzeichen: die Umstellung auf neue Produkte, technologische Entwicklungen, das beginnende Outsourcing bestimmter Unternehmensfunktionen …Es gibt zahlreiche Gründe, warum die eigene Qualifikation auf einmal nicht mehr interessant für das Unternehmen ist.

Die folgenden Abschnitte gelten für jeden, der nach seiner abgeschlossenen Ausbildung einen Arbeitsplatz sucht, für Absolventen, für Wiedereinsteiger(innen) nach längerer beruflicher Abstinenz usw. Und sie gelten natürlich auf für Menschen, die ihren Arbeitsplatz verloren haben.

Wenn zu den oben beschriebenen Szenarien im Unternehmen Personalabbaumaßnahmen durchgeführt werden, dann sind sie für den Einzelnen durch folgende Merkmale gekennzeichnet:

- Ein Zeitrahmen ist vorgegeben, in dem die Personalveränderungen abgeschlossen sein müssen.

- Die optimale persönliche Ausgangsposition des Mitarbeiters spielt in diesem Zeitrahmen keine Rolle.

- In der Regel ist zu diesem Zeitpunkt die Psyche des Arbeitnehmers durch die Phase der Unsicherheit zuvor schon beeinträchtigt.

- Der Arbeitsmarkt ist für Wechselwillige häufig schlecht, da gerade umfangreiche Personalabbaumaßnahmen in Zeiten vorgenommen werden, in denen es der gesamten Wirtschaft oder der eigenen Branche nicht so gut geht.

Folgen von Personalabbau

Kurz: Sie können mit dem Eintritt ins Bewerbungsverfahren nicht abwarten, bis Ihre persönliche Ausgangsposition optimal ist. Die berufliche Veränderung ist somit mühsamer, anstrengender und auch verstärkt mit dem Risiko behaftet, eine Zeit der Arbeitslosigkeit überstehen zu müssen. Je langfristiger Sie sich mit dem Thema auseinandergesetzt haben, desto gezielter können Sie dann, wenn die Situation eintritt, agieren und damit Zeit gewinnen, denn Sie sind vorbereitet!

Sicher, viele neigen dazu, erst einmal den Kopf in den Sand zu stecken und drauf zu warten, dass sich alles als großer Irrtum herausstellt. Diese Strategie funktioniert selten, das hat wohl jeder schon erlebt. Mit welchen Themen sollten Sie sich also beschäftigen?

- Wenn am Arbeitsplatz Unsicherheit über die Zukunft aufkommt, dann formulieren Sie Ihre Befürchtungen: im Gespräch mit einer vertrauten Person, vielleicht auch schriftlich.

- Holen Sie Informationen ein, um diese Befürchtungen entweder zu bestätigen oder zu zerstreuen, zumindest sie zu relativieren und ein realistisches Bild der Situation zu gewinnen. Im besten Fall war alles nur ein Gerücht!

- Wenn Sie schon arbeitslos sind: Beziehen Sie die Dauer Ihrer Arbeitslosigkeit in diese Überlegungen mit ein, ebenso die Tatsache, ob Arbeitslosigkeit das erste Mal in Ihrem Berufsleben vorkommt oder ob Sie zum wiederholten Male in dieser Situation sind.

- Gewinnen Sie Handlungs- und Entscheidungsfähigkeit! Finden Sie heraus, was Ihnen in einer so angespannten Situation guttut. Suchen Sie sich die richtigen Gesprächspartner: weder den Schönredner noch den Katastrophenpropheten!

- Suchen Sie ehrliches Feedback über sich! Sie finden das in der Regel bei Menschen, die Sie so sehr schätzen, dass sie Ihnen auch unangenehme Dinge sagen.
- Lernen Sie kompetente Ratgeber von inkompetenten zu unterscheiden. Woran merken Sie, ob der Rat von jemandem Ihrer Situation angemessen ist oder nicht?

Absolventen, überhaupt alle, deren Ausbildungszeit abläuft und die einen ersten regulären Arbeitsplatz brauchen, müssen zusätzlich erst einmal ihren Platz im Berufsleben finden. Besonders betroffen sind Abschlüsse, die aus Sicht einstellender Unternehmen nicht für eine konkrete Tätigkeit qualifizieren, besonders also Geisteswissenschaftler.

Man erwirbt zwar eine umfassende Bildung, lernt auch, über das eigene Fachgebiet hinauszublicken, aber worauf man sich konkret bewerben soll, dazu hat man nichts erfahren.

Stellen, in denen konkrete ein Soziologe, ein Anglist oder ein Historiker gesucht wird, sind außerhalb von Lehrtätigkeiten im universitären Umfeld so gut wie nie zu finden.

Standort bestimmen

Für alle ist eine Standortbestimmung notwendig. Das folgende Arbeitsblatt, das Sie auch auf Ihrer CD-ROM finden, sollen Ihnen dabei helfen. Nehmen Sie sich für jede Spalte ca. zehn Minuten. Schreiben Sie ungefiltert auf, was Ihnen einfällt. Beschreiben Sie, interpretieren Sie nicht! Es geht um eine Bestandsaufnahme. Die Fragen geben Denkanstöße. Im Anschluss markieren Sie Vergleichbares, interpretieren und ziehen Schlüsse.

Arbeitsblatt „Standortbestimmung"

Ich	Familie und persönliches Umfeld	Das Thema: berufliche Veränderung	Struktur: der Rahmen, in dem ich lebe und arbeite	Die Welt mit den wirtschaftlichen Gegebenheiten
Wie ergeht es mir in meiner Rolle als Bewerber, wenn ich an das bevorstehende Bewerbungsverfahren denke?	Wie reagiert mein Umfeld darauf, dass ich mich beruflich verändern will? Oder dass ich es muss?	Worüber genau werde ich mir Gedanken machen?	Was kann ich von meinem Unternehmen erwarten? Unterstützend? Hindernd?	Was weiß ich über die beeinflussenden Faktoren?
Wo sind meine Stärken in dieser Rolle?	Wer wirkt unterstützend?	Wie groß ist mein Informationsbedarf?	Welche Anforderungen stellt die Arbeitsagentur? Wie unterstützt die Arbeitsagentur?	Was weiß ich über die Entwicklung „meiner" Branche?
Wo sind meine Schwächen?	Wer wirkt eher hindernd?	Welche Quellen habe ich zur Verfügung?		Die wirtschaftlichen Bedingungen?
Spüre ich Widerstände bei mir? Welchen Bezug haben sie zu mir?	Welche Art von Unterstützung bekomme ich? Von wem?	Wie hat sich das Thema „berufliche Veränderung" für mich entwickelt? Wo sehe ich Veränderungen?	Wie waren diese Maßnahmen und Anforderungen bisher? Helfend – anregend – lähmend – unklar?	Wie wirken Sie sich auf mich aus?
Was wird mir Spaß machen?	Welche fördernden Einflüsse für einen neuen Job gibt es?	Welche Elemente des Themas hab ich behandelt? Welche habe ich bisher übergangen? Mit welchen will ich mich am liebsten nicht beschäftigen?		
Was macht mir Sorgen?	Welche hindernden Einflüsse gibt es?			
Wie stark stehe ich unter Zeitdruck?	Wie ist die Stimmung? Fröhlich? Bedrückt? Hinderlich? Was hat sich wann und wodurch verändert?			

1.3 Employability

Hier geht es um Ihre Employability – die Einschätzung, wie Ihr Stand auf dem Arbeitsmarkt ist, wie attraktiv Sie für Arbeitgeber sind, was Sie „wert" sind ... der Vergleich Ihrer persönlichen Einschätzung mit der von außen.

Es gibt es eine ganze Reihe von sprachlichen Versuchen, diesen sperrigen Begriff etwas handlicher zu machen: „Jobility", „Arbeitsmarktfähigkeit", „Arbeitsmarktfitness" oder auch „Beschäftigungsfähigkeit". Ihren gedanklichen Ursprung haben all diese Wortschöpfungen in dem englischen Wort „employable", das so viel bedeutet wie „anstellbar", „arbeitsfähig" oder auch „erwerbsfähig".

> **Employability**
>
> Employability meint also die Fähigkeit eines Arbeitnehmers, sich auf einem in stetem Wandel begriffenen Arbeitsmarkt erfolgreich zu bewegen, die Fähigkeit, in einer Zeit grundlegenden und ständigen Wandels auf dem Arbeitsmarkt ein attraktiver Arbeitnehmer für Arbeitgeber zu werden und ein Arbeitsleben lang zu bleiben.

Employability – wie wichtig ist sie für den Arbeitnehmer?

Womit verdienen Sie Ihr Geld? Was haben Sie anzubieten? Ihre Arbeitskraft!

Sich selbst „verkaufen"

Vermutlich werden Sie so auf diese Frage antworten und sich damit in das Heer derjenigen einreihen, die abhängig beschäftigt sind. Wer abhängig beschäftigt ist und das auch bleiben will, der hat nur sich selbst zu „verkaufen": seine Leistung, seine Kenntnisse, seine Fähigkeit, für sein Unternehmen Probleme auf den verschiedenen Hierarchieebenen und in unterschiedlichsten Funktionen zu lösen. Diese Fähigkeit sichert seine wirtschaftliche Existenz. So normal, wie regelmäßiges Zähneputzen und der Kontrollgang zum Zahnarzt sind, um bis ins hohe Alter noch kraftvoll zubeißen zu können, so normal sollte es daher auch sein, seine Employability im Auge zu behalten und sie zu pflegen, um fit für den Arbeitsmarkt zu bleiben.

Die Wirklichkeit sieht oft anders aus. Man steckt in der Mühle des Arbeitsalltags und verliert – mehr oder weniger – den Blick nach außen, den Blick auf das, was außerhalb des eigenen Unternehmens aktueller Stand der Dinge ist. Fortbildungen? Ja, gerne, wenn der Arbeitgeber sie bezahlt, wenn sie in der Arbeitszeit stattfinden.

Dieses Denken geht immer weniger auf. Es funktioniert, solange Unternehmen Geld für die Qualifizierung ihrer Arbeitnehmer in die Hand nehmen, solange es dem Unternehmen gut geht und der Arbeitsplatz sicher ist. Dass das immer weniger der Fall ist, haben die Entwicklungen der letzten Jahre gezeigt. Dass die Begeisterung des Einzelnen nicht unbedingt mit den Erfordernissen des Arbeitsmarktes übereinstimmt, zeigt die Statistik.

Was macht Employability aus?

Wir alle haben es in den letzten Jahren hautnah erfahren: Die Veränderungsgeschwindigkeit in den Unternehmen hat zugenommen, Arbeitsinhalte wandeln sich, die Komplexität nimmt zu. Ein Patentrezept für ein Handeln, das dem Arbeitnehmer berufliche Kontinuität und Erfolg garantiert, gibt es nicht. Denn was macht Employability aus? Regelmäßige Fortbildungen? Fleiß? Ganz allgemein Lernbereitschaft? Was für ein produzierendes Unternehmen stimmt, muss für einen Dienstleister noch längst nicht stimmen. Was für die eine Berufsgruppe ein Weg ist, führt eine andere in die Irre. Der alte Satz „Lernen ist wie Schwimmen gegen den Strom. Wer damit aufhört, treibt zurück" stimmt mehr denn je.

Nun steht außer Frage, dass sich jeder in einer langen Berufstätigkeit persönlich und auch inhaltlich weiterentwickelt – irgendwie! Die Frage ist nur, ob es im Falle eines notwendigen oder gewünschten Wechsels die „richtige" Entwicklung ist, ob genau diese Entwicklung vom Arbeitsmarkt gesucht wird.

Von den verschiedenen Perspektiven, unter denen der Begriff „Employability" betracht und diskutiert werden kann, interessiert uns hier in erster Linie die personenbezogene, individuelle Perspektive. Denn nur die kann in einem Bewerbungsratgeber zielführend behandelt werden.

Jeder, der abhängig beschäftigt ist, sollte also stets im Auge behalten, dass er seinem potenziellen Arbeitgeber ein ausreichend gutes Maß – ein Höchstmaß – an Qualifikation anbieten kann, sowohl im fachlichen als auch im persönlichen Bereich. Er braucht über die gesamte Dauer des beruflichen Lebens „vermarktbares" Wissen. Dazu muss er sich informieren, welches Wissen in seinem Bereich, seiner Branche aktuell ist und darf sich nicht darauf verlassen, dass es die Firma schon richten wird. Das gilt immer und für jeden. Je höher die beruflichen Ziele gesteckt sind, desto mehr Gültigkeit hat diese Aussage.

> Fachlich/ persönlich qualifiziert?

Leider ist dieses Kümmern um die eigene Employability keine einmalige Aktion! Einmal Gedanken machen zum Thema, ein oder zwei Seminare besuchen, das funktioniert ebenso wenig wie der Versuch, durch ein oder zwei Besuche im Fitness-Studio einen durchtrainierten Körper zu erreichen. Da muss schon Schweiß fließen, hier wie dort!

Was macht einen Arbeitnehmer attraktiv für einen Arbeitgeber?

Der ideale Arbeitnehmer ist in seinem Fachgebiet gut einsetzbar. Er verfügt dazu über die notwendigen Kenntnisse, hat passende Erfahrungen. Darüber hinaus bringt er die „Tugenden" eines Arbeitnehmers mit. Außer Pünktlichkeit, Fleiß und Zuverlässigkeit sind in einschlägigen Veröffentlichungen Skills benannt wie Initiative, Eigenverantwortlichkeit, Teamfähigkeit, Lernbereitschaft, Frustrationstoleranz etc., also Eigenschaften und Einstellungen, die unter dem Sammelbegriff „Soft Skills" zusammengefasst werden.

In der Literatur zum Thema (vgl. Schucht-Rump, FH Ludwigshafen) geht man überwiegend davon aus, dass dazu in erster Linie folgende fachübergreifende Kompetenzen und Einstellungen zählen:

Soft Skills

- Initiative
- Eigenverantwortung
- unternehmerisches Denken und Handeln
- Fleiß und Selbstdisziplin
- Lernbereitschaft
- Teamfähigkeit
- Kommunikationsfähigkeit
- Empathie: die Fähigkeit, sich in andere hineinzuversetzen
- Belastbarkeit
- Konfliktfähigkeit
- Offenheit
- Reflexionsfähigkeit

Dass es vor allem auf solche Soft Skills ankommt, galt lange als ausgemachte Wahrheit. Allerdings regt sich Widerstand in dieser ausschließlichen Betonung. Wer heute Stellenanzeigen liest, der wird in der überwiegenden Zahl klare und eindeutige Anforderungen an konkreten Kenntnisse und Erfahrungen finden. Neben solchen fachübergreifenden Kompetenzen muss es also realistischerweise auch darum gehen, die fachliche Entwicklung des eigenen Berufsbildes und der Branche, in der man seine wesentlichen Erfahrungen gewonnen hat, im Auge zu behalten und mit den eigenen Kenntnissen abzugleichen.

„Sauberer" Lebenslauf

Und auch das gehört dazu: ein „sauberer" Lebenslauf ohne allzu viele Brüche und Eskapaden. Wer – um es mal ein wenig zu übertreiben und damit die Situation zu veranschaulichen – in zehn Jahren zehn Arbeitgeber auflisten kann, wer nach zwei Studienwechseln und dem Abschluss eines dritten jetzt etwas „ganz anderes" machen möchte, der ruft Irritationen hervor – und ist damit unattraktiv für einen Arbeitgeber. Ein Problem, wenn man aufgrund von Personalabbaumaßnahmen im eigenen Unternehmen einen neuen Arbeitsplatz sucht.

Wer ist zuständig für die Employability eines Arbeitnehmers?

„Unwissenheit ist freiwilliges Unglück" titelt ein Aufsatz von Dr. Ivo Natzel im Betriebsberater (BB 12.210, 15.3. 2010 S. 697 ff.). Er erörtert darin die Frage, wie es aus arbeitsrechtlicher Sicht um Verpflichtungen von Arbeitgebern und Arbeitnehmern zu diesen Fragen geht. „[…] wer ist hier in der Pflicht, wer im Soll? Darf der Arbeitgeber anordnen, dass sich der Arbeitnehmer weiterbildet? Gibt es eine Verpflichtung des Arbeitnehmers, sich Wissen anzueignen und sich damit fortzubilden? Ist der

Arbeitgeber arbeitsvertragsrechtlich gehalten, seine Mitarbeiter beständig zu qualifizieren, um deren Beschäftigungsfähigkeit zu erhalten, oder ist hier die Eigeninitiative des Arbeitnehmers gefragt?"

Dabei kommt er zu folgenden Aussagen:

- Sowohl die Fähigkeit, sich zu qualifizieren, als auch der Wille dazu sind individuelle Voraussetzungen, die vorhanden sein müssen und die also nur bedingt vom Arbeitgeber angeordnet werden können.

Anspruch auf Fortbildung?

- In manchen Arbeitsfeldern (z. B. bei einer Fachkraft für Arbeitssicherheit oder bei einem angestellten Vertragsarzt) ergibt sich kraft Gesetzes eine Fortbildungspflicht, weil sich die gesetzlichen Rahmenbedingungen ändern und weiterentwickeln. Diese notwendigen Weiterbildungen muss der Arbeitgeber gewähren und der Arbeitnehmer absolvieren, denn sie gehören zur arbeitsvertraglich übertragenen Aufgabe und sind damit Bestandteil der geschuldeten Leistung.

- Für alle anderen Mitarbeiter gibt es keine allgemein verbindlichen gesetzlichen Regelungen, sondern allenfalls tarifvertragliche Festlegungen. Nur in § 2 SGB III findet sich eine Aufforderung, die Arbeitgebern und Arbeitnehmern eine gemeinsame Verantwortung dafür überträgt, „[…] berufliche Leistungsfähigkeit zu fördern und den sich ändernden Anforderungen anzupassen".

- Auch das Betriebsverfassungsgesetz (BetrVG) geht grundsätzlich davon aus, dass Qualifizierung in erster Linie in der Eigenverantwortung des Arbeitnehmers liegt. Es gewährt keinen individuellen Anspruch des Arbeitnehmers auf Qualifizierung, sondern stellt fest, dass „ein Arbeitgeber mit dem Arbeitnehmer eine Anpassung seines Qualifikationsstandes zu erörtern hat, sobald feststeht, dass sich die Tätigkeit des Arbeitnehmers ändern wird und seine beruflichen Kenntnisse und Fähigkeiten zur Erfüllung seiner Aufgabe nicht ausreichen." Im Klartext: Beide Parteien sind gleichermaßen verpflichtet, sich um die Aufrechterhaltung der Employability zu kümmern.

Ein Arbeitsverhältnis ist also – so kann zusammenfassend dargestellt werden – kein statisches Rechtsverhältnis, in dem nach Abschluss eines Arbeitsvertrags auf Dauer alles so bleibt, wie es ist. Arbeitsbedingungen verändern sich, und das ist normal so. In einem „normalen Schwankungsbereich" muss ein Arbeitnehmer das akzeptieren und seine Kenntnisse diesen Veränderungen anpassen.

Die Konsequenzen aus all diesen Überlegungen für Sie?

Nach all dem können und müssen wir eindeutige Konsequenz ziehen. Uns muss klar sein, dass

Eigene Verantwortung

- jeder dafür Sorge zu tragen hat, im Job Verhaltensweisen zu zeigen, die ein Arbeitgeber schätzt, zumindest aber akzeptiert,

- jeder dafür verantwortlich ist, „vermarktbares" Wissen zu besitzen,

- jeder sich darüber informiert, welches Wissen in seinem Bereich und seiner Qualifikation entsprechend aktuell ist,

- sich niemand – auch nicht während der Dauer eines Arbeitsverhältnisses – darauf verlassen kann, dass es die Firma schon richten und ihm die entsprechenden Möglichkeiten zur persönlichen und fachlichen Entwicklung zur Verfügung stellen wird,

- derjenige, der seinen Arbeitsplatz schon verloren hat und sich jetzt aus der Arbeitslosigkeit heraus bewirbt, gar keine andere Wahl hat, als sich eigenverantwortlich um seine Arbeitsmarktfähigkeit zu kümmern. Dazu gehört es, sich die notwendigen Informationen zu verschaffen, zu entscheiden, was am sinnvollsten und zielführendsten erscheint und, nicht zuletzt, wie Zeit, Energie und finanzielle Mitteln einzusetzen sind. Institutionen wie die Arbeitsagentur können und müssen Unterstützung anbieten, die alleinige Verantwortung für den Erfolg übernehmen werden sie nicht. Das gilt umso mehr, je höher die individuelle Qualifikation, die Spezialisierung und je anspruchsvoller das berufliche Ziel des Einzelnen ist.

Wie steht es mit Ihrer individuellen Employability?

Wie würde es Ihnen ergehen mit Ihrer Employability, müssten oder wollten Sie sich jetzt bewerben? Überall 100 von 100 möglichen Punkten? Und woher beziehen Sie Ihre Einschätzung, wie attraktiv und fit Sie für den Arbeitsmarkt sind?

Sie hoffen es? Sie kennen ja sicher den Ausspruch: „Die Hoffnung stirbt zuletzt …!"

Sie wissen es? Wer hat es Ihnen bestätigt?

Also: Wie interessant sind Sie für andere Unternehmen?

Wenn Sie diese Frage nicht eindeutig beantworten können, dann sollten Sie sich den folgenden Fragen und Checklisten widmen! Besonders angesprochen sollten Sie sich fühlen, wenn Sie

- schon lange im Unternehmen sind und wenig inhaltliche Veränderungen an Ihrem Arbeitsplatz hatten,

- einen „unruhigen" Lebenslauf haben und/oder

- in einem eher „komfortablen" beruflichen Umfeld arbeiten, das von großen Veränderungen bisher weitgehend geschützt war.

Die Hard Skills – die Kenntnisse und das Wissen, die Sie nutzen

| Ist Ihr Fachwissen up to date? |

Betrachten wir Ihre fachlichen Kenntnisse – die Hardware, mit der Sie arbeiten:

- Welche Kenntnisse sind in Ihrem Unternehmen wichtig?

- Was macht die Konkurrenz?

- Wie gut sind Ihre Kenntnisse? Gelten Sie unter Ihren Kollegen als Fachmann? Werden Sie um Rat gefragt? Wer fragt? Zu welchen Themen?

Um sich dieser Frage zu nähern, gibt es verschiedene Wege. Sie können Fachzeitschriften studieren, Sie können auf einschlägigen Veranstaltungen mit Kollegen aus anderen Unternehmen sprechen, Sie können im Internet recherchieren. Ein relativ einfacher Weg, Marktforschung in eigener Sache zu betreiben und erste Einblicke zu bekommen, ist folgender:

Sie suchen sich drei oder vier x-beliebige Stellenanzeigen, die einen Job beschreiben, der Ihrem eigenen nahekommt. Sie notieren die fachlichen Anforderungen und Begrifflichkeiten – wissen Sie, wovon in der Anzeige gesprochen wird?

Finden Sie überhaupt einschlägige Offerten? Wie viele finden Sie? Wie lange müssen Sie suchen? Wo sind sie ausgeschrieben? Wie unterscheiden sie sich inhaltlich von dem, was Sie gerade machen?

Wenn Sie Ihre bisherigen Tätigkeitsmerkmale denjenigen gegenüberstellen, die aus den Stellenausschreibungen hervorgehen, vergleichen Sie: Welche Ihrer Kenntnisse sind allgemeingültig? Welche sind branchenspezifisch? Welche firmenspezifisch?

Checkliste „Fachwissen"	
Ich finde genügend Anzeigen, die meine Kenntnisse fordern.	
Ich kann mit den Begrifflichkeiten der Anzeigen etwas anfangen.	
Ich kann belegen, dass meine fachlichen Kenntnisse den aktuellen Standards entsprechen.	
Mit meinen Kollegen kann ich inhaltlich gut mithalten.	
Bei einigen Themen gelte ich als Fachmann/Fachfrau.	

Ihre fachübergreifenden Skills: Wie arbeiten Sie?

Im Folgenden finden Sie eine Reihe fachübergreifender Schlüsselkompetenzen, die allgemein als Grundlage für Employability gelten. Mit den dazu gestellten Fragen können Sie sich damit auseinandersetzen und herausfinden, wie es bei Ihnen darum bestellt ist. Je ehrlicher und selbstkritischer Sie mit den Fragen umgehen, desto mehr haben Sie davon!

Initiative: Schmieden Sie Pläne für Ihre berufliche und auch private Zukunft? Suchen Sie nach Möglichkeiten, diese Pläne zu realisieren? Wie systematisch tun Sie das? Ergreifen Sie eher Chancen, wenn sie sich Ihnen bieten? Oder sind Sie jemand, der alles auf sich zukommen lässt?

Eigenverantwortung: Sind Sie jemand, der für sich die Pflicht und die Verantwortung anerkennt, für das eigene Tun und Unterlassen, das eigene Reden und Handeln die Konsequenz zu tragen? Löffeln Sie die Suppe aus, die Sie sich eingebrockt haben (und machen etwas Gutes daraus!), oder versuchen Sie, den Teller heimlich jemand anderem hinzuschieben?

Fleiß und Selbstdisziplin: Halten Sie sich für einen fleißigen Menschen? Konzentrieren Sie sich auch dann auf Ihre zu bearbeitende Aufgabe, wenn Sie eigentlich keine Lust haben? Wenn es z. B. zu heiß ist, Sie müde sind oder wenn die Kollegen am Kopierer gerade ein Schwätzchen halten? Sind Sie ein engagierter Mitarbeiter? Vielleicht sogar ein sehr engagierter? Oder gehören Sie, wenn Sie ganz ehrlich zu sich sind, eher zu denen, die „Dienst nach Vorschrift" machen?

Teamfähigkeit: Arbeiten Sie gerne und gut mit anderen zusammen? Oder sind Sie jemand, der besser und schneller alleine arbeitet?

Kommunikationsfähigkeit: Verläuft Kommunikation mit Kollegen und Vorgesetzen bei Ihnen so problemlos und erfolgreich, dass Sie sich kaum Gedanken darüber machen? Oder erleben Sie regelmäßig Missverständnisse, die Ihre Arbeit negativ beeinflussen?

Empathie: Können Sie sich in andere hineinversetzen? Wollen Sie das? Oder bleibt Ihnen meistens fremd, was im andern vorgeht?

Belastbarkeit: Halten Sie berufliche Belastungen gut aus und handeln dabei trotzdem besonnen? Oder geraten Sie dabei leicht in Stress und neigen zu unüberlegten Handlungen und Entscheidungen?

Konfliktfähigkeit: Stellen Sie sich schwierigen Situationen? Oder ist Ihnen der Gedanke unangenehm, im Kollegenkreis Konflikte lösen zu müssen? Haben Sie ein Gefühl dafür, wann Sie sich durchsetzen und wann Sie eher nachgeben sollten? Können Sie Kompromisse eingehen und dann konstruktiv damit umgehen oder müssen Sie eher mit dem Kopf durch die Wand?

Offenheit: Würden Sie sich als offenen Menschen bezeichnen, der sich für neue Entwicklungen interessiert und Teil davon sein möchte?

Reflexionsfähigkeit: Überprüfen Sie regelmäßig, wo Sie beruflich stehen? Oder meinen Sie, dass es sowieso kommt, wie es kommt, und Sie als Einzelner wenig beeinflussen können?

Lernbereitschaft: Heißt das für Sie „systematisch Neues lernen"? Weiterbildung kontinuierlich planen und auch durchführen? Mal einen Kurs besuchen? Bei Kollegen nachfragen, wenn Ihnen etwas Unbekanntes über den beruflichen Weg läuft? Bei der Personalabteilung Bedarf anmelden? Fachliteratur lesen? Oder erst mal abwarten, was man von Ihnen erwartet?

Was lösen Anforderungen aus?

Bedeuten die genannten Anforderungen für Sie eher

- Angst? (Schaffe ich das?)

- Freude? (Ich bin neugierig und gespannt, wohin der Weg mich führt!)

- Anstrengung? (Darüber nachdenken? Wann soll ich denn das machen?)

- Gleichgültigkeit? (Wozu soll das gut sein? Wer sagt mir, dass ich das jemals für mich wichtig wird?)

Bewerten Sie im Arbeitsblatt auf der folgenden Seite, das Sie auch auf Ihrer CD-ROM finden:

Stärken und Schwächen

- In welchen Bereichen sehen Sie Ihre Stärken?
- In welchen Ihre Schwächen?

Zur Absicherung Ihrer Einschätzung oder auch zur Korrektur: Gibt es ein oder zwei Menschen, zu denen Sie genügend Vertrauen haben, um von ihnen eine Einschätzung Ihrer Stärken und Schwächen zu erbitten?

Arbeitsblatt „Fachübergreifende Fähigkeiten"

Fachübergreifende Skills	Nennen Sie zwei konkrete Situationen, in denen Sie diese Eigenschaft gezeigt haben.	Was haben Sie mit welchem Ergebnis getan?
Initiative		
Eigenverantwortung		
Unternehmerisches Denken und Handeln		
Fleiß und Selbstdisziplin		
Teamfähigkeit		
Kommunikationsfähigkeit		
Empathie		
Belastbarkeit		
Konfliktfähigkeit		
Offenheit		
Reflexionsfähigkeit		
Konfliktfähigkeit		
Lernbereitschaft		

1.4 Ihre Familie und Ihre private Lebenssituation

Wer sich verliebt, wer eine Beziehung zu seinem Partner eingeht, der rechnet zu diesem Zeitpunkt wohl kaum damit, dass einmal berufliche Entscheidungen zu treffen sind, die die private Basis nachhaltig erschüttern könnten. Doch das kann schnell gehen: ein Angebot, das den erwünschten Karriereschritt bringt, aber mit einem Umzug verbunden ist, eine neue Aufgabe, mit der eine deutliche Einschränkung der Freizeit einhergeht, ein notwendiger Arbeitsplatzwechsel, Kinder, die sich nicht so in die eigene berufliche Entwicklung einfügen, wie man sich das erhofft hatte.

Familie und Partnerschaft sind Rückhalt, können Stärke geben, Freude, Lebenssinn. Sich auf einen Partner einzulassen und, noch viel mehr, mit ihm eine Familie zu gründen bedeutet auch, Verantwortung zu übernehmen. Familie und Partnerschaft kann also auch bedeuten, eigene Wünsche zurückstellen, unangenehme Entscheidungen treffen zu müssen.

Lebens-entwürfe vergleichen

Für die konkreten Fragestellungen, die sich aus der Verbindung „Arbeitsplatzwechsel, Familie und private Lebenssituation" ergeben, gibt es keine pauschalen Antworten – wohl aber die Möglichkeit, die unterschiedlichen Lebensentwürfe der Familienmitglieder zu vergleichen und nach geeigneten Lösungen zu suchen. Auch hier gilt es, zuerst den eigenen Standort festzustellen, Bestandsaufnahme zu machen.

Ein Arbeitsplatzwechsel betrifft also nicht nur Sie alleine. Er ist auch für Ihr soziales Umfeld – Ihre Familie im engeren und weiteren Sinn – eine Veränderung, die Stress und/oder Angst macht, verunsichert, Widerstand auslöst. Wirklich erfolgreich sind Sie nur dann, wenn Sie an dieser „Front" im Reinen mit sich und mit Ihren Angehörigen sind.

Das gilt insbesondere, wenn Sie Karriere machen möchten. Jede Form von Aufstieg, ob nun unter hierarchischen oder auch „nur" fachlichen Gesichtspunkten, bedeutet, dem Beruf einen großen Stellenwert in seinem Leben einzuräumen. Es bedeutet, Zeit aufzuwenden über eine 38- oder 40-Stunden-Woche hinaus, private Interessen immer wieder hinter beruflichen Erfordernissen zurückzustellen.

Gerade bei Tätigkeiten, die mit häufigem örtlichem Wechsel verbunden waren, hatte dies früher ein eher traditionelle Rollenaufteilung zur Folge. Der eine Partner (meist die Ehefrau) ordnete sich und seine Lebens- und Berufsplanung den beruflichen Zielen des anderen unter, gab die eigene Berufstätigkeit teilweise oder ganz auf und widmete sich der Sorge um die Familie.

Haben beide Partner ambitionierte berufliche Pläne – und die Zahl junger Frauen, für die gute Ausbildung und Beruf große Bedeutung haben in ihrem Leben, nimmt zu! –, dann erfordert das eine Menge von beiden Partnern, um die Beziehung auf Dauer intakt zu halten: ein hohes Maß an Toleranz, Bereitschaft, aufeinander zuzugehen, Verzicht zu üben, Kompromisse zu finden, sich auf Lebensformen wie Fernbeziehungen in unterschiedlicher Intensität und zeitlicher Ausdehnung einzulassen und sie auszuprobieren.

Zwar finden laut einer forsa-Umfrage 62 Prozent aller Befragten auf die Frage, welche Form der Arbeitsaufteilung in einer Familie prinzipiell die beste sei, dass beide Partner berufstätig sein und sich die Betreuung der Kinder teilen sollten. In einer Familie, in denen ein Partner vor die Alternative gestellt ist, entweder arbeitslos zu werden oder eine Stelle fern vom Wohnort anzunehmen, gerät aber eine solche praktizierte Übereinkunft schnell ins Wanken. Das betrifft alle stillschweigend getroffenen und gelebten Gewohnheiten des Alltags: was man gemeinsam unternimmt, wer in welchem Umfang für den Haushalt zuständig ist, wer mit den Kindern die Hausaufgaben überprüft und für die Mathearbeit lernt, wann man zu Abend isst.

Für denjenigen, der als Alleinverdiener die Verantwortung für die finanzielle Ausstattung der Familie trägt, wird die Situation besonders deutlich und auch brisant, wenn ein Arbeitsplatzwechsel vonnöten ist. Entweder er findet eine vergleichbare Stelle zu ähnlichen Konditionen im örtlichen Pendelbereich oder die Familie lebt nach kurzer Zeit unter völlig veränderten Bedingungen. Wenn der Partner, der bisher für Familienaufgaben zuständig war, eine Arbeit aufnimmt, dann verändern sich die innerfamiliären Abläufe grundlegend. Tut er das nicht, muss sich die Familie mit massiven finanziellen Einschränkungen auseinandersetzen.

Wie mit solch einer Situation umgehen? Was tun?

Als Arbeitsmodell wird Ihnen hier das TZI-Modell vorgestellt und an die Hand gegeben. Denn viele empfinden es als hilfreich, ein Thema nicht nur abstrakt zu bearbeiten, sondern ein Bild als Hilfestellung zu haben, an dem die Gedanken anschaulich gemacht werden können.

Themenzentrierte Interaktion (TZI) ist eine anerkanntes Gruppenkonzept, das auf aktives, schöpferisches und entdeckendes Lernen - „Lebendiges Lernen" - und Arbeiten ausgerichtet ist. Es wird in allen Bereichen angewandt, in denen mit Gruppen gearbeitet wird. Entwickelt wurde TZI von Ruth Cohn.

Nun ist eine Familie, ein Paar keine Gruppe im klassischen Sinne. Vergleichbar mit einer Gruppe ist sie dahin gehend, dass es eine Gemeinschaft ist, in der Einzelinteressen, gemeinsame Interessen und ein Thema – in diesem Fall die berufliche Neuorientierung eines der Mitglieder – miteinander in Einklang, in Balance gebracht werden müssen, soll das System Paar/Familie weiterhin funktionieren.

TZI geht von dem Denkmodell aus, dass jede Gruppeninteraktion drei Faktoren enthält, die man sich bildlich als Eckpunkte eines Dreiecks vorstellen könnte:

- das Ich, die Persönlichkeit, also die einzelnen Personen mit ihren Anliegen und Befindlichkeiten

Themenzentrierte Interaktion

- das Wir, die Gruppe, das Miteinander der Personen (Interaktion)
- das Es, das Thema, also die Aufgabe, das Ziel der Gruppe

**Gleich-
seitigkeit
= Balance**

Das alles spielt sich nicht im leeren Raum ab, sondern in einer Umgebung, die die Gruppe (die Familie) beeinflusst, in diesem Fall der Arbeitsmarkt und seine Regeln. TZI geht davon aus, dass eine Balance der Endpunkte dieses Dreiecks (symbolisiert durch die Gleichseitigkeit) die optimale Voraussetzung bietet, innerhalb des Umfelds erfolgreich zusammen zu arbeiten und zu leben, hier: den Wandel zu bewältigen.

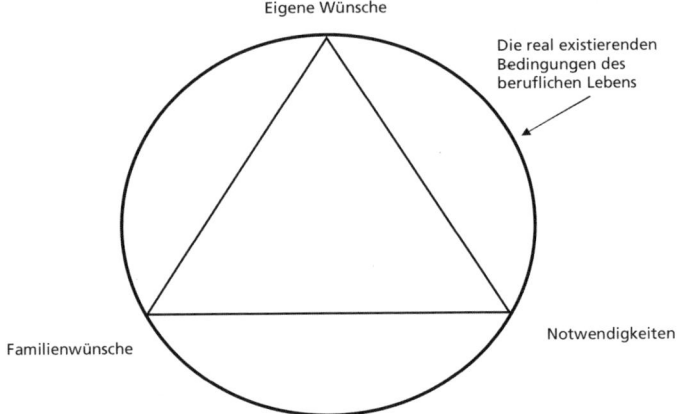

Wenn nun diese Gleichseitigkeit aus den Fugen gerät – also zum Beispiel die Interessen eines Mitglieds der Familie in den Mittelpunkt gestellt werden –, dann verschiebt sich das Dreieck, es wird ungleichseitig, verliert Balance und damit Stabilität. Auch die beiden anderen Bereiche werden davon in Mitleidenschaft gezogen. Kurzfristig ist eine solche Verschiebung durchaus in Ordnung und ertragbar, aber für ein ganzes gemeinsames Leben? Die umgebende Welt (hier: der Kreis) bildet das Gerüst, in dem Sie sich bewegen, dem Sie nicht entkommen können. Die Grafik bildet dieses Denkmodell ab.

Gehen Sie also bei allen Ideen und Themen, die im Folgenden angestoßen werden, gedanklich durch dieses Dreieck. Wo neigt es sich? Wie stark neigt es sich? Und vor allem: Wie lässt es sich wieder ins Gleichgewicht bringen?

**Was ist
Ihnen
wichtig?**

Schon bevor Sie ins Bewerbungsverfahren eintreten, sollten Sie sich darüber im Klaren sein, worauf Sie sich in einem neuen Arbeitsverhältnis einlassen wollen. Vor allem Themen wie

- Umfang regelmäßig anfallender Reisetätigkeit,
- Sonderregelungen während der Einarbeitung,
- Wochenendbereitschaft,
- Flexibilisierung von Arbeitszeiten,
- Umgang mit Mehrarbeit,

- Gehalt und

- Urlaubsregelungen

sollten Sie vorher durchdacht haben, damit Sie nicht im Bewerbungsgespräch mit Ihrem zukünftigen Vorgesetzten ins Stocken kommen. Der Versuch, Einstellungskonditionen noch vor Arbeitsantritt nachzuverhandeln (weil einem erst im Gespräch zu Hause klar geworden ist, was genau man im Arbeitsvertrag unterschrieben hat), macht keine guten Eindruck und ist außerdem nicht möglich. Dann wieder abzusagen oder – schlimmstenfalls – nach kurzer Zeit im neuen Unternehmen kündigen zu müssen, weil die Familie bei den neuen Konditionen nicht mitspielt, hat Ärger und ggf. vermeidbare Brüche im Lebenslauf zur Folge.

Vor allem wenn durch einen Jobwechsel voraussichtlich größere Veränderungen auf alle Familienangehörigen zukommen, sollten Sie das Thema ernst nehmen und rechtzeitig mit allen Beteiligten reden. Denn bei ihnen entwickeln sich natürlich ebenfalls Sorgen, Befürchtungen und Widerstand.

Wer dabei Mitbestimmungsrecht bei Ihrer Entscheidung hat, ist eine ganz andere Frage. Wenn ein Fünfjähriger bittere Tränen vergießt, weil er bei einem eventuell notwendig werdenden Umzug nicht mit seinem besten Kindergartenfreund gemeinsam die erste Schulbank drücken wird, ist das mit Sicherheit wichtig, aber es darf nicht die Entscheidung über Ihre berufliche Zukunft für die nächsten 20 Jahre beeinflussen. Wenn Ihre Tochter sich kurz vor dem Abitur weigert, die Schule zu wechseln, dann ist das kein bald vorübergehender Kummer, sondern berechtigtes Interesse an der eigenen beruflichen Zukunft. Man wird also nach einer Lösung suchen müssen.

Beliebter und auch hilfreicher Ratschlag für solche Situationen: Erstellen Sie eine Checkliste, die möglichst umfassend alle Pros und Kontras zum aktuellen Thema enthält. Wenn fast alle Punkte für – um bei dem Beispiel zu bleiben – einen Umzug an einen neuen Arbeitsort sprechen und nur ein einziger dagegen, dann scheint die Entscheidung absolut klar – sofern es sich nicht um etwas wirklich Gravierendes wie etwa eine drohende Scheidung bei Durchführung des Vorhabens handelt.

Die Frage (und gleichzeitig das Ziel) muss also lauten: Wie treffen wir einvernehmliche Entscheidungen? Das ist in der Regel aber gar nicht so einfach …

Hier also eine andere Vorgehensweise:

Entwerfen Sie gemeinsam Szenarien: „Was passiert, wenn ich mich für Möglichkeit A entscheide? Was passiert, wenn ich mich für B entscheide?"

Szenarien entwerfen

Denken Sie über die schlechtestmögliche Entwicklung nach, die Ihre berufliche Entscheidung nach sich ziehen kann. Führen Sie sich aber auch die beste aller Möglichkeiten vor Augen. Spielen Sie – alle zusammen und auch jeder für sich – die unterschiedlichen Möglichkeiten bis zum Ende durch.

Denken Sie in Lösungsmöglichkeiten. Es gibt in der Regel nicht nur ein Entweder-oder, suchen Sie das Sowohl-als-auch! Gehen Sie auch scheinbar verrückten Ideen nach. Neue Lebensabschnitte verlangen Abschied von Gewohntem und offenbaren damit natürlich auch Risiken. Passen Sie auf, dass Sie nicht die gleichzeitig sichtbaren Chancen übersehen! Vielleicht haben Sie dann für den Augenblick Diskussionen und Turbulenzen zu Hause, aber am Ende auch eine Entscheidung, zu der alle stehen.

Fragen, über die Sie zur Vorbereitung schon einmal nachdenken sollten – beantworten können Sie sie nur zusammen mit Ihrem Partner –, sind die folgenden:

Fragen zur Vorbereitung

- Tragen Sie als Alleinverdiener die finanzielle Verantwortung für Ihre Familie? Wenn ja, gibt es Möglichkeiten, das zumindest zeitweise zu ändern?
- Wie ist die finanzielle Situation Ihrer Familie? Welche Bedeutung hat Ihr eigenes Einkommen dafür?
- Was ist mit Ihrem persönlicher Lebensstandard, dem Lebensstandard Ihrer Familie? Was können Sie sich – einzeln und / oder gemeinsam – eigentlich leisten? Was wollen Sie sich – einzeln und / oder gemeinsam – leisten?
- Eine finanzielle Bestandsaufnahme: Einnahmen, Ausgaben, Rücklagen, Einsparmöglichkeiten – wie sieht es damit aus?
- Wovon hängt Lebensqualität ab? Für Sie? Für Ihren Partner? Für Ihre Kinder? Inwieweit ist diese Lebensqualität an die Beibehaltung des jetzigen finanziellen Rahmens gekoppelt?
- Kennen Sie Ihr Wertesystem in Bezug auf Beruf und Familie? Ist es Ihnen bewusst?
- Kennen Sie das Wertesystem Ihres Partners/Ihrer Partnerin?
- Liegt Ihrer beider Fokus eher auf einer gemeinsamen Lebensplanung oder zumindest bei einem von Ihnen bei einer individuellen Weiterentwicklung?
- Wie steht es darum, was Sie und Ihr Partner mit Ihrem Leben so vorhaben, mit ihren jeweiligen Lebensentwürfen? Ist einer von Ihnen der Ansicht, dass der eigene Lebensentwurf auf alle Fälle bestehen bleiben solle? Und der Partner seinen dann anpassen müsse?
- Wenn es um berufliches Engagement oder Partnerschaft geht – wer steckt zurück?
- Wie ist Ihre Einstellung zum Thema „berufliche Entwicklung"? Gibt es Unterschiede zur Einstellung Ihres Partners?
- Kennen Sie die beruflichen Wünsche und Ziele Ihres Partners? Akzeptieren Sie sie? Unterstützen Sie sie?

- Haben Sie miteinander je über diese Themen gesprochen?
- Sind für Sie Engagement im Job und ein ausgeglichenes und zufriedenstellendes Privatleben ein unüberbrückbarer Widerspruch?
- Wenn Sie sich entscheiden müssten zwischen Freunden und Freizeit einerseits und da Karriere andererseits, wohin würde sich die Waagschale neigen?
- Wie steht es um Ihre Mobilität und um die Ihres Partners bzw. Ihrer Partnerin? Haben Sie beide Erfahrungen mit Ortswechseln?
- Inwieweit wollen Sie Ihren Kindern Mitspracherecht einräumen in diesen Fragen? (Das ist unter anderem eine Frage des Alters der Kinder.)

Erstellen Sie eine Liste, welche dieser Themen Sie mit Ihrer Familie besprechen wollen oder auf alle Fälle besprechen müssen. Unterscheiden Sie nach „wichtig" bis „eher unwichtig"

Markieren Sie die Punkte, bei denen auf alle Fälle Entscheidungen zu treffen sind!

Arbeitsblatt „Themen, die wir besprechen müssen"		
Themen	wichtig	eher unwichtig

Sind Sie bereit, für Ihr berufliches Fortkommen Einschränkungen im Privaten zu akzeptieren? Wie könnten diese Einschränkungen aussehen? Wo wäre für Sie die persönliche Grenze?

Ihr Partner und Sie sollten unabhängig voneinander das folgende Arbeitsblatt bearbeiten. Wenn Ihnen zu den aufgeführten Punkten noch weitere einfallen, dann ergänzen Sie die!

Arbeitsblatt „Was würde mich bei einer beruflichen Veränderung am meisten bewegen bzw. belasten?"		
Themen	wichtig	eher unwichtig
Veränderung des Wohnorts?		
Veränderung der Arbeitszeiten?		
Geringeres Einkommen?		
Längere Wegezeiten?		
Wochenendbeziehung?		
Fehlende berufliche Perspektive des Partners?		
Unzufriedenheit des Partners?		
Die Kinder seltener sehen?		
Umgewöhnungsschwierigkeiten der Kinder?		
Verlust des sozialen Umfelds bzw. weniger Kontakt?		

Vielleicht empfinden Sie aber auch Veränderungen im Privaten aufgrund beruflicher Erfordernisse gar nicht als Einschränkung? Wenn Ihr Partner das genauso sieht, wunderbar!

Zum Schluss, wenn Sie Entscheidungen treffen müssen, fragen Sie sich und Ihrer Angehörigen:

- Was ist notwendig?
- Was ist das Beste für mich?
- Was ist das Beste für uns alle?
- Was ist vernünftig?

Was sehen Sie, wenn Sie das alles bis zum Ende durchdacht haben? Ein Happy End? Wenigstens ein hoffnungsvolles Licht am Ende eines dunklen Tunnels? Oder eine Katastrophe? Wenn Letzteres zutrifft, wäre vermutlich Hilfe von außen angebracht!

1.5 Ihre Branche und Ihre Region

Wie leicht es werden wird, einen neuen Arbeitsplatz zu finden, der zu Ihren Vorerfahrungen passt, hängt von verschiedenen Einflussgrößen ab.

Wirtschaftliche Kraft der Region

Eine davon ist die wirtschaftliche Kraft der Region, in der Sie wohnen. Statistiken der Bundesagentur für Arbeit (www.statistik.arbeitsagentur. de) geben monatsaktuelle Auskunft über die Arbeitslosenquote in der gesamten Republik, den verschiedenen Bundesländern und Kreisen. Auch

wenn aus diesen Zahlen nicht eins zu eins auf die eigenen Arbeitsmarktchancen geschlossen werden kann, machen sie doch Tendenzen deutlich.
Es ist nicht schwer abzuleiten, dass in einer strukturarmen Region bei der
Entlassung einer größeren Zahl von Mitarbeitern in einem Unternehmen
– alle mit vergleichbaren Erfahrungen ausgestattet – die Chance gering
sein wird, einen ähnlichen Arbeitsplatz wie den verlorenen zu finden.
Selbst gute Zeugnisse und ein ausgezeichneter Ausbildungsstand bringen dort eher kleine Vorteile im Wettbewerb um den Arbeitsplatz.

Weiterhin entscheidend ist die Situation Ihrer Branche. Denn wenn Sie
die Stellenanzeigen durchforsten, werden Sie feststellen, dass in der überwiegenden Zahl der Angebote einschlägige Vorkenntnisse oder Erfahrungen innerhalb der Branche erwartet werden. Wirklich schwierig wird
es also, wenn sich eine gesamte Branche in der Krise befindet. Ein Beispiel
dafür aus jüngster Vergangenheit ist die Automobilindustrie. Hochspezia-
lisierte Qualifikationen verlieren durch die Krise einer gesamten Branche
an Wert, und das nicht nur regional, sondern bundes- oder gar europaweit.

Situation der Branche

Exkurs: Formen der Arbeitslosigkeit

- **Friktionelle Arbeitslosigkeit** entsteht beim Übergang von einem
  Arbeitsverhältnis in ein anderes.

  Beispiele dafür sind der Übergang von der Ausbildung/vom Studium in den Beruf, von einem Beschäftigungsverhältnis ins andere
  im Rahmen eines Umzugs oder wenn Kündigung und Neuanfang
  nicht übergangslos aneinander anschließen. Ein hier auch gebrauch-
  ter Begriff ist die „Sucharbeitslosigkeit": der Informationserwerb
  über einen neuen Arbeitsplatz, das Bewerbungsverfahren, eventuelle Eignungstests, ggf. ein Wohnortwechsel.

  In Deutschland ist die Zeitspanne für einen solchen Übergang laut
  Angaben der OECD (Organisation für wirtschaftliche Zusammenarbeit und Entwicklung) übrigens länger als in anderen Ländern.
  2009 waren in Deutschland knapp 62 % der Arbeitslosen länger als
  sechs Monate ohne Beschäftigung, während es im OECD-Mittel
  nur 40 % waren. Bei Menschen, die länger als ein Jahr Arbeit suchen, ist der Unterschied noch ausgeprägter. Deren Anteil betrug in
  Deutschland 45 %, im OECD-Mittel nur 23 %.

  Friktionelle Arbeitslosigkeit

- **Strukturelle Arbeitslosigkeit** entsteht beim Niedergang einer Branche oder bei einem Technologiesprung mit umfassenden Rationali-
  sierungsmaßnahmen.

  So sind durch die Einstellung des Kohleabbaus Tausende von Berg-
  arbeiterarbeitsplätzen verloren gegangen bzw. wurden und werden mit Transferleistungen aus Steuermitteln am Leben erhalten,
  um diesen riesigen Arbeitsplatzabbau über einen langen Zeitraum

  Strukturelle Arbeitslosigkeit

sozial verträglich zu gestalten. Angebot und Nachfrage auf dem Arbeitsmarkt passen hier nicht zusammen, weil die vermittlungsrelevanten Merkmale wie Alter, Qualifikation, Standort etc. nicht übereinstimmen.

Niveaubedingte Arbeitslosigkeit

- **Niveaubedingte Arbeitslosigkeit** entsteht durch eine Differenz in Angebot und Nachfrage von Arbeit.

Als Ursachen dafür werden beispielsweise die allgemeine wirtschaftliche Nachfrage oder ein zu hohes Lohnniveau diskutiert. Je nach theoretischem Ansatz werden Lösungsmöglichkeiten erörtert: von der Stärkung der Nachfrage auf allen Ebenen durch Investitionsanreize und/oder staatliche Förderprogramme bis hin zur Absenkung des individuellen Lohnniveaus per Tarifvertrag oder „Kleinere-Brötchen-Backen" des Wechselwilligen. Diese Form der Arbeitslosigkeit verteilt sich über alle Berufsgruppen.

Saisonale Arbeitslosigkeit

- **Saisonale Arbeitslosigkeit** entsteht durch jahreszeitliche Einflüsse. Die bekanntesten Beispiele sind hier die Arbeitsplätze im Baugewerbe und im Fremdenverkehr.

Können Sie Ihren (drohenden) Arbeitsplatzverlust bzw. Ihre Arbeitslosigkeit einer der Formen im oberen Kasten zuordnen?

Solange die Situation Ihrer Branche oder Ihrer Region allgemein gut ist und nur Ihr Unternehmen schwächelt, ist zwar ein Arbeitsplatzverlust bedauerlich, aber er ist keine Katastrophe, denn es existiert ein Arbeitsmarkt, der für Ihre Qualifikation grundsätzlich aufnahmefähig ist.

Davon sollten Sie allerdings nicht selbstverständlich ausgehen. Wenn Ihnen Arbeitslosigkeit droht, übepüfen Sie kritisch, welche der beschriebenen Formen in Ihrem Fall zutrifft und richten Sie danach Ihr weiteres Bewerbungsverhalten aus.

Stellen Sie also fest, wie sich Standorte von Unternehmen Ihrer Branche in Deutschland und in Ihrer Region verteilen. Leben und arbeiten Sie in einem Umfeld, in dem Ihre Branche einschließlich der einschlägigen Zulieferer und Dienstleister geballt vertreten ist? Dann gibt es genügend potenzielle Arbeitgeber, bei denen Sie sich bewerben können.

Um eine konkrete Zahl zu finden, können Sie mithilfe der folgenden Abbildung, die Sie auch auf Ihrer CD-ROM finden, so vorgehen:

1. Tragen Sie in Ihren Wohnort in den Mittelpunkt des innersten Kreises ein.

2. Notieren Sie mögliche Arbeitgeber und deren Entfernung zu Ihrem Standort.

3. Ermitteln Sie die unterschiedlichen Wegezeiten mit öffentlichen Verkehrsmitteln, Auto oder einer Kombination von beidem zu möglichen

Arbeitgebern. Bis etwa 90 Minuten Anfahrtszeit für eine Strecke ist täglich machbar, darüber hinaus sollten Sie vielleicht über ergänzende Lösungen oder Alternativen nachdenken.

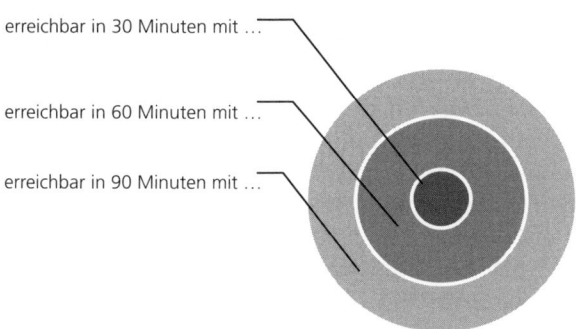

erreichbar in 30 Minuten mit …

erreichbar in 60 Minuten mit …

erreichbar in 90 Minuten mit …

Wissen Sie, wie die Struktur Ihrer Branche aussieht? Ist sie von Konzernstrukturen geprägt? Ist sie durch mittelständische Strukturen gekennzeichnet? Gibt es Kleinbetriebe? Start-ups? Je nachdem, aus welchem Umfeld Sie kommen, können Ihre Erfahrungen für anders strukturierte Unternehmen interessant oder hinderlich sein. So sind z. B. viele kleine und mittlere Unternehmen der Ansicht, dass Mitarbeiter, die lange in Konzernstrukturen gearbeitet haben, für ihr Unternehmen „verdorben" seien. Umgekehrt wird natürlich ein ähnliches (Vor-)Urteil gepflegt.

Arbeitsblatt

Welche Unternehmen kommen nach diesen Überlegungen für Sie infrage? Notieren Sie, wenn Sie jetzt recherchieren, gleich die Website und alle weiteren Informationen, auf die Sie stoßen!

	Unternehmen (Website, Standort)	Weitere Informationen (Quellen notieren!)
1.		
2.		
3.		
4.		
…		

Welchen Ruf hat das Unternehmen?

Sobald ein Unternehmen bekannt ist (und in der näheren Region sind das auch kleinere Unternehmen), hat es einen bestimmten Ruf. Ob der gut ist oder eher schlecht oder sich im diffusen Nebel der Mitte bewegt, hängt von unterschiedlichen Faktoren ab. Grob umrissen sind das die Produktqualität, der Innovationsgrad des Unternehmens, sein Kundenkreis, der Ausbildungsgrad der Mitarbeiter, das Investitionsvolumen in die Weiterbildung der Mitarbeiter etc. Vom guten Ruf eines Unternehmens fällt auch immer etwas auf den einzelnen Mitarbeiter ab, ob das durch seine individuelle Leistung nun gerechtfertigt ist oder nicht. Das bringt Wettbewerbsvorteile auf dem Arbeitsmarkt. Allerdings bleibt von einem schlechten Ruf gerne ebenso etwas Mitarbeiter am hängen, selbst wenn er ausgewiesener Fachmann in seinem Gebiet sein sollte. Denn da kann ja etwas nicht stimmen, wieso sollte sonst eine solche Koryphäe überhaupt zu so einem Unternehmen gehen?

Ihre fachliche Kompetenz wird also an Einflussgrößen gemessen, die nicht unbedingt relevant sind. Umgekehrt gilt das auch für Unternehmen. Ein kleines Unternehmen in der Provinz kann exzellente Produkte und Dienstleistungen bieten, es ist und bleibt nun mal in den Augen vieler „eine Klitsche in einem Kaff", nicht vergleichbar mit prestigeträchtigen Arbeitgebern wie BMW, Siemens, EADS oder auch Porsche – um nur einige zu nennen, die von Bewerbern als interessant empfunden werden. Gleiches gilt für Topregionen und Metropolen. Klein-Kleckersdorf oder die Magdeburger Börde (beispielsweise!) haben da wenig Chancen!

Eine Kernfrage, zu der Sie Informationen zusammentragen und die Sie sich beantworten sollten, lautet: Sind Ihre Qualifikationen und Kenntnisse über Inhalte und Abläufe an eine bestimmte Branche gebunden oder werden sie, mit Abwandlungen, in jedem Unternehmen benötigt? Benutzen Sie folgendes Arbeitsblatt für eine Bestandsaufnahme!

Wie branchengebunden sind meine Kenntnisse und Erfahrungen?

	übertragbar/vergleichbar	nahezu identisch	wenig bis kein Bezug zu anderen Aufgabenfeldern
Fachliches Wissen			
Abläufe/Prozesse			
Technologien/ Programme/ Arbeitsmittel			

Wenn ...	... dann ist die Situation ...		
	entspannt.	unentschieden. Abwarten, weiterer Infobedarf!	kritisch. Alternativen überlegen!
die Region wirtschaftlich aktiv, die Arbeitslosenzahl niedrig ist,			
es sich um strukturelle oder niveaubedingte Arbeitslosigkeit handelt,			
die Branche durch Konzernstruktur geprägt ist,			
mittelständische Zulieferer im Tagespendelbereich liegen,			
weitere mögliche Arbeitgeber erst ab ca. 150 km Entfernung zu finden sind,			
die Region stark von der Branche abhängt,			
der Ruf von teuren Mitarbeitern vorauseilt,			

Bei der Betrachtung von Regionen und Branchen geht es auch um Gehaltsstrukturen. Diese hängen unter anderem ab von der Branche, der Unternehmensgröße und dem Standort des Unternehmens. Hinzu kommen natürlich auch individuelle Faktoren wie Ausbildung/Studienfach, Berufserfahrung, Fach- oder Führungslaufbahn und Alter.

Tendenziell zahlen Konzerne mehr als mittelständische Unternehmen, im Westen wird immer noch mehr verdient als im Osten der Republik, in Großstädten und Ballungsräumen mehr als auf dem Land.

Wenn Sie mehr darüber wissen möchten, sehen Sie in den verschiedenen Gehaltsvergleichen, die in großer Zahl im Internet zu finden sind, nach. Genauere Informationen bietet Ihnen ein kostenpflichtiger Gehaltscheck. Dort werden umfangreiche Daten rund um Unternehmensstruktur und den eigenen Aufgaben- und Verantwortungsbereich abgefragt; aus diesen Informationen werden dann Angaben zum Gehalt abgeleitet. Die bekanntesten Anbieter solcher Dienste sind www.personalmarkt.de und www.geva-institut.de. (s. a. Kapitel 1.8)

All die bisher zusammengetragenen Informationen gilt es nun in Relation zu Ihren persönlichen Werten zu setzen. Verwenden Sie dazu das nebenstehende Arbeitsblatt.

Können Sie schon erste Konsequenzen erkennen, die Sie ziehen müssen? Falls ja, schreiben Sie sie jetzt auf:

1. _____

2. _____

3. _____

4. _____

5. _____

6. _____

...

Gehalts-
strukturen

1.6 Ihre Erfahrungen, Kenntnisse und Qualifikationen

Welches ist der rote Faden in Ihrem Berufsleben?

In jedem Leben gibt es so etwas wie einen „roten Faden". Schließlich landen wir nicht ganz zufällig immer wieder in vergleichbaren Situationen, ob sie nun besonders angenehm oder eher unangenehm sind. Ob dieser Faden jetzt stringent zu einem (vorher) definierten Ziel hinführt oder eher (unbewusst) systematisch weg davon, ist im ersten Schritt unwichtig. Unsere Entscheidungen folgen auf alle Fälle einem Muster. Wenn mir „mein" Muster nicht gefällt, dann will und kann ich das ändern – aber nicht, wenn ich den Plan nicht kenne, der dahintersteckt.

Die eigene Biografie verstehen

Den „roten Faden" im eigenen Leben – hier: im Berufsleben – zu suchen, zu finden, zu betrachten und ihn gegebenenfalls auch „aufzudröseln" ist Beschäftigung mit der eigenen Biografie.

Besseres Wissen darüber führt zu besserem Verstehen der eigenen Verhaltensweisen und Gewohnheiten. Es soll hier nicht um psychologische Aufarbeitung und Vergangenheitsbewältigung gehen, sondern „nur" darum, Entscheidungsmuster zu identifizieren, sich persönliche Erfolgsrezepte ins Bewusstsein zu holen und Stärken im Handeln zu identifizieren. Denn das alles müssen Sie parat haben, wenn Sie Ihre Unterlagen erstellen.

Und natürlich finden sich bei dieser Erinnerungsarbeit auch die Punkte, bei denen man immer wieder stolpert und sich in Sackgassen manövriert. Aber auch die muss man kennen, wenn man sie künftig vermeiden will!

Sie sehen im Folgenden Fragen, die mit der Schulzeit beginnen und da enden, wo Sie heute stehen. Bei jeder Station wird immer wieder nach den Entscheidungen und den Gründen dafür gefragt. Stellen Sie sich vor, Sie gehen auf einer Straße und diese Entscheidungen sind die Gabelungen, Kreuzungen oder auch Seitenwege, auf die Sie treffen. Wenn Sie nicht stehen bleiben wollen, dann MÜSSEN Sie sich entscheiden, wo es weitergehen soll. Und Sie haben sich ja auch immer – irgendwie – entschieden.

Arbeitsbogen „Kriterien zur Auflistung der persönlichen Entwicklung und des beruflichen Werdegangs"

Schreiben sie zu den folgenden Punkten auf, was Ihnen dazu einfällt, sachlich, assoziativ … und so umfangreich, wie Sie mögen und wie es Ihnen am leichtesten fällt:

Schule

Welche Schulen haben Sie besucht? Wer hat entschieden, welche Schulform gewählt wurde? Wissen Sie, warum so entschieden wurde?

_____

_____

Daten: außergewöhnliche Dauer der Schulzeit? Gründe dafür?

_____

Lieblingsfächer (warum gerade diese Fächer?)

_____

_____

Betätigungen/Interessen außerhalb des Unterrichts, z. B. Schülerzeitung, Klassensprecher, Schüleraustausch, Vereine, Gruppen, Hobbys, Ferienjobs, …?

_____

_____

Aus welchem Grund haben Sie bestimmte Fächer bevorzugt oder gewählt? Warum haben Sie sich für Betätigungen außerhalb des Unterrichts entschieden? Oder auch dagegen? Welche Empfindungen haben Sie heute, wenn Sie an diese Entscheidungen denken?

_____

_____

Ausbildung

Welche Ausbildung, welches Studium haben Sie gemacht?

_____

Was haben Sie sich von Ihrer Ausbildung erwartet?

_____

_____

Daten, Motivation, erworbene Kenntnisse und Fähigkeiten (fachlich und persönlich), positive und negative Erfahrungen, …

_____

_____

Gab es wichtige Personen, die Sie in Ihrer Berufswahl beeinflusst haben?

_____

_____

Berufliche Tätigkeiten

Überlegen Sie auch hier, wie die Entscheidungen fürs Bleiben oder Gehen jeweils zustande kamen! Warum kamen Sie auf die Idee? Mit wem haben Sie sich beraten? Wer hat Sie beeinflusst? Auf wen haben Sie bei Ihrer Entscheidung gehört?

_____

_____

_____

Welches war Ihre erste Tätigkeit nach Ihrer Ausbildung? Warum haben Sie diese Aufgabe und diesen Arbeitgeber gewählt? Wie lange waren Sie dort?

_____

_____

Gab es in Ihrer Entwicklung Wechsel der Arbeitgeber?

_____

Wenn nein, wieso sind Sie in der Firma geblieben? Was haben Sie sich davon versprochen? Haben Sich Ihre Erwartungen erfüllt? Was hat sich anders entwickelt als gedacht? Was besser? Was schlechter?

_____

_____

_____

Wenn ja, beantworten Sie diese Fragen bitte für jeden einzelnen Ihrer Arbeitgeber:

- Wieso sind Sie in ein anderes Unternehmen gewechselt? Warum haben Sie diese Firma gewählt?

_____

_____

- Welche Ziele hatten Sie zu Beginn Ihres beruflichen Werdegangs?

_____

_____

- Wie entwickelte sich Ihre berufliche Tätigkeit im Hinblick auf diese Ziele?

- An welchem Punkt haben Sie eine Veränderung angestrebt und warum?

Welche Entwicklungen und Ereignisse haben dazu geführt, dass Sie sich gerade jetzt mit Ihrer beruflichen Zukunft auseinandersetzen?

Welche Teile Ihrer beruflichen Tätigkeit machen Ihnen Spaß? Was stört Sie? Gibt es Arbeitsbereiche, die Sie kaum aushalten?

Fremdsprachen
Welche Sprachen sprechen und schreiben Sie wie gut?

Wie kommt es, dass Sie sie so gut (oder auch: gar nicht gut) sprechen?

_____

_____

Wo und in welchem Umfang haben Sie diese Sprache(n) in der Vergangenheit angewendet? Wie ist es im Moment damit bestellt?

_____

_____

Sollten diese Kenntnisse verbessert werden? Welche Möglichkeiten gibt es dazu? (Sprachkurs, Auslandsaufenthalte und/oder -tätigkeiten, …)

_____

_____

Wehrdienst/Ersatzdienst/Soziales Jahr

Haben Sie einen solchen Dienst geleistet? Wenn ja, warum haben Sie sich für die von Ihnen gewählte Möglichkeit entschieden? Mit welcher Motivation?

_____

_____

Haben Sie dabei beruflich verwertbare Erfahrungen und Kenntnisse erworben?

_____

_____

Weiterbildung

Lehrgänge, Seminare, Fachliteratur, Zeitungen/Zeitschriften, Motivation
für die jeweilige Entscheidung, …

_____

_____

Sonstiges

Mitgliedschaften, Engagement, Funktionen, Freizeitinteressen, …: Warum engagieren Sie sich? Warum gerade dort und nicht woanders?

_____

_____

Haben Sie Ihren roten Faden schon gefunden? Sonst geht es hier weiter:

Markieren Sie die Stationen, in denen Richtungswechsel stattgefunden
haben: für oder gegen eine Schule oder Ausbildung, für oder gegen einen
Ortswechsel, für oder gegen eine Arbeitsaufnahme in einem bestimmten Unternehmen – alles Situationen, in denen Entscheidungen getroffen
wurden: von Ihnen, Ihrer Familie, Ihrem beruflichen Umfeld usw.

Wo haben Sie Ihre eigenen Entscheidungen getroffen und sind ihnen gefolgt?

_____

_____

Wo haben Sie nichts getan und einfach abgewartet?

_____

_____

Wo hatte der Zufall seine Hand im Spiel?

_____

_____

Wo sind Sie den Empfehlungen anderer gefolgt?

_____

_____

Wo haben Sie den (vermeintlich) leichteren Weg gewählt?

_____

_____

Wo haben Sie sich gequält und sich durchgebissen?

_____

_____

Mit welcher Entscheidung waren oder sind Sie auch heute noch zufrieden?

_____

_____

Welche Entscheidungen bedauern Sie aus heutiger Sicht?

_____

_____

Welche davon ließen sich bei einem Stellenwechsel wiedergutmachen oder bei welchen ließen sich mindestens die Auswirkungen verbessern?

_____

_____

Welche davon sollen oder müssen Sie abhaken? (z. B. nicht das richtige Alter, falscher Ort etc.)

_____

_____

Welche Fähigkeiten haben sich an den unterschiedlichen Wendepunkten gezeigt?

_____

_____

Welche standen Ihnen von Anfang an zur Verfügung? Welche haben Sie sich im Laufe Ihres Berufslebens erworben? Welche (aus heutiger Sicht) fehlen Ihnen?

_____

_____

Markieren Sie nun die Fragestellungen und Themen, die immer wiederkehren:

Welche Fragestellungen und Themen sind das? Listen Sie sie auf!

_____

_____

Welcheder Fragestellungen und Themen haben Sie bisher auf die lange Bank geschoben und wollen sich jetzt – endlich – damit auseinandersetzen?

Welche sind leicht zu lösen – jetzt, wo Sie sie kennen?

Wie aktuell sind sie für die Situation, in der Sie sich im Moment befinden, nämlich die Stellensuche? Stellen Sie eine Rangfolge her von „sehr wichtig" bis „absolut unwichtig".

Beschreiben Sie in zwei oder drei Sätzen, wie sich diese Fragestellungen auf Ihre Stellensuche auswirken könnte. Wo sind sie hinderlich? Wo förderlich?

Formale Qualifikationen

Ob Sie das nun für sinnvoll halten oder nicht, formale Qualifikationen haben immer noch einen hohen Stellenwert für Unternehmen, die Personal suchen. Listen Sie deshalb Ihre formalen Qualifikationen (Schulabschlüsse, berufliche Ausbildungen, Fachschulen, universitäre Ausbildung, Fernstudien, Fernkurse etc.) auf:

Meine formalen Qualifikationen	
1.	
2.	
3.	
4.	
...	

Bewerten Sie in einem zweiten Schritt, welche dieser Qualifikationen für Ihren angestrebten neuen Job relevant sind und welchen Wert sie haben. Berücksichtigen Sie dabei auch, über welche Qualifikationen diejenigen, die sich mit Ihnen um denselben Job bewerben, vermutlich verfügen. Wenn Sie nicht sicher sind, dann informieren Sie sich. Das Internet mit seinen unzähligen Communitys und Foren bietet Möglichkeiten aller Art!

Stellen Sie abschließend fest, was Ihnen fehlt.

Mir fehlt für meinen angestrebten Job ...	
1.	
2.	
3.	
4.	
...	

Kenntnisse und Erfahrungen

Theorie ist das eine, im Beruf erworbene Kenntnisse und Erfahrungen das andere. Qualifizierte Erfahrungen können manchen theoretischen Mangel ausgleichen!

Es geht hier um eine umfassende und sorgfältige Bestandsaufnahme all der Dinge, die Sie in Ihrem beruflichen Leben schon einmal gemacht haben. Diese Bestandsaufnahme bildet die Basis für Ihre zielgerichtete Kommunikation im Bewerbungsverfahren mit Ihren Zielunternehmen. Je sorgfältiger Sie diese Tabelle bearbeiten, desto umfassender ist Ihr Überblick über Ihre bisher erworbenen Kenntnisse, Erfahrungen und erzielten Ergebnisse und desto leichter wird Ihnen die Erstellung Ihres Lebenslaufs fallen, desto müheloser die Anpassung Ihrer Unterlagen an die jeweilige Stellenausschreibung gelingen.

Umfassende Bestandsaufnahme

Denken Sie bitte daran, keine Phrasen einzustellen, sondern ganz konkret nachvollziehbare Fakten zu benennen. Dabei ist es natürlich am besten, wenn Sie das Benannte auch belegen können. Sie finden dieses Arbeitsblatt auch auf Ihrer CD-ROM, damit Sie Ihre Eintragungen bequem in dem Umfang machen können, den Sie benötigen.

Funktion/ Aufgaben – in welchem Unternehmen?	Anforderungen, die sich aus meinen Aufgaben abgeleitet haben	Meine Stärken: Was kann ich gut?	Meine Schwächen: Was kann ich weniger gut?

Ihre Kenntnisse und Fähigkeiten stehen nicht im leeren Raum für sich, sie werden wahrgenommen im Vergleich mit anderen.

Beantworten Sie sich also die folgenden Fragen:

- Wie ist der Leistungsstand in meinem Arbeitsumfeld? Worauf gründet sich meine Einschätzung?
- Wie gut (oder schlecht) bin ich im Vergleich zu meinen Kollegen?
- Was würde mein Chef sagen, wenn ich ihm diese Frage stellen würde?

- Wer kann mir sagen, ob ich mit meiner Einschätzung richtig liege? Wessen Urteil vertraue ich? Gibt es objektive Bewertungsmaßstäbe?

Erzielte Ergebnisse

Unternehmen stellen Mitarbeiter ein, weil sie mit deren Arbeitsleistung Gewinn erzielen wollen. Niemand wird für seine bloße Anwesenheit im Unternehmen bezahlt und, noch weniger, dafür geschätzt.

Ihr Nutzen für den Arbeitgeber

In einem letzten Schritt dieser Bestandsaufnahme geht es also darum, dass Sie sich Ihren individuellen Nutzen für Ihre verschiedenen Arbeitgeber bewusst zu machen und passende und angemessene Wort dafür finden.

Sie müssen dafür keine besonders wichtige oder zentrale Positionen im Unternehmen wahrgenommen haben. Jede Arbeit kann man gut oder schlecht erledigen. Jede gut und fehlerfrei erledigte Aufgabe fördert die gesamte Produktivität, jede Schlamperei führt zu Verärgerung und damit zu Störungen.

Benennen Sie also Ihre persönlichen Ergebnisse, sachlich und ohne Übertreibung, aber selbstbewusst. Anregungen dazu finden Sie im Folgenden.

Ich habe im vorgegebenen Zeitplan …

_____

Durch meine Zuarbeit wurde …

_____

In meinem Verantwortungsbereich habe ich …

_____

Durch meine Kenntnisse in …

_____

konnte ich erfolgreich …

_____

Meine Kunden konnte ich überzeugen, dass …

1.7 Der neue Job – „Traumjob" oder „Broterwerb"?

Gehen wir zurück zu Ihren Ausgangsvoraussetzungen! Müssen Sie wechseln oder wollen Sie wechseln? Beginnen wir mit jenen, die wechseln wollen!

Wer keinen akuten Veränderungsdruck hat, der hat berechtigterweise mit einem beruflichen Wechsel etwas vor: mehr Geld, größere Verantwortung, neue Lernfelder, … Gründe gibt es viele.

In diesem Fall sollten Sie sich die Zeit nehmen, sich über die mittelfristigen Ziele Gedanken zu machen, die Sie mit einem Wechsel verfolgen.

Ihre Ziele?

- Wollen Sie eine Berufslaufbahn, die mit Erfolgen verbunden ist, wollen Sie also im landläufigen Sinne „Karriere machen"?
- Oder suchen Sie eher die persönliche Befriedigung? Immer neue Herausforderungen im Sinne eines breiten Erfahrungsspektrums und einer interessanten Aufgabe?

Was ist das Ziel Ihres beruflichen Lebens?

Insbesondere wenn Sie im ersten Drittel Ihres beruflichen Lebens stehen und Karriere machen wollen, will ein Wechsel gut geplant und überlegt sein. Denn niemand hat unbegrenzt Zeit und beliebig viele Versuche, seine Zielposition zu erreichen. Speziell Positionen, die man bei einem externen Wechsel anstrebt, sollten Stationen auf dem Weg zur Zielposition sein. Einfach ein paarmal herumprobieren, feststellen, dass der Arbeitsplatz nicht das hält, was er verspricht, und sich dann nach kurzer Verweildauer im Unternehmen auf den Weg zu neuen Ufern – einem neuen Arbeitgeber – zu machen verdirbt den geradlinigen Lebenslauf, den man für eine wirkliche Karriere immer noch braucht. Machen Sie sich also die Gedanken über den übernächsten Job gleich mit – und entscheiden Sie dann, ob Sie sich bewerben wollen und in welche Stelle, in welche Funktion Sie optimalerweise wechseln wollen!

Zusammengefasst: Finden Sie heraus, wie konkret Ihr Wunsch schon ist und wie genau Sie wissen, wie Ihr Ziel aussieht!

Arbeitsbogen: Fühlen Sie sich im Großen und Ganzen wohl an Ihrem Arbeitsplatz?

Wollen Sie sich trotzdem verändern und wissen, wonach Sie suchen? Dann beantworten Sie die folgenden Fragen so kurz wie möglich. Sie Finden diese Fragen auch auf Ihrer CD, falls Ihnen der hier gegebene Platz nicht ausreicht.

Womit wollen Sie sich inhaltlich künftig beschäftigen?

_____

Worin soll der neue Arbeitsplatz dem jetzigen ähneln?

_____

Worin soll er sich unterscheiden?

_____

Wie soll Ihr berufliches Umfeld aussehen?

_____

Wo soll sich dieser Arbeitsplatz räumlich befinden?

_____

Was möchten Sie verdienen?

_____

Wie lange wollen Sie die Aufgaben dieses neuen Arbeitsplatzes ausüben?

_____

Soll er eher ein Endpunkt Ihrer Entwicklung oder vielleicht nur eine Zwischenstation zu weiteren Zielen sein?

_____

Wo soll Sie diese Veränderung kurzfristig hinbringen, etwa für die nächsten drei Jahre?

_____

Wofür soll sie mittelfristig Station sein?

_____

Sie haben sich diese Fragen beantwortet? Mit ganz konkreten Angaben? Ist Ihnen das leichtgefallen? Dann suchen Sie nach Anzeigen, die Ihren Vorstellungen entsprechen!

Oder war es eher schwierig? Wissen Sie zwar, dass Sie etwas ändern möchten, aber nicht so genau, was das sein könnte? Und taucht dieses Gefühl das erste Mal in Ihrem Berufsleben auf oder ist es wie ein guter, alter Bekannter? Es überfällt Sie in regelmäßigen Abständen alle paar Jahre?

Wenn nur ein diffuses Gefühl vorhanden ist, dass es das doch noch nicht gewesen sein könne im Berufsleben, dann sollten Sie genau hinschauen, bevor Sie sich in Aktivitäten stürzen und am Arbeitsplatz Ihr Wechselwille sichtbar wird.

Nicht übereilt handeln!

Natürlich gibt es Arbeitsplätze mit Aufgaben, die man zwar erfüllen kann, bei denen man aber keine wirkliche Freude empfindet, die einen langweilen und auch solche, an die man jeden Tag mit Magenschmerzen herangeht. Es geht nicht darum, um jeden Preis weiterzumachen. Wenn allerdings diese Gefühle wiederholt aufgetreten sind, dann sollten Sie an dieser Stelle eine genaue Analyse vornehmen, was diesen krank machenden Druck ausmacht. Wenn Sie aus einer solchen Situation heraus wechseln, wollen Sie von etwas weg, nicht zu einer neuen Aufgabe hin. Sie wissen also nicht, was Sie wirklich suchen, und die Gefahr, dass sich alles wiederholt, ist groß. Denn Sie nehmen sich, Ihre Hoffnungen und Träume, aber auch Ihre Illusionen mit an den neuen Arbeitsplatz!

Irgendetwas stört immer! Identifizieren Sie, woher Ihre Unzufriedenheit bei Ihren letzten drei Arbeitplätzen kam:

Woher rührt die Unzufriedenheit?

- War und ist es das Geld? („Ich verdiene hier einfach zu wenig!")
- Der Chef? („Der sieht meine Leistung nicht!" oder: „Der fördert mich nicht genug!")

- Die Kollegen? („Die meisten sind schon ziemlich komisch …")
- Die Kunden? („Die sind nur anmaßend und oft auch unverschämt!")
- Oder eine allgemeine Langeweile? („Jeden Tag die gleiche Leier!")

So allgemein formuliert ist weder konkrete Ursachenforschung möglich noch die Suche nach Lösungen. Gehen Sie es also genauer an und füllen Sie das folgende Arbeitsblatt aus!

Arbeitsblatt „Was hat mich gestört?"

Was hat mich gestört?	Arbeitsplatz 1	Arbeitsplatz 2	Arbeitsplatz 3
An meinen Aufgaben			
An meinen Kollegen			
An meinem Chef			
An meinem Gehalt			
Am Unternehmensumfeld			

Was fällt Ihnen auf, wenn Sie Ihre Aufzeichnungen betrachten? Gibt es wiederkehrende Störungen? Können Sie die Ursachen dafür benennen? Wann haben sich die Störungen an den verschiedenen Arbeitsplätzen zum ersten Mal gezeigt? Wie hätten Sie die Entwicklung verändern können? Wie haben Sie reagiert? Haben Sie bisher immer die Flucht ergriffen, wenn an Ihrem Arbeitsplatz etwas nicht stimmte, wenn Sie unzufrieden wurden? Oder haben Sie versucht, doch einiges zu bewegen, um zufriedener zu werden, beispielsweise die Versetzung in eine andere Abteilung angestrebt, Teilaufgaben abgegeben oder neue übernommen etc.?

Wenn die Ursachen für Ihre Unzufriedenheit an mehreren Arbeitsplätzen am Chef, den Kollegen, den Aufgaben, also immer an den anderen liegen, dann sollten Sie innehalten. Denn dann machen Sie bei der Auswahl Ihrer Stellen etwas falsch oder Sie gehen mit falschen Vorstellungen durchs Berufsleben.

Vielleicht ist eine Ursache ja, dass Sie nach dem „Traumjob" suchen? Nach Selbstverwirklichung? Nach einer inhaltlichen und auch emotionalen Heimat, wo Sie sich richtig wohlfühlen und sich entsprechend hineinknien können?

An dieser Stelle scheiden sich die Geister. Die einen suchen Arbeit, andere den Traumjob. Das bedeutet nun nicht, dass es allen „nur" Arbeitsuchenden egal ist, was sie machen, dass sie nicht mit Interesse oder gar Leidenschaft bei ihren Aufgaben sind, aber diese Kategorie der Arbeitnehmer würde ihre Tätigkeit nicht als „Traumjob" bezeichnen. Das ist noch etwas anderes. Die Frage muss gestellt werden: Was genau soll das sein?

Goethe zum Beispiel, dessen Begabung fürs Schreiben wohl unumstritten sein dürfte, war nicht hauptberuflich Dichter und Denker! Er wäre es gerne gewesen, aber die Notwendigkeit, sich den Lebensunterhalt zu verdienen, bracht ihn zum Jurastudium. Er war Rechtsanwalt in Frankfurt und später Minister in Weimar bei Herzog Karl-August. Verwirklicht hat er sich in seiner freien Zeit – und ist mit den Ergebnissen dieser Verwirklichung berühmt geworden.

Traum und Wirklichkeit

Ein Arbeitsvertrag ist in allererster Linie ein Dokument, das in rechtlich wirksamer Weise den Austausch „Arbeit gegen Geld" regelt. Es benennt den Inhalte dieser Arbeit, sagt aber nichts darüber aus, wie viel Sinn, wie viel Selbstverwirklichung der Arbeitnehmer in seiner Tätigkeit finden soll, muss oder darf. Erwartungen daran bringt in erster Linie der Arbeitnehmer mit – mehr oder weniger unausgesprochen. Dem Unternehmen ist dieser Aspekt erst einmal weniger wichtig, obwohl es genau weiß, dass zufriedene Arbeitnehmer mehr Leistung erbringen.

Der Arbeitsuchende geht gerne (auch als Selbstschutz) von irrigen, zumindest überprüfungsbedürftigen Glaubenssätzen aus. Einer davon lautet: Der Traumjob ist selbstverständlich gut bezahlt. Was dabei „gut bezahlt" bedeutet, darüber gibt es unterschiedliche Einschätzungen. In der Berechnung sollten jedoch Lebensstil (und die damit am Monatsende zu bezahlenden Rechnungen) mit dem korrelieren, was monatlich aufs Konto kommt. Ein Blick in Gehaltstabellen und Tarifverträge ist oft ernüchternd, aber hilfreich für die eigene Entscheidung.

Ein anderer Glaubenssatz: Jobs in der Werbung oder als „Eventmanager" sind glamourös und mit der großen weiten Welt verbunden. Man schlendert in Cannes beim alljährlichen Werbefestival an der Croisette entlang oder steht – hautnah – backstage neben Robbie Williams. Dass diese Klischees Fernsehserien entnommen sind und der Job in der Realität mit Zeitdruck, Überstunden, Arbeit am PC und Kunden mit engen Budgets verbunden ist, passt nicht ins Konzept und wird deshalb verdrängt.

In diesem Zusammenhang kommt eine Kienbaum-Studie mit dem Thema „Attraktivität des Personalmanagements für Hochschulabsolventen" (2010) zu interessanten Ergebnissen. Ernüchternd sind sie, wenn man daraus Vermutungen über Mühe und Energie ableitet, die Studenten in die Recherche zu den Arbeitsbedingungen und Verdienstmöglichkeiten stecken, bevor sie mit ihrer Ausbildung beginnen.

Kienbaum-HR-Studie

„Nur 31 Prozent derjenigen, die eine berufliche Karriere im Human Resource Management anstreben, erwarten gute Einkommenschancen in diesem Bereich. Zugleich geben aber gut drei Viertel der Befragten an, dass sie sich einen Beruf mit einem hohen Einkommen wünschen. Ähnlich deutlich klaffen Anspruch und Wirklichkeit bei den Karrieremöglichkeiten im HR auseinander: Während nur 28 Prozent der Absolventen daran glauben, als Personaler eine schnelle Karriere machen zu können, ist dies für 74 Prozent ein wichtiges Kriterium für ihre Berufswahl. Knapp die Hälfte der Teilnehmer geht davon aus, dass man als Personaler im Unternehmen kein hohes Ansehen erreichen kann; fast alle Teilnehmer wünschen sich aber genau dies."

Studierende dieser Fachrichtung würden sich von ihren Kommilitonen unterscheiden. Ihnen sei bei der Entscheidung für das Berufsfeld „Personalmanagement"die Möglichkeit wichtig, einen guten internen Kundenkontakt zu haben, private und berufliche Interessen gut zu vereinbaren, anderen Menschen zu helfen und an herausfordernden Tätigkeiten zu arbeiten. Der Gedanke liegt nahe, dass (mindestens teilweise) idealistisches Denken und die Suche nach einer erfüllenden Aufgabe bei dieser Personengruppe die Berufswahl beeinflussen, dass man also nicht „irgendetwas" machen möchte, sondern seine Vision, seinen Traum von sinnstiftender Arbeit verfolgt. Wenn man allerdings den Zahlen glauben darf, dann sind Enttäuschungen vorprogrammiert, wenn man schon als Student oder Absolvent Zweifel daran hat, seine Wünsche im Job verwirklichen zu können.

Ebenso viele Traumjobsucher finden sich unter Studenten, deren Studiengänge nicht regelmäßig in Stellenangeboten auftauchen: Philosophen, Soziologen, Sprachwissenschaftler, Archäologen – all die Fächer, die gemeinhin unter „Orchideenfächer" oder „Exotenfächer" laufen. Es ist ja auch nachvollziehbar! Man hat sein Fach aus tiefem Interesse gewählt und oft mit Leidenschaft studiert – und jetzt soll all das vorbei sein, das ganze Wissen umsonst angehäuft, um jetzt irgendeinen Brotberuf zu ergreifen? Dann doch lieber das Passende suchen, ein halbes Jahr, ein Jahr, oft noch länger. Währenddessen verstreicht die Zeit, man blockiert sich jahrelang mit der Suche nach dem Traumjob und verpasst so den Einstieg in ein befriedigendes Arbeitsleben.

Deshalb: Überprüfen Sie Traum und Realität!

Was schätzen (was mögen) Sie an Ihrer augenblicklichen Tätigkeit?

- Das Thema bzw. die Inhalte, mit denen Sie sich beschäftigen?
- Das Geld und damit die Freiheit, die sie Ihnen für Ihr privates Leben lässt?
- Den Karrierelevel, den Sie erreicht haben?
- Den Einfluss, den Sie haben?
- Die Wertschätzung, die Sie erleben?
- Die Sicherheit, täglich zu wissen, dass Sie den Aufgaben gewachsen sind und die Abläufe kennen?
- Die Kollegen und den Spaß, den Sie dort oft haben?
- Ihren fähigen Vorgesetzten?
- Die Nähe zum Wohnort?

> Was schätzen Sie an Ihrer Tätigkeit?

Tragen Sie auf einer Skala von 1 (unzufrieden) bis 10 (sehr zufrieden) ein, wie es um die verschiedenen Bereiche bestellt ist. Dass eine maximale Punktzahl in allen Bereichen eher unwahrscheinlich ist – müssen wir darüber reden?

Wie geht es Ihnen in Ihrer augenblicklichen Tätigkeit?										
	1	2	3	4	5	6	7	8	9	10
Inhalte, Themen										
Gehalt										
Karrierelevel										
Persönl. Einfluss										
Wertschätzung										
Fachl. Sicherheit										
Kollegen										
Vorgesetzte										
Wohnortnähe										

Im Folgenden ein konkretes Beispiel:

Wie geht es Ihnen in Ihrer augenblicklichen Tätigkeit?										
	1	2	3	4	5	6	7	8	9	10
Inhalte, Themen								x		
Gehalt										x
Karrierelevel				x						
Persönl. Einfluss							x			
Wertschätzung							x			
Fachl. Sicherheit										x
Kollegen						x				
Vorgesetzte		x								
Wohnortnähe										x

Obwohl bei dieser Person ein Bereich (Vorgesetzte) ganz klar auf der Negativseite steht und auch der Karrierelevel, den sie erreicht hat, unter den Erwartungen liegt, sind doch alle anderen Items im positiven Bereich, drei sogar im 10er-Bereich. Rein rechnerisch ergäbe sich ein Zufriedenheitswert von immerhin 63 Punkten. Ein Grund, an Wechsel zu denken?

An dieser Stelle setzt der Realitätscheck ein:

Realitätscheck

Der Vorgesetzte fördert einen nicht gerade. Doch: Wie oft pro Woche hat man schon inhaltlich mit seinem Vorgesetzten zu tun? Einfluss und Wertschätzung sind ja offenbar auch ohne den Chef möglich und außerordentlich erfreulich! Außerdem: Vorgesetzte – auch der eigene – kommen und gehen, vielleicht wird es also doch noch etwas mit der Beförderung? Und könnte man das augenblickliche Gehalt in einem anderen Unternehmen erreichen? Last, but not least: Bin ich in einem Alter, in dem ich auf dem Arbeitsmarkt gute Chancen haben werde?

Wie fällt Ihre Gesamtbilanz aus? Insgesamt niedrig? Dann führen Sie einen Realitätscheck durch und wägen Sie ab – in der Überzeugung, dass man seinen Traumjob ganz oft findet, indem man einfach den Job, den man gerade macht und der einen ernährt, gut macht. Vielleicht können Sie sich ja einer etwas bodenständigeren Sichtweise auf einen Traumjob anschließen? Dann wäre Ihr Traumjob derjenige Job, in dem Ihre individuellen Fähigkeiten und Stärken sowie Ihr Qualifikationsprofil am besten zum Tragen kommen, Ihre Schwächen am wenigsten stören. Mit dieser Sicht tragen so ganz viele Jobs das Potenzial in sich, zu Traumjobs zu werden.

Auch wer im Leben eine Menge Glück (oder ein gutes Händchen) für die beruflichen Entscheidungen gehabt hat, wird feststellen: Er tut viel von dem, was er tut, gern. Es gibt dennoch keine Stelle, keine Aufgabe, wo dieses Ideal der Übereinstimmung zwischen Traum und Wirklichkeit auf einen Zeitraum von mehreren Jahren gesehen gegen 100 % geht. Gegen

50 %, vielleicht – phasenweise – ein bisschen mehr, oft aber auch weniger. Der Rest ist Routine und (ungeliebtes) Beiwerk. Man macht es eben, weil es sein muss, nicht weil man beispielsweise Ablage so toll findet.

Das ist nach der Einschätzung der meisten völlig normal, aber die Erfahrung zeigt, dass Durststrecken für viele nicht dem Wohlfühlanspruch entsprechen, den sie an ihre berufliche Tätigkeit stellen.

Es gibt Menschen, die sind vom Typ her so beschaffen, dass sie alle Jobs, die man ihnen gibt, sehr gut, nämlich nach besten Möglichkeiten machen. Es gibt allerdings auch die anderen, die würden einen Traumjob nicht mal erkennen, wenn man ihn ihnen auf einem Silbertablett präsentierte, so befangen sind sie in ihren Befindlichkeiten. Die zweite Gruppe sucht eher vergeblich!

Welcher Typ Mensch sind Sie?

Wer ausschließlich auf seinen eigenen Interessen basierend sein zukünftiges Arbeitsfeld wählt, wer „Spaß haben" als zentralen Wunsch an seine Arbeit formuliert, der ist oft kaum in der Lage, seine eigenen Interessen dem Team oder der Aufgabe unterzuordnen. Wer nicht bereit ist, von seinen eigenen Wünschen auch mal Abstand zu nehmen, sich auch einmal durchzubeißen, wenn es keinen „Spaß" macht, dem wird niemand Aufgaben geben, die wirklich spannend sind. In harten Zeiten investiert man unter Umständen in die Zukunft. Dazu braucht es aber eine gehörige Portion Frustrationstoleranz.

Das verhält sich ähnlich wie bei der Partnersuche. Glücklich wird man in der Regel mit einem ebenso normalen Menschen, wie man selbst einer ist. Man kennt seine Vorzüge und liebt ihn trotz seiner Fehler und feiert irgendwann zufrieden zusammen die Eiserne Hochzeit.

Wer sich aus einem gekündigten Arbeitsverhältnis heraus bewirbt, wer vielleicht schon arbeitslos ist, der sieht sich anderen Herausforderungen gegenüber. Der überlegt, wie der Spagat hinzubekommen ist, einerseits einen attraktiven und befriedigenden Arbeitsplatz zu finden und gleichzeitig die Spanne der Arbeitslosigkeit so gering wie möglich zu halten. Denn obwohl Brüche in der Erwerbsbiografie ein gewisses Maß an Normalität erlangt haben und eine Phase der Arbeitslosigkeit kein Drama mehr ist, bleibt doch eine Tatsache bestehen: Je länger seine Arbeitslosigkeit andauert, desto weniger attraktiv ist der Bewerber für den Arbeitsmarkt. Die Chancen, dann den Traumjob – oder wenigstens den, der zufrieden macht – zu finden, fallen gewaltig!

Gehen Sie nun zurück zum Arbeitsbogen auf Seite 66, beschreiben Sie die Stelle, die Sie suchen, und schauen Sie, welche Angebote es dafür auf dem Markt gibt.

Eines ist klar: Der Arbeitsmarkt entscheidet, ob Sie einen Abnehmer für die von Ihnen skizzierte Stelle, die formulierten Ziele finden. Betrachten Sie dazu

Arbeits-markt

- Ihre Branche
- Ihre Region

- verwandte Arbeitsfelder, die Ihre Branchenkenntnisse brauchen und nutzen,
- den Gesamtarbeitsmarkt deutschlandweit

(s. Kapitel 1.5) und entscheiden Sie danach Ihr weiteres Vorgehen: regionale Suche, regionale Veränderung, inhaltliche Veränderung, Umorientierung usw. All diese Entscheidungen sind, wie schon beschrieben, mit Chancen und mit Risiken behaftet. Abwägen und entscheiden muss jeder für sich, einen Königsweg gibt es nicht!

Im Folgenden stelle ich Ihnen vier Menschen, vier Geschichten, vier Lösungen vor – alle mit dem gleichen Thema: die Suche nach einer erfüllenden Arbeit, die gleichzeitig die Frau, den Mann, die Familie ernährt!

Es war einmal …

So fangen Märchen an! Hier finden Sie ein reales Märchen von einer, die auszog, ihren Traumjob zu finden: von der Hoffnung, vom Scheitern, von einer Zeit des Brotverdienens und der Suche und der Zuversicht, dass es doch Möglichkeiten geben müsse, sich wohlzufühlen bei der Arbeit, sich zu verwirklichen. Und von einem neuen Traumjob. Oder besser: von einer neuen Tätigkeit in den Arbeitsstrukturen, die nun mal das einzig Richtige für sie sind. Ob sie – denn es handelt sich um eine Frau – nun „bis ans Ende ihrer Tage" glücklich und zufrieden in ihrem neuen fernen Land lebt, dass können wir nicht wissen. Denn das letzte Abenteuer hat gerade erst begonnen!

Frau,
Ende 30,
gescheiterte Unternehmerin

Vor ziemlich genau sieben Jahren bekomme ich Kontakt zu Renate, damals Ende 30, die auf der vergeblichen Suche nach einer neuen Tätigkeit ziemlich entmutigt war. Ihr Unternehmen, ein Betrieb im Bereich Hotel/Gastronomie, musste Insolvenz anmelden. Nicht deshalb, weil ihre Arbeit dort nicht erfolgreich war! Sie hatte die Arbeit geliebt, sie war aufgegangen darin, eigentlich war das Haus gut ausgelastet und die Auftragsbücher waren voll. Die Finanzdecke war jedoch von vornherein zu dünn kalkuliert gewesen und die Banken wollten trotz einer positiven Entwicklung nicht weiter in ein in ihren Augen unsicheres Geschäft investieren. Sie hatte alles vorbildlich abgewickelt, alle Verbindlichkeiten waren beglichen. Allerdings stand sie nun vor dem finanziellen Nichts, zwar mit vielen Kenntnissen und Erfahrungen, allerdings als Hotelkauffrau eher Praktikerin (ohne Studium). Dazu hatte sie nur während ihrer Ausbildung und kurz danach als Arbeitnehmerin gearbeitet. Also genau die Art von Mitarbeiterin, die die meisten Unternehmen scheuen, vor denen sie – irgendwie – Angst haben.

Wer nur von der Selbstständigkeit in ein Angestelltenverhältnis wechseln möchte, der hat sicher einen gewissen Spielraum in der Argumentation, warum er das tun möchte. Wer sein Unternehmen aufgeben muss, weil es insolvent geworden ist, hat keine Chancen, etwas schönzureden: Pleite ist in den Augen der Umwelt pleite, und das ohne Wenn und Aber. Es ist ein harter Weg, den Ausspruch „Hinfallen ist keine Schande, aber liegen bleiben!" als Ansporn zu nehmen und sich wieder aufzurappeln

Natürlich ergaben sich Möglichkeiten. Aber die waren entweder so schlecht bezahlt, dass Renate damit finanziell nie wieder auf die Beine gekommen wäre, oder das berufliche Umfeld war so chaotisch, dass die Schließung des Betriebs nur eine Frage der Zeit zu sein schien. „Und sieben Tage die Woche mindestens zwölf Stunden am Tag arbeiten, um den Laden für jemand anders wieder in Ordnung zu bringen, und das für dieses Gehalt – nein, also so verzweifelt bin ich noch nicht!"

Bei manchen Telefonaten im Vorfeld war man ganz angetan von Renates Erfahrungen und ihren guten Referenzen, aber dann hieß es: „Es ist wirklich schade, dass Sie keinen Studienabschluss haben, Frau X, aber in unserem Umfeld …" Also neu überlegen, Vorgehensweisen ändern und gemeinsam – Kundin und Coach – nicht den Glauben verlieren, dass es in absehbarer Zukunft klappen wird. Denn an dieser Frau ist nichts falsch: Sie ist kompetent, sie will arbeiten und zupacken, sie verfügt über soziale Fähigkeiten, sie ist sehr sympathisch … und ganz sicher auch teamfähig!

Die regionale Suche ist längst auf eine überregionale, deutschlandweite ausgedehnt worden. Und auf das deutschsprachige Ausland. Aus der Schweiz kommt nach sieben Monaten das Angebot, das zum Erfolg, zum neuen Job führt. Zufall? Oder geht man dort mit solchen beruflichen Entwicklungen anders um? Als Renate mich anruft und sagt, sie habe gerade den Vertrag unterschrieben, kommen mir fast die Freudentränen.

Vier Jahre später bekam ich eine Mail. Es gehe ihr gut. „Meine Jobsituation kennst du ja jetzt: tolle Firma, sehr sozial, relativ viel Freizeit, mäßiger Verdienst, habe schreckliche Langeweile bei der Arbeit. Ich bin aber immer noch brav da … obwohl es mir manchmal schon stinkt, mit wie vielen Trotteln als Vorgesetzte man sich rumärgern muss. Aber das ist wohl so. Mein Wunsch nach einer beruflichen Veränderung ist da. Aber ich genieße auch die geregelte Arbeitszeit, den Urlaub, das pünktlich eingehende Gehalt. Und ich habe Zeit für eine Beziehung. Das ist auch schön! Letztens bin ich sogar für zehn Tage nach Thailand geflogen, so einfach mit nur Flugticket und dann durchs Land gereist mit Zug und Bus, wie man das normal mit 20 macht. Ich bin halt ein bisschen verkehrt rum in meinem Leben."

Happy End?

Alles ist ziemlich gut geworden, allerdings um den Preis der Langeweile. Und bestimmt wird sich bei ihr noch einiges im Leben und im Job ändern. Sie ist der Typ dafür.

Wieder ein halbes Jahr später … Ich habe Renate angerufen, um ihre Sicht auf diese Zeit jetzt in der Rückschau zu erfahren.

„Manchmal bin ich selber von mir überrascht!", sagt sie. „Es ist lange her und es hat etwas Unwirkliches, wenn ich heute dahin fahre, wo ich mein Unternehmen geführt habe! Ich war neulich ein paar Tage dort und hatte verschiedene Unterlagen in den Händen und alles erschien mir so un-

Rückschau

wahr … Aber da sind die Bilder und mein Name steht drauf, also … Es tut nicht mehr weh, es ist einfach vorbei. Aber das ist erst seit etwa einem Jahr so."

Wie es einem geht, wenn man alles aufgeben muss, was das berufliche Leben ausgemacht hat, wie sie herausgefunden hat aus diesem Loch, in das eine Insolvenz einen stößt, das hat mich natürlich am meisten interessiert. Wie man aus diesem Erschrecken, dieser finanziellen und oft auch persönlichen Katastrophe wieder zur Aktivität zurückfindet, die nach vorne bringt.

Renate: „Ich bin ja jemand, der versucht sich freizuschwimmen. Damals, während der Insolvenz, habe ich mir einen Laptop gekauft, und das war das Beste, was ich tun konnte. Ich bin ja nicht mehr rausgegangen, hatte kaum noch Kontakte. Internet kannte ich zwar, aber dafür war keine Zeit während meiner Selbstständigkeit. Jetzt war es mein Weg nach draußen in die Welt. Und ich wusste, da ist irgendwo etwas für mich, ich muss es nur finden. Über verschiedene Foren habe ich Kontakte geknüpft und dort konnte ich mich auch wieder austauschen. Mit Bekannten und Freunden war mir das kaum mehr möglich gewesen. Die Leute im Netz waren auf der einen Seite vertraut, aber doch weit genug weg, sowohl räumlich als auch emotional. Das war mein Weg, meine Sprachlosigkeit zu überwinden. Je mehr ich dort ‚gesprochen' habe, desto mehr habe ich auch den Gedanken gehabt, dass mir vielleicht jemand helfen muss, alles wieder in die rechte Ordnung zu bringen. Und da habe ich angefangen, nach einem Coach zu suchen."

Als du dann angefangen hast, dich zu bewerben, war das schwer?

Renate: „In so einer Situation hast du ja mehrere Probleme. Das sind die normalen Schwierigkeiten, die ein Bewerbungsverfahren so mit sich bringt: passende Stellen suchen, lernen, mit Absagen zu leben. Aber zusätzlich hast du ständig Geldsorgen. Und du musst erst mal dein Scheitern, deinen Verlust einordnen. Gestern warst du noch jemand, der wichtig genug war, von einem Verband als Referentin eingeladen zu werden, und dann bist du von heute auf morgen unwichtig. Du verschwindest einfach aus deinem alten Leben. Ich war auf allen Ebenen verunsichert, und aus so einer Situation heraus ist es schwer, Vorstellungsgespräche zu führen. Die Entscheidung, aus der Region wegzugehen, war für mich auf alle Fälle richtig! Seit ich weg bin, bin ich freier – und das hat dazu beigetragen, wieder ein gutes Selbstbewusstsein zu entwickeln!"

Man kann also nicht einfach einen Schalter umlegen und sich sagen, dass jetzt ein neues Leben beginnt?

Renate: „Wenn jemand in allen Bereichen ziemlich schmerzfrei ist, dann geht das vielleicht. Die anderen – und ich auch – müssen sich eben ein bisschen Zeit lassen. Weißt du, was mir jetzt guttut und mich stark macht? Wenn ich die Unfähigkeit von Mitarbeitern in vielen Bereichen um mich herum sehe, wenn meine Verbesserungsvorschläge und Ideen greifen und erfolgreich sind!"

Und das Thema Selbstständigkeit, ist das für dich vorbei?

Renate: „Ich habe mein Geschäft geliebt, und wenn man so arbeitet, dann stirbt der Wunsch nach Selbstständigkeit nie! Aber deswegen schmeiße ich meinen Job jetzt nicht hin und fange etwas Neues an. Meine Aufgabe macht mir nämlich Spaß, obwohl sie auch langweilig ist. Ich schaue aber, wo es für mich Entwicklungsmöglichkeiten gibt. Und weißt du, die Selbstständigkeit läuft mir ja nicht davon. Das kann ich in jedem Alter machen, auch mit 65 noch!"

Renate hat viel vor. Im Rahmen der Recherche zu diesem Buch habe ich ihre Mail-Adresse herausgesucht und ihr geschrieben.

Seit Juni lebt sie in England, wieder selbstständig, aber in einem ganz anderen Bereich. Das Geschäft ist extrem gut angelaufen, sie fühlt sich wohl in ihrem neuen Leben.

Mit Orchideenfächern ohne Umweg zum Job

Man kann es schaffen: Studieren, wofür das Herz schlägt, und anschließend den Berufseinstieg finden. Allerdings fliegen einem die gebratenen Tauben nicht in den Mund, man muss schon etwas dafür tun!

Junge Geisteswissenschaftlerin

Frau H., Sie haben absolute „Orchideenfächer" studiert: Germanistik, Pädagogik und auch noch Volkskunde. Und trotzdem haben Sie ein paar Monate nach Ihrem Examen alles erreicht, wovon so mancher Absolvent mit „harten" Faktenfächern im Augenblick träumt. Sie haben eine Stelle in einem internationalen Konzern. Zufall? Glück? Oder Vitamin B?

E. H.: „Glück gehört immer dazu, klar. Aber Vitamin B war es sicher nicht, denn Menschen, die mir dort hätten einen Job verschaffen können, kenne ich im Konzern nicht."

Warum haben Sie sich überhaupt für so eine Fächerkombination entschieden?

E. H.: „Ich wollte etwas studieren, was mich wirklich interessiert und worauf ich wirklich Lust hatte. Da kenne ich mich ganz gut. Nur dann hänge ich mich in ein Thema wirklich so rein, dass ich auch gute Ergebnisse erziele."

Wann haben Sie gemerkt, dass ein Berufseinstieg unter Umständen schwierig werden könnte?

E. H. : „Ziemlich früh, so nach dem dritten Semester, habe ich mich informiert, was man mit meinen Studienfächern denn so alles machen kann. Die Studienführer, die ich gelesen habe, propagierten die Meinung, man könne alles machen, was mit Medien zu tun hat. Und an der Uni wird einem erzählt, Geisteswissenschaftler seien ganz tolle Quereinsteiger."

Waren diese Informationen hilfreich für Sie?

E. H.: „Die offiziellen Informationen waren überhaupt nicht hilfreich! Im Gespräch mit älteren Freunden, die schon im Beruf waren, habe ich nämlich mitbekommen: Alle, bei denen es mit einem einigermaßen reibungslosen Berufseinstieg geklappt hatte, hatten schon früh ein klares Ziel vor Augen."

Und Ihr Ziel?

E. H.: „Na ja, zuerst hatte ich so eine typische Germanistenidee, nämlich eine journalistische Tätigkeit. Dann habe ich gesehen, wie viele in diesen Bereich wollen. Man muss ja auch realistisch seine Chancen sehen. Also habe ich weiter gesucht und herausgefunden, dass Presse- und Öffentlichkeitsarbeit auch ein mögliches Arbeitsfeld für mich wären. Und von da an habe ich angefangen, ganz gezielt Praktika in meine Wunschrichtung zu suchen."

Ihre Einstellung und das zielgerichtete Vorgehen haben viele Studenten nicht, die schon mitten im Examen stehen. Was war letztendlich die Initialzündung, die Sie zu der Vorgehensweise gebracht hat, wie Sie von Ihnen beschrieben wird?

E. H.: „Ich bin ein sehr ehrgeiziger Mensch. Und ich hätte mich geniert, wenn ich nichts hätte sagen können auf die Frage, was ich denn beruflich vorhabe und was ich mache. Man will ja auch seine Eltern stolz machen, und das macht man nicht als Langzeitstudentin Germanistik im 14. Semester. Auch ganz wichtig: Ich wollte finanziell unabhängig und selbstständig sein und meinen Kram selber bezahlen können."

Bei Ihrer Praktikumssuche waren Sie ja auch schon ein bisschen eine Exotin, oder?

E. H.: „Das war nicht so schlimm. Wenn man gut begründet, warum man das Praktikum machen möchte, dann sind Firmen oft sehr entgegenkommend. Bei mir konnten alle die Begründung nachvollziehen, dass ich mögliche Berufsfelder schon früh ausprobieren möchte. Außerdem war mir klar, dass ich meinen Lebenslauf irgendwie aufwerten musste, und ich dachte an eine weitere Fremdsprache."

Und wie sind Sie dann ausgerechnet auf Japanisch gekommen?

E. H.: „Ein bisschen Zufall war schon dabei. Ursprünglich wollte ich Spanisch dazunehmen, aber ich habe den Aufnahmetest nicht geschafft. Daraufhin habe ich entschieden, eine ganz andere Sprache aus einem ganz anderen Kulturkreis zu lernen. Chinesisch passte damals nicht in meinen Stundenplan, so ist es dann Japanisch geworden. Ich war auch für ein Praktikum ein paar Wochen in Japan. Es war eine tolle Zeit in Tokio! Mit vier Semestern Japanisch und diesem Auslandsaufenthalt kann ich zwar nicht fließend die Sprache, aber im Alltag kann ich mich gut verständigen.

Die Entscheidung war auf alle Fälle gut, denn ich werde regelmäßig darauf angesprochen und ich habe auch den Eindruck, dass man mir eine Menge mehr zutraut, weil ich mich dort zurechtgefunden habe."

Wann haben Sie angefangen, sich um das Thema Bewerbung zu kümmern?

E. H: „Ungefähr im letzten Jahr meiner Universitätszeit. Es wurde ein Mentoringprogramm angeboten, an dem ich teilgenommen habe. Meine Mentorin war PR-Referentin und hat mir eine Menge fachlichen Input gegeben. Das hat mir sehr geholfen!"

Sie hatten also sozusagen individuelle Beratung für Ihre Bewerbungsaktivitäten?

E. H: „Das hatte ich. Ich glaube auch, dass das Schreiben von Bewerbungen eine sehr individuelle Sache ist. So habe ich mir zum Beispiel schöne Fotos machen lassen, die vom Charakter her unterschiedlich sind: in Schwarz-Weiß, in Farbe, eines etwas offener und lockerer, eines ein bisschen konservativer, je nachdem, wofür ich mich bewerben wollte."

Und Ihr Lebenslauf?

E. H: „Den habe ich auch immer an das Unternehmen und an den Job, auf den ich mich beworben habe, angepasst."

Welches Vorgehen hat Ihrer Meinung nach zu Ihrem Erfolg geführt?

E. H: „Mir war wichtig, dass ich hinter allem stehen kann, was ich in einer Bewerbung schreibe. Lebenslauf und Anschreiben und auch das Foto müssen zur Anzeige passen. Ich glaube auch, dass es Unsinn ist, sich als besonders toll zu verkaufen, so als ob man alles könnte. Man sollte nichts Falsches versprechen."

Zum Abschluss noch eines: Sie sind erst 23 Jahre alt und haben Ihr Magisterstudium mit der Note 1,2 abgeschlossen. Sind Sie besonders begabt oder besonders fleißig?

E. H: „Dass alles so gut geklappt hat, hängt damit zusammen, dass mir mein Studium sehr viel Spaß gemacht hat. Wenn einen etwas wirklich interessiert, dann ist es doch nicht schwierig, an dem Thema zu arbeiten und sich intensiv reinzuhängen. Ich wollte die Zeit meines Studiums auf jeden Fall nutzen und auch Einblick in andere Gebiete bekommen. Wann hat man denn sonst so viele Möglichkeiten dazu?"

Jung, gut ausgebildet, erfolgreich … da hat man Ansprüche!

Wer scheinbar schon alles hat, der will mehr davon!

Sie sind mit Anfang 30 in einem guten Wechselalter, haben eine ingenieurwissenschaftliche Ausbildung, arbeiten gerne und erwiesenermaßen gut im Vertrieb – ein Traumkandidat! Oder eher ein Albtraumkandidat, weil Sie etwas ganz Besonderes suchen?

Ch. F.: „Nun, das kommt darauf an, was man unter ‚besonders' versteht. Frederick Herzberg hat sich ja speziell mit dem Thema Arbeitsmotivation befasst und die Motivator-Hygiene-Theorie entwickelt. Die besagt, dass ‚Hygienefaktoren' wie Gehalt, Personalpolitik usw. und ‚Motivatoren' wie Leistung, Anerkennung, Aufstieg etc. positiv zusammenspielen müssen, damit ein Mitarbeiter so etwas wie Arbeitszufriedenheit erlebt. Wenn ich mir das betrachte, scheinen sich meine Anforderungen exakt mit den von ihm ermittelten Faktoren zu decken. Ich scheine also zumindest kein Exot zu sein. Dennoch suche natürlich eine besondere Herausforderung. Herausforderungen reizen mich. Das sollte für einen Vertriebler allerdings auch nicht wirklich etwas Besonderes sein.

Ich bin zurzeit auf der Suche, und zwar nach einer Position, in die ich das gesamte Spektrum meiner Fähigkeiten einbringen kann. Dies ist mir besonders wichtig! Ich suche ein Agglomerat aus technischen, betriebswirtschaftlichen und internationalen Komponenten.

Zudem habe ich gewisse Vorstellungen, die das Unternehmen betreffen, für das ich tätig bin. Es muss über klare Strukturen verfügen. Die strategische Positionierung sollte feststehen. Interne und externe Prozesse sollten klar geregelt und Ziele definiert sein oder definiert werden. Auch die Corporate Identity des Unternehmens spielt für mich eine wichtige Rolle. Wie wird sie gelebt und welche Kultur resultiert daraus?"

Suchen Sie eigentlich Ihren Traumjob?

Ch. F.: „Natürlich! Es handelt sich dabei allerdings weniger um einen Traum, als vielmehr um eine sorgfältige Abwägung aller mich positiv beeinflussenden Faktoren. Ich habe den Anspruch an mich selbst, exzellente Ergebnisse zu erzielen, weiß aber auch, dass ich dafür ein ordentliches Umfeld brauche. Ist dieses geschaffen, kann man sicher von einem Traumjob sprechen."

Was gehört für Sie, ob nun „Traumjob" oder einfach nur „interessanter Job", dazu? Die Frage auch auf dem Hintergrund gestellt, dass Sie ja eine Zeit der Selbstständigkeit erlebt haben …

Ch. F.: „Wie bereits erwähnt, ist eine vielschichtige Aufgabe für mich besonders interessant. Komplexe Zusammenhänge interessieren und reizen mich. Wenn zu Technik und Betriebswirtschaft auch noch der Faktor Mensch und/oder Kultur kommt, dann wird es richtig spannend. Die Selbstständigkeit bot mir zwar ein Maximum an Freiheitsgraden, nicht aber die Vielschichtigkeit in der Aufgabe."

Woran merken Sie, dass Sie Ihren idealen Arbeitsplatz gefunden haben könnten?

Ch. F.: „Wenn ich zufrieden und erfolgreich bin. Beruflicher Erfolg ist der beste Motivator, den ich mir vorstellen kann. Das wirkt sich zwangsläufig positiv auf das Privatleben aus."

Woran haben Sie gemerkt, dass es bisher der jeweils aktuelle Job nicht war?

Ch. F.: „Die Aufgabe war einfach und stupide. Keine klaren Ziele und Perspektiven."

Sie brauchen ja Entscheidungskriterien, wenn Sie sich bewerben und ein Angebot annehmen oder ablehnen müssen. Wo und wie informieren Sie sich im Vorfeld?

Ch. F.: „Im Internet und über Freunde und Bekannte."

Wie sind Ihre Erfahrungen während der Bewerbungsverfahren und danach, wenn Sie im Unternehmen angefangen haben?

Ch. F.: „Man merkt schon im Bewerbungsverfahren, wie das Unternehmen aufgestellt ist. Es gibt auch hier große Unterschiede. Ich neige fast dazu zu sagen, dass die Qualität der Bewerbungsgespräche ebenso stark schwankt wie die Qualität der Bewerber. Blöd ist es, wenn Positionen im Bewerbungsverfahren anders dargestellt werden, als sie tatsächlich sind. Das ist dann problematisch und hinterlässt im schlimmsten Fall unschöne Lücken im Lebenslauf."

Hat sich aufgrund der gemachten Erfahrungen Ihre Einstellung verändert? Wenn ja, an welchen Punkten? Wenn nein, warum nicht?

Ch. F: „Meine Einstellung hat sich im Grunde nicht geändert. Ich denke nur, dass ich zukünftig noch genauer hinsehen werde, worauf ich mich einlasse."

Eigentlich, Frau Oppermann …

www.fernstudienakademie.de

Sich suchend auf den Weg machen, wenn man merkt, dass das, was alle irgendwann mal für passend gehalten haben, nicht für einen taugt: Lehrer werden!

Leben mit einem gewissen Maß an Unsicherheit, um genau das tun zu können, was man kann und was einem Freude macht, ist nicht jedermanns Sache. Sich als Paar darauf einzulassen, schon zweimal nicht.

Paar, Geisteswissenschaflter, Fernlehrinstitut

Eigentlich, Frau Oppermann, müssten Sie und Ihr Mann ja zum Prekariat gehören …

Oha! Das sitzt, wenn man solche oder ähnliche Sprüche hört, sobald man sich mit seinen Studienfächern vorstellt. Sowohl mein Mann als auch ich haben ein Studium absolviert, das nach gängiger Meinung nicht gerade zum eigenständigen Broterwerb befähigt und uns normalerweise ziemlich bald zu einer von der Arbeitsagentur (oder wie es früher hieß „vom Amt") ausgesuchten Umschulung verholfen hätte.

Wir haben nämlich beide solche „Orchideenfächer" studiert wie Linguistik, Altertumskunde und Germanistik – also nicht gerade die Top-Studiengänge, mit denen man so richtig ans große Geldscheffeln kommt. Und als weitere Besonderheit: Wir wollten uns beide (aus verschiedenen Gründen) nicht in die vermeintliche Sicherheit des Lehrerdaseins „flüchten", sondern einen anderen Berufsweg wählen.

Was man für ein Leben jenseits des Beamtendaseins braucht, ist zweierlei: Zum einen gehört dazu der Mut, auch mal über den Tellerrand zu schauen und die Kompetenzen, die man sich im Studium unbestritten angeeignet hat (nämlich z. B. das ordentliche Recherchieren, die Fähigkeit, auch komplexere Zusammenhänge „leicht verdaulich" zu präsentieren bis hin zu einem gewissen Durchhaltevermögen für das Schreiben langer Texte) in anderen Berufsfeldern als dem Lehrerberuf anzuwenden.

Finanzielle Möglichkeiten prüfen

Zum anderen ist aber auch eine Änderung der eigenen Sichtweise von Geld nötig: Für „Studenten der schönen Künste" war Geld eher eine Angelegenheit, über die man nicht wirklich sprach, bzw. eine Sache, für die der Staat, die Gesellschaft oder eben „das Amt" irgendwie Sorge zu tragen hatte. Als Selbstständige, die ein Fortbildungsinstitut im Bereich der Erwachsenenbildung betreiben, ist Geld aber etwas ganz anderes geworden: Wir bieten Produkte an, die in besonderem Maße an den Wünschen und Bedürfnissen der potenziellen Kunden ausgerichtet sein müssen, und wir tun dies, damit wir – da ist schon wieder dieses „böse" Wort mit G – genügend Geld verdienen, um eine vierköpfige Familie zu ernähren.

Dabei haben wir anfangs (schon während des Studiums) beide eher kleine Brötchen gebacken und ab und zu Honoraraufträge als Dozenten und später auch als Autoren, Lektoren und Kursbetreuer im Bereich der Fernlehre (damals noch für ein anderes Lehrinstitut) angenommen. Diese Aufgaben wuchsen und wuchsen, wir lernten beide immer mehr dazu, wie Fernlehre eigentlich funktioniert, und haben dann irgendwann auch den Mut aufgebracht, selbst ein Fernlehrinstitut zu gründen.

Und was haben wir nun für eine Aufgabe? Nun helfen wir anderen „Studierenden der schönen Künste", sich fit für den Arbeitsmarkt zu machen, indem sie sich z. B. das nötige didaktisch-pädagogische Knowhow verschaffen, um als Dozenten in der Erwachsenbildung tätig zu werden, oder aber sich in die Basics des Stadtmarketings einarbeiten.

Wir gehören also – entgegen den nie ganz deutlich ausgesprochenen Befürchtungen unserer Elterngeneration – nun doch nicht zum Prekariat, sondern haben einen Job, der Spaß macht und auch unser finanzielles Auskommen sicherstellt.

Ein wirklich geglückter Weg, den Sie da gegangen sind. Wie haben Sie den denn gefunden?

Der Weg dahin war nicht ganz einfach und auch kurvenreich. Wir haben uns beide natürlich ständig Gedanken um unsere berufliche Zukunft gemacht – und wenigstens zu einem frühen Stadium unseres Studiums gab es ja immer noch die (damals allerdings eher geringe) Chance, doch an einer Schule als Lehrer zu landen. Aber wir gehörten zu unseren Studienzeiten zur sprichwörtlichen „Lehrerschwemme", sodass das auch keine besonders gute Option zu sein schien.

Was uns in der Zeit der beruflichen Orientierung sehr geholfen hat, war das Kennenlernen von Menschen „neuer" Berufsbilder, etwa im Bereich Lektorat, PR oder sonstiger freiberuflicher bzw. selbstständiger Tätigkeiten, denen (ältere) Studienkollegen bzw. Bekannte nachgingen. Von ihren Modellen von Berufstätigkeit, von ihren Erfahrungen und Impulsen haben wir beide stark profitieren können. Aus diesem Kontakten hat sich mittlerweile ein recht tragfähiges Netzwerk von Kooperationspartnern ergeben, in dem die Weitergabe von Aufträgen bzw. Weiterempfehlungen an der Tagsordnung sind.

Bei unserer beruflichen Planung gab es natürlich immer auch Zufälle, die unseren weiteren Weg bestimmt haben, aber diese Zufälle kamen auch nicht so ganz aus heiterem Himmel, sondern wir haben ihnen oft erst ihren Weg gebahnt. So las mein Mann z. B. regelmäßig auch den Job-Kleinanzeigenteil der örtlichen Medien und stieß dabei auf eine Anzeige, in der ein Lektor bei einer Fernschule gesucht wurde. Wer sich eine solche Mühe der Klein-Klein-Analyse der Zeitung gar nicht erst macht, wird zwar auf der einen Seite viel Zeit sparen, aber auf der anderen Seite eben auch keine Glückstreffer landen. Und dieser Job war ein absoluter Glückstreffer, denn er bildete ja im Grunde die Basis für unsere heutige Tätigkeit.

| Zufällen eine Chance geben |

Diese Chancen, die eigenen im Studium erarbeiteten Kompetenzen auszubauen und in der Jobwelt auszuprobieren, haben wir beide recht konsequent verfolgt. Das waren natürlich zu Anfang nur kleine , nicht besonders umfangreiche Jobs, die aber das Potenzial hatten, dass man eben Neues lernte, neue Aufgaben übernehmen konnte und hinterher um einige Erfahrungen reicher war. Wenn einer von uns dabei die Wahl hatte, bei einem (mittelgut bezahlten) Job an der Kasse einer Muckibude zu landen oder aber einen (ebenfalls nicht allzu gut dotieren) Dozentenjob zu übernehmen, dann wurde der Dozentenjob angenommen – selbst wenn er vielleicht finanziell gesehen weniger lukrativ war.

Bei diesen Jobs hatten wir aber auch beide Glück, dass die jeweiligen Chefs uns eine ganze Menge zutrauten und uns erst mal „machen ließen", ohne allzu strenge Vorgaben zu machen, wie das Ergebnis hinterher eigentlich aussehen sollte. Das wichtigste Ziel (aus Chefsicht), war immer, dass der spätere „Kunde" (Teilnehmer, Leser oder auch am

Ende eines Fernkurszulassungsverfahrens die staatliche Zentralstelle für Fernunterricht) mit unserer Leistung zufrieden war.

Sich selbst
fehlendes
Fachwissen
erarbeiten

Damit dies tatsächlich klappte, mussten wir uns das nötige Fachwissen aber oftmals selbst verschaffen und selbst aktiv werden. Das ist vielleicht der Preis der inhaltlichen Freiheit im Job: Man hat zwar einen Chef, der einem enorm viele Freiräume lässt, aber man muss sich selbst darum kümmern, dass man tatsächlich die notwendigen Fähigkeiten besitzt (bzw. sie sich erarbeitet), damit man den Job tatsächlich überzeugend erfüllen kann. Und selbstverständlich wurde die Zeit, die wir für das Erarbeiten neuer Kompetenzen benötigten, nicht bezahlt.

Wer in einer dieser frühen Phase seines Berufslebens als (späterer) Selbstständiger bzw. Freiberufler nicht bereit ist, eigene Zeit und eigenes Geld (etwa zur persönlichen Weiterbildung) zu investieren, wird langfristig kaum auf einen grünen Zweig kommen.

Neben der Bereitschaft, diese Kosten zu übernehmen, erfordert eine selbstständige Tätigkeit natürlich auch eine ganze Menge Mut: Urlaubsgeld, bezahlte Tage, wenn ein Kind krank wird, eine Sicherheit, dass man am Ende des Monats auf jeden Fall „Betrag X" auf dem Konto hat, und eine gesicherte Beamtenpension – all dies gibt es natürlich bei uns nicht. Diese Unsicherheit ist nicht wegzudiskutieren, aber auch hier lohnt sich das Lernen am Modell: Wir hatten, bevor wir unsere Firma gründeten, ja schon viele Kontakte zu anderen Freiberuflern bzw. Selbstständigen, die uns eine Menge Tipps und Tricks mit auf den Weg geben konnten. Sie kennen es ja vielleicht noch selbst, Frau Kanzler: Wenn all die anderen Kindern aus der Klasse vom Dreimeterbrett hüpfen, dann traut man sich selbst auch irgendwann!

1.8 Was sind Sie wert? Die leidige Frage nach dem Gehalt

Andernorts (z. B. in England) ist es üblich, schon in der Anzeige eine Verdienstspanne zu benennen. In Deutschland nutzen Unternehmen die Frage nach dem Gehaltswunsch eher, um sich über das Einschätzungsvermögen des Bewerbers zu informieren. Manchmal taucht die Frage schon in der Stellenanzeige auf und soll somit im Anschreiben beantwortet werden, manchmal erst im direkten Kontakt, im Vorstellungsgespräch.

Die meisten scheuen diese Frage und würden sie am liebsten umgehen. Warum eigentlich? Was macht Gehaltsverhandlungen so schwierig?

Es geht um
die eigene
Wertigkeit

Man verhandelt nicht im Auftrag für jemanden (z. B. den eigenen Arbeitgeber), sondern in eigener Sache für sich selbst. Da Geld immer etwas mit „Wert" zu tun hat, ist es leicht die eigene Wertigkeit, die zur Debatte steht.

Sie sind allein, wenn Sie übers Gehalt verhandeln. Schlimmer noch: Sie sitzen als Bewerber mehreren Gesprächspartnern des Unternehmens gegenüber und sollen sagen, was Sie gerne verdienen möchten!

Man spricht in Deutschland nicht über Gehälter und muss mit jemandem schon sehr vertraut sein, damit er einem sein Jahreseinkommen mitteilt. Damit bewegt sich der Wechselwillige, der seinen eigenen Marktwert ermitteln will und muss, eher im Blindflug durch die Lüfte. Natürlich gibt es Portale im Internet, die für die verschiedenen Berufsgruppen Richtwerte angeben; da diese aber sich nicht auf konkrete Stellen bei bestimmten Arbeitgebern in einer definierten Region beziehen, bleiben sie Richtwerte. Aussagekräftiger sind da kostenpflichtige Gehaltschecks, die eine ganze Reihe von Informationen rund um Job und Arbeitgeber abfragen und dann mit den Daten einer Datenbank abgleichen.

Je nach Ausgangsposition, hat der Bewerber Sorge, sich durch die Nennung eines zu hohen Gehaltswunsches aus dem Rennen zu werfen. Das ist übrigens einer der Gründe, warum Bewerbungen aus einem ungekündigten Arbeitsverhältnis heraus so unendlich angenehmer sind als mit einer Kündigung in der Tasche oder aus der Arbeitslosigkeit heraus!

Gute Vorbereitung zum Thema ist also das A und O! Dazu gehört auch zu wissen, wovon Gehälter neben Festlegungen in Tarifverträgen abhängen.

Wovon hängen Gehälter ab?

Denn Gehälter für eine bestimmte Qualifikation sind nicht absolut zu setzen, sondern richten sich nach der Größe eines Unternehmens, nach der Region, der Branche, nach den individuellen Voraussetzungen des Bewerbers und natürlich auch danach, wie stark die gesuchte Qualifikation auf dem Arbeitsmarkt gefragt ist.

Dabei suchen Unternehmen nicht den „billigsten" Kandidaten, sondern den, der ins Gehaltsgefüge des Unternehmens passt und von dem auch anzunehmen ist, dass er nicht in Kürze mit seinem Einkommen unzufrieden sein wird. Eben das wird (häufig berechtigterweise) befürchtet, wenn eine Fachkraft aus einem Großunternehmen kommt und dort 60.000 Euro verdient hat und nun bei einem kleinen Mittelständler 40.000 Euro für eine ähnliche Stelle verdienen soll. Wer in diesem Fall sein bisheriges Gehalt als Zielgröße benennt, der passt nicht in die neue Arbeitsumgebung.

Aber auch eine Gehaltsangabe stark unter Marktwert führt nicht automatisch zu einer Einladung zum Gespräch und auch nicht zur Entscheidung für diese Person. Denn warum bewirbt sich jemand mit einem um ein Drittel geringeren Gehaltswunsch? Weiß er nicht, was gezahlt wird? Weiß er nicht, was er wert ist? Oder welchen Haken gibt es? Ist diese Person vielleicht doch nicht so kompetent, wie sie in ihren Unterlagen behauptet?

Bestes Preis-Leistungs-Verhältnis

Unternehmen wollen im Allgemeinen nicht den günstigsten Mitarbeiter, sondern den besten – im Rahmen ihres Gehaltsbudgets, also den mit dem besten Preis-Leistungs-Verhältnis.

In der Regel haben Unternehmen einen gewissen Verhandlungsrahmen. Wenn Sie der gesuchte Spezialist sind, von dem das Wohl und Wehe des Unternehmens in der Zukunft abhängt, dann werden Sie Ihr Gehalt um einiges nach oben treiben können. Aber wer ist das schon? Im Normalfall bewegt sich dieser Rahmen um ein paar Tausend Euro jährlich nach oben oder unten, in Entsprechung zum Gesamtgehalt natürlich. Für eine Stelle, die mit ca. 25.000 Euro angesetzt ist, werden Sie keine 35.000 Euro nachverhandeln können!

Selbstverständlich müssen Stellen (und damit der Mitarbeiter, der sie innehat) im Unternehmen in Heller und Pfennig bzw. in Euro und Cent bewertet werden. Das monatliche Gehalt entsteht nun mal dadurch, dass das Unternehmen Umsätze macht und Gewinne erzielt. Dafür muss es am Markt wettbewerbsfähig sein, und die Lohnkosten sind ein Teil dieser Wettbewerbsfähigkeit. Das bedeutet keine Geringschätzung der Mitarbeiter, denn auch wenn man sie als größtes Asset im Unternehmen sieht, kann und muss man dennoch ausrechnen, wie viel sie einen kosten.

Für Bewerber ist diese firmeninterne „Preisbildung" schwer nachzuvollziehen und führt entsprechend oft zu Verärgerungen. Denn natürlich hat man seine Vorstellungen und Wünsche und die Messlatte ist fast immer der Freund, der Kollege, der mehr verdient, nicht derjenige, dessen Einkommen unter dem eigenen liegt.

Unterschiedliche Gehaltspolitik

Firmen gehen mit der Problematik unterschiedlich um. Es kann sein, dass man Ihnen im Laufe des Verfahrens sagt, dass Sie gut, leider aber etwas zu teuer seien. Wenn jemand mit vergleichbarer Qualifikation weniger gefordert hat, bekommt der dann den Zuschlag. Es kann auch sein, dass Sie Ihre Wünsche ruhig etwas höher hätten ansetzen dürfen, dass etwas mehr „drin" gewesen wäre beim Gehaltspoker. Vermutlich würden Sie das nie erfahren. Und wieder andere Firmen zahlen etwas mehr, als Sie überhaupt gewagt haben zu fordern, denn damit liegen Sie dann im definierten Vergütungsrahmen.

Wer das alles nicht will, der muss für feststehende Gehälter plädieren. Aber wer will das wirklich?

Wie vorgehen?

Wie also können Sie vorgehen? Was sollten Sie bei der Vorbereitung berücksichtigen?

Informieren Sie sich im Vorfeld umfassend über die üblichen Gehaltsstrukturen und die wirtschaftliche Situation Ihres Zielunternehmens.

Gehälter werden üblicherweise als Bruttojahresgehälter angegeben. Neben einem Festgehalt gibt es je nach Unternehmen u. U. zusätzliche Gehaltskomponenten, nämlich Zusatzleistungen wie Bonuszahlungen (Team-/Individualboni), Firmenwagen, Fortbildung Urlaubsgeld optional oder fest, Kantine/Essenszuschuss, Direktversicherungen, betriebliche Alterversorgung, sonstige Zuschüsse wie Kinderbetreuung, Fahrgeld, Bahncard, vermögenswirksame Leistungen etc. Beziehen Sie solche Leistungen in Ihre Überlegungen als Verhandlungsmasse mit ein.

Gewinnen Sie Klarheit über Ihr Verhandlungsziel. Setzen Sie es in Bezug zu den Strukturen, in denen Sie künftig vielleicht arbeiten wollen. Es ist nicht sinnvoll, auf einem (einmal erzielten) Gehalt von 100.000 Euro zu beharren, wenn man seit über einem Jahr arbeitslos und Mitte 50 ist.

Argumentieren Sie mit eigenen Qualifikationen, Erfahrungen und Ergebnissen – also mit Ihrer Leistung und nicht mit Sätzen wie: „Die andern bekommen das auch" oder: „Laut den Angaben von Gehaltsstudien beträgt das Einkommen für solche Positionen …". Man könnte bei solchen Begründungen auf den Gedanken kommen, dass Sie Ihren Marktwert nicht kennen.

Checkliste „Vorbereitung zur Gehaltsverhandlung"	
Haben Sie sich über die Gehaltsstruktur Ihrer Zielbranche informiert?	
Kennen Sie das Gehaltsniveau der Region, in der Sie sich bewerben?	
Haben Sie überprüft, ob Ihr Gehaltswunsch bezogen auf Ihre individuellen Voraussetzungen realistisch ist?	
Haben Sie Ihr Verhandlungsziel festgelegt?	
Kennen Sie Ihre persönliche „Schmerzgrenze"?	

1.9 Limitierende Faktoren – förderliche Faktoren

Sie haben durch die bisherige Bestandsaufnahme die förderlichen Faktoren für ein Bewerbungsverfahren klarer herausgefunden, aber auch die hinderlichen.

Beginnen wir mit dem angenehmen Teil: Was bringen Sie mit, was für ein erfolgreiches, spannendes Bewerbungsverfahren spricht? Gehen Sie zurück in die Bestandsaufnahmen der vorhergehenden Kapitel und ordnen Sie sie den folgenden Kategorien zu. Nehmen Sie sich dazu so viel Platz, wie Sie benötigen:

Möglichkeiten in mir, in meinen Fähigkeiten – alles, was ich mitbringe oder mir erworben habe:

Verhandlungsziel?

Förderliche Faktoren

_____

_____

_____

Möglichkeiten durch meine Einstellungen und Überzeugungen: Was halte ich für richtig und was für absolut falsch?

_____

_____

_____

_____

Möglichkeiten in meinem Umfeld:

_____

_____

_____

_____

Limitierende Faktoren

Nun der wohl eher ungeliebte Teil: alles, was uns begrenzt!

Wer hat sie schon, die grenzenlose Freiheit zu entscheiden, was man gerne tun will? Und das auch noch in beruflichen Zusammenhängen? Das Baby, das seinen ersten Schrei tut? Weil da noch nichts festgelegt ist und das ganze Leben noch vor dem neuen Erdenbürger liegt? Aber auch der ist schon festgelegt: durch sein Geschlecht, durch die Familie, in die er hineingeboren ist, durch seine Gene, durch sein Land, durch sein Erscheinen im Laufe von Zeit und Geschichte gerade zu dem jetzigen Zeitpunkt usw.

Grämen wir uns also nicht über die Grenzen, mit denen wir zurechtkommen müssen. Sehen wir sie als das, was sie sind: normal. Und eben für jeden – irgendwie – anders.

Wo nun liegen für Ihr konkretes und aktuelles Bewerbungsverfahren Ihre Grenzen? Gehen Sie zurück in die Bestandsaufnahmen der vorhergehenden Kapitel und ordnen Sie sie den folgenden Kategorien zu. Nehmen Sie sich auch hierfür so viel Platz, wie Sie benötigen:

Grenzen in mir – Grenzen in meinen Fähigkeiten: alles, womit ich leben muss:

_____

_____

_____

_____

Oder vielleicht doch nicht? Was davon können Sie beeinflussen? In welchem Maße? Wo sind Sie beweglicher, als Sie dachten?

Grenzen durch meine Einstellungen und Überzeugungen: Das, was ich für richtig halte, und vor allem das, was ich für absolut falsch halte:

_____

_____

_____

_____

Bedenken Sie noch einmal, welche Konsequenzen Ihre Einstellungen und Überzeugungen nach sich ziehen können! Woran könnte man eventuell etwas ändern? Wo noch mal neu nachdenken?

Grenzen in meinem Umfeld:

_____

_____

_____

Sie können Ihr Umfeld zu nichts zwingen, aber vielleicht können Sie es ausweiten oder wechseln? Sammeln Sie Ideen, so verrückt sie auf den ersten Blick auch sein mögen!

_____

_____

_____

_____

**Maßnah-
menplan**

Für all das, was sich nicht kurzfristig verändern lässt, brauchen Sie einen Maßnahmenplan. Das können nachvollziehbare und akzeptierte Erklärungen und Einsichten sein, das kann eine neue Art der Darstellung sein, die einen veränderten (und akzeptierten) Blick auf das bisherige berufliche Leben gestattet, das kann die Anstrengung sein, Versäumtes nachzuholen. Dass solch ein Maßnahmenplan nur individuell erstellt werden kann, liegt in der Natur der Sache. Suchen Sie sich dazu kompetente Gesprächspartner!

Dabei gilt es natürlich zu beachten, dass alle Ihre Nennungen mehr oder weniger überprüfte Einschätzungen sind. Ob sie stimmen, wird sich im Lauf Ihres Bewerbungsverfahrens herausstellen.

**Misserfolge
analysieren**

Dokumentieren Sie deshalb Ihre Erfahrungen, die Sie machen. Und überprüfen Sie Ihr Vorgehen, wenn Sie nicht erfolgreich sind, und zwar an der Stelle, an der der erste Misserfolg auftritt. Wer seit Monaten keine Einladung zum Vorstellungsgespräch bekommt, braucht erst mal kein Training dafür zu buchen. Wer als erfahrener Ingenieur für Luft- und Raumfahrt in Klein-Kleckersdorf keine Anzeige für seine Qualifikation findet und dort auch nicht weg will, braucht seinen Lebenslauf nicht auf seine Spezialisierung hin zu optimieren.

Im folgenden Schaubild spiegeln sich die verschiedenen Stationen wider und an jeder dieser Stationen können Fehleinschätzungen auftreten. Wenn also die Erfolge ausbleiben, dann gehen Sie zurück – notfalls bis zur ersten Analyse, die Sie von Ihrer Situation vorgenommen haben. Wer 30 Bewerbungen losgeschickt und keinerlei Reaktion darauf erhalten hat, der wird mit der 31. vermutlich auch nicht erfolgreich sein. Der Schluss, dass etwas bei den Grundannahmen nicht stimmen kann, liegt dann sehr nahe.

Etablieren Sie also am besten von Anfang an eine Ergebniskontrolle! Sie haben zehn Bewerbungen geschrieben und keine Rückmeldung? Schauen Sie sich an, ob Sie den Anforderungen der Anzeigen wirklich entsprechen! Ja? Stehen die entscheidenden Informationen auch tatsächlich in Ihrem Lebenslauf? Kann das jeder verstehen, auch jemand, der nicht vom Fach ist?

Sie bekommen Einladungen zu Vorstellungsgesprächen, können dort aber nicht von sich überzeugen? Wo scheiden Sie aus? Gleich nach kurzer Zeit im ersten Gespräch? Oder erst bei der zweiten oder dritten Runde? Führen Sie zeitnah Protokoll über Ihre Gespräche! Notieren Sie nach Ihren Erinnerungen alles ausführlich, nehmen Sie sich also Zeit dafür. Finden Sie Gemeinsamkeiten?

Es ist natürlich schwer, den eigenen Anteilen auf die Spur zu kommen, wenn der Erfolg ausbleibt. Und ebenso natürlich liegt es auch nicht immer an einem selbst. Aber wir können uns die Welt, in der wir leben, nun einmal nicht aussuchen. Bleibt nur zu suchen, wo wir sie beeinflussen können. Viel Erfolg dabei!

1.10 Das Vorgehen planen

Aus all dem, was Sie bisher erarbeitet haben, ergeben sich verschiedene Alternativen, die Sie verfolgen könnten. Vielleicht sind Sie durch die Menge der Überlegungen aber auch verunsichert.

Der Vorsatz, eine berufliche Veränderung vorzunehmen, ist das eine, die konkrete Umsetzung davon etwas ganz anderes. Denn der Teufel steckt bekanntlich im Detail und außerdem wurden mit guten Vorsätzen allein noch niemals Bewerbungsunterlagen erstellt. Sie brauchen also einen Plan.

Und Sie müssen – wieder einmal – ein paar grundsätzliche Entscheidungen über Ihre Vorgehensweise treffen. Einige seien hier modellhaft vorgestellt:

Viele mögliche Strategien

Viele, die arbeitslos sind oder sich in Maßnahmen der Arbeitsagentur finden, fahren die Strategie „Erst mal abwarten – das Amt wird es schon richten". Man wartet auf Vorschläge seines Beraters, die passen nicht; man bekommt Absagen, die Zeit vergeht … vielleicht hat man ja Glück und es findet sich eine interessante Stelle? Mit dieser Strategie kann man nicht unbedingt mit einem positiven Ergebnis rechnen!

Ein anderes Vorgehen: „Das volle Programm – alles muss raus!" Verfechter dieser Methode entwerfen möglichst schnell Unterlagen und, damit sich auch schnell ein Ergebnis zeigt und der neue Arbeitsvertrag möglichst noch vor dem Sommerurlaub unterschrieben ist (den man dann in Ruhe genießen kann!), werden alle möglichen Firmen auf einmal angeschrieben. Manchmal geht die Rechnung auf. Freuen Sie sich. Manchmal leider auch nicht – und dann haben Sie Adressen „verbrannt". Ob das so ist, merken Sie daran, dass Sie keine Antwort bekommen und ein guter Freund beim Blick auf Ihre Unterlagen meint: „Kein Wunder! Damit hätte ich dich auch nicht in die engere Wahl gezogen." Lassen Sie sich also genügend Vorlaufzeit. Eine schlechte Bewerbung kann man nicht zurückziehen, so nach dem Motto: „Entschuldigen Sie bitte das dumme Zeug, das ich in meiner letzten Bewerbung geschrieben habe. Mit diesen Unterlagen versuche ich es noch einmal auf bessere Art und Weise!"

Das genau entgegengesetzte Programm wäre „Immer schön eins nach dem anderen". Man sucht eine passende Anzeige, bewirbt sich darauf, wartet auf die Einladung zum Vorstellungsgespräch, dann auf die Entscheidung des Unternehmens … und fängt schließlich bei einer Absage wieder mit der Suche nach einer neuen und interessanten Anzeige an. Der Vorteil? Man steht nicht vor einem Entscheidungsdilemma, sollte man gleichzeitig zwei oder mehr Zusagen bekommen. Allerdings braucht man bei Bewerbungsverfahren, die sich teilweise mehrere Monate hinziehen, einen langen Atem und Zeit.

Eine weitere mögliche Vorgehensweise: „Sich vor allem erst mal schlau machen!" Der Wechselwillige hat entdeckt, was er alles in den letzten Jahren versäumt hat, und entwickelt sich in Windeseile zum Weiterbildungsfreak. Er holt nach, alles! Und da die Möglichkeiten, Kenntnisse neu zu erwerben, beinahe unendlich sind und Arbeitgeber ihre Mitarbeiter gerne auf dem neuesten Wissensstand sehen wollen, vergeht dabei die Zeit …

Wenn man Stellenanzeigen Glauben schenkt, dann wollen suchende Unternehmen Mitarbeiter, die möglichst schnell verfügbar sind. Wie aber soll das gehen mit Kündigungsfristen, die einzuhalten sind? Die passende Strategie: „Vorsorglich schon mal kündigen – damit man kurzfristig zusagen kann!" Leider nimmt man sich damit einen der wichtigsten Vorteile: eine kaum angreifbare Verhandlungsposition.

Noch eine Möglichkeit: Testläufe fahren. Drei oder vier Bewerbungen losschicken auf Anzeigen, die zwar ganz interessant sind, aber keineswegs das, was Sie sich wirklich vorgestellt haben. Von einer Bewerbung zur anderen können dann die Unterlagen und (falls es zu Vorstellungsgesprächen kommt) das eigene Auftreten korrigiert und verbessert werden. Dumm nur, wenn dann ganz schnell eine Zusage eintrifft. Das wollte man doch gar nicht! Das war doch nur als Test gedacht! Und nun stellt sich das Problem, ob man lieber den Spatz in der Hand nimmt oder doch noch auf die Taube auf dem Dach spekuliert. Wenn es aber vielleicht gar keine Tauben gibt …?

Sie sehen, risikolos ist keine Strategie! Sie müssen also – wieder einmal – abwägen und dann entscheiden!

Entwerfen Sie also für sich Alternativen und beziehen Sie, wenn Sie von Arbeitslosigkeit bedroht oder schon arbeitslos sind, das auf alle Fälle in Ihre Entscheidungsmatrix ein.

Verschaffen Sie sich so einen ersten Überblick!

Planen und Alternativen abwägen: Markieren Sie die Felder mit ++ bzw. + für positive Auswirkungen und mit – bzw. – – für negative Auswirkungen; markieren Sie mit o die Themen, die neutral sind! Ergänzen Sie eigene Alternativen.

... hat Auswirkungen auf ...	Alternative 1 Erst mal abwarten	Alternative 2 Weiterbildung beginnen	Alternative 3 (Auch überregional) bewerben	Alternative 4 Arbeitslosigkeit
meinen Partner				
meine Kinder				
mich persönlich				
meine Kompetenzen				
meine Entwicklungsmöglichkeiten/ Kompetenzzuwachs				
meine Finanzen				
meinen Gestaltungsrahmen/ Handlungsmöglichkeiten				
meine fachliche Entwicklung				
meine persönliche Verfassung (Gesundheit, Belastbarkeit, Mobilität etc.)				
mein persönliches Wertesystem				
meine Freiheit/Abhängigkeit				
Was der Bauch sagt ...				

Haben Sie einen ersten Überblick gewonnen? Sind Schwerpunkte in Chancen und Risiken der verschiedenen Alternativen deutlich geworden? Dann erstellen Sie für die attraktivste(n) Alternative(n) einen Zeitplan!

- Legen Sie fest, bis wann Sie spätestens eine neue berufliche Tätigkeit angetreten haben wollen. Das muss kein fester Termin sein, aber doch einen Rahmen geben, in dem Sie sich bewegen können.

> Zeitplan erstellen

- Berücksichtigen Sie dabei Termine, die von außen gesetzt sind, ein Kündigungsdatum zum Beispiel, das Ende des Anspruchs auf Arbeitslosengeld oder dergleichen.
- Legen Sie fest, bis wann Sie Planungen und Recherchetätigkeiten wenigstens vorläufig für Ihre ersten Schritte abgeschlossen haben wollen, z. B. Informationen über Weiterbildung, Identifikation möglicher Arbeitgeber etc.
- Legen Sie fest, bis wann Sie eine erste Version Ihrer Bewerbungsunterlagen vorliegen haben wollen. Wie viel Zeit werden Sie dafür brauchen?

Notieren Sie Ihre individuellen Themen, für die Sie im Rahmen Ihres Bewerbungsverfahrens Meilensteine setzen wollen:

_____

_____

_____

… und verschaffen Sie sich einen Überblick:

	Jan	Feb	Mär	Apr	Mai	Jun
Urlaub						
Fortbildung						
Unterlagen						
…						
…						
	Jul	Aug	Sep	Okt	Nov	Dez
Urlaub						
Fortbildung						
Unterlagen						
…						
…						

Tragen Sie ein:

- das Datum, ab dem Sie mit der Suche beginnen wollen
- den Zeitpunkt, zu dem Sie eine neue Stelle antreten möchten
- den geplanten Urlaub
- geschätzte Vorbereitungszeiten (Unterlagen erstellen etc.)
- private Ereignisse, die Zeit und Energie kosten
- Aufgaben beim augenblicklichen Arbeitgeber, die Sie stark in Anspruch nehmen werden
- von der Arbeitsagentur gesetzte Termine
- …

Legen Sie weiterhin fest, wie viel Zeit für Recherche Sie pro Woche investieren wollen (nach möglichen Anzeigen, nach Firmeninformationen für die konkrete Bewerbung etc.). Wann genau wollen Sie das tun?

Legen Sie fest, wie viele Bewerbungen pro Woche Sie ins Auge fassen wollen. Bis wann sollen die jeweils abgeschickt sein?

Stellen Sie sich vor, dass Ihre verschiedenen Maßnahmen nicht wunschgemäß greifen. Wie lange Zeit geben Sie sich, bevor Sie Ihre Ausgangsanalyse und Ihr gesamtes Vorgehen überprüfen?

2 Ihre Bewerbungsunterlagen

Es kann gar nicht oft genug gesagt werden: Bewerbungsunterlagen sind Werbung für die eigene Person, für die beruflichen Kenntnisse und Erfahrungen. Dafür stehen nur zwei Dokumente zur Verfügung: das Anschreiben und der Lebenslauf. Alle anderen – Schul- und Ausbildungszeugnisse, Diplome, Arbeitszeugnisse – sind rückwirkend nicht mehr veränderbar und begleiten Sie, gut oder schlecht, bis zum Ende Ihres Berufslebens. Es lohnt sich also, darüber nachzudenken, wie diese Werbung in Form der Unterlagen am besten und effektivsten aussehen könnte, damit sie zum Erfolg führt.

Das gilt für jeden: für den High Potential, dem alle Türen offen stehen, ebenso wie für denjenigen, der Brüche und Phasen von Arbeitslosigkeit darstellen muss.

Werbung für sich zu machen ist vergleichsweise leicht bei optimalen Voraussetzungen: Der Bewerber verfügt über gute Ausbildungs- und/oder Universitätsabschlüsse, hat das „richtige" Alter, hat die gesuchten Branchenerfahrungen, seine Entwicklung verlief bisher gradlinig und kontinuierlich. Aber mit so guten Voraussetzungen hat man auch hohe Ziele und Ansprüche an die zukünftige Aufgabe. Die Fähigkeiten, das Potenzial dazu, diese Aufgaben auch wirklich zu stemmen, sollen in den Unterlagen sichtbar werden. Das gut darzustellen bedeutet auch für einen sehr guten Bewerber Arbeit.

<aside>Werbung für sich selbst</aside>

Jedoch haben längst nicht alle, die sich an die Erstellung Ihrer Unterlagen machen, solch optimale Voraussetzungen. Fehlentscheidungen, Zeiten von Orientierungslosigkeit, nicht rechtzeitig unternommene Fortbildungen und Ähnliches mehr lassen sich auch im Nachhinein nicht korrigieren. Und im „idealen Wechselalter" bleibt man zwangsläufig nicht ewig. Der gelebte berufliche Werdegang lässt sich nun einmal nicht verändern. Trotzdem will oder muss man sich bewerben, trotzdem hat man berufliche Ziele und vielleicht auch den Ehrgeiz, etwas zu machen, was einen fordert und auch Freude macht.

> **Achtung!**
>
> Die Lösung kann nicht sein, unwahre Angaben zu machen, um seine Wettbewerbsfähigkeit zu erhöhen. Denn das ist, wenn die falschen Angaben zutage treten, ein Grund für eine Kündigung durch den Arbeitgeber, der dadurch das Vertrauensverhältnis zwischen seinem Mitarbeiter und sich verletzt sieht.

Den vollkommenen Mitarbeiter, die berühmte „Eier legende Wollmilchsau" wünscht sich – verständlicherweise – jeder Vorgesetzte, der eine Stelle ausschreibt. Dass er den oft nicht bekommen kann, wird er bedauernd zur Kenntnis nehmen. Wir – Sie und ich – wissen, dass auch Menschen mit unvollkommenen Lebensläufen über Fähigkeiten und Kenntnisse verfügen und gute Arbeit leisten können. Man muss nur einen Weg finden, das dem Bewerbungsempfänger mitzuteilen. Genau darum geht es in diesem Kapitel!

Ob dem Empfänger Ihrer Bewerbung Ihre Unterlagen gefallen, ob er Ihre Argumente, mit denen Sie Ihre Eignung darstellen, akzeptiert oder nicht, können Sie nicht beeinflussen. Sie können ihn auch nicht zwingen, Ihre Meinung zu teilen, dass die von Ihnen beschriebenen Erfahrungen genau für die ausgeschriebene Stelle passen, nach dem Motto: „Die wichtigen Skills bringe ich doch mit, und was mir an fachlichen Kenntnissen fehlt, das kann ich mir schnell aneignen!" Die Beurteilungshoheit Ihrer Kenntnisse liegt beim Empfänger – und nur bei ihm!

Vom Empfänger her denken

Diese Wahrheit kann gar nicht oft genug betont werden, denn sie zu akzeptieren öffnet für die Anforderung, konsequent vom Empfänger her zu denken. Was bedeutet das?

- Denken Sie nicht so sehr daran, was Sie wollen, überlegen Sie eher, was der Empfänger in Ihrer Bewerbung sucht.

- Akzeptieren Sie, dass in der Anzeige formulierte Anforderungen ihren Sinn haben, auch wenn Sie das nicht immer nachvollziehen können oder wollen.

- Machen Sie es dem Empfänger leicht, die notwendigen Informationen über Sie zu finden.

- Rechnen Sie damit, dass der Leser Ihrer Unterlagen in Ihrem Fachgebiet nicht so zu Hause ist wie Sie oder auch den Sprachgebrauch für Projekte oder Abläufe in Ihrem Unternehmen nicht kennt. Das muss er auch nicht! Benennen Sie Dinge also so, dass auch ein Außenstehender sie versteht.

- Bedenken Sie auch: Der Empfänger Ihrer Bewerbung ist kein Hellseher und kann nicht Ihre Gedanken lesen. Was Sie ihm nicht unmissverständlich mitteilen, das wird er nie erfahren.

Und nun sollen Sie mit Ihren Unterlagen Werbung für sich machen! Dabei wissen doch alle: Werbung lügt, mindestens beschönigt sie und ganz sicher übertreibt sie in der Regel gewaltig. Gleichzeitig sollen Sie mit Ihren Aussagen über sich bei der Wahrheit bleiben, authentisch sein. Geht das zusammen?

Bei der Wahrheit bleiben

Beginnen wir mit dem Begriff „Wahrheit". Was ist wahr – eindeutig wahr – in einer Bewerbung? Was lässt keine Interpretationen zu? Die Daten, die eindeutig nachvollziehbaren Fakten wie die Namen Ihrer Arbeitgeber? Die Schulen, die Sie besucht, die Berufsausbildung, die Sie gemacht, das Studium, das Sie absolviert haben? Da wird es schon schwierig. Unbestritten ist, dass Schulen und Universitäten von unterschiedlicher Qualität sind und ihre Absolventen mit ungleichem Bildungs- und Wissensstand entlassen. In Ihren Unterlagen dürfen Sie Ihre Sicht der Dinge beschreiben. Dass Sie dabei nicht Dinge versprechen, die Sie nicht einigermaßen halten können, versteht sich von selbst. Sie würden sich ins eigene Fleisch damit schneiden! Spätestens in der Probezeit würden Ihre Lücken sichtbar und nach einer daraus folgenden Auflösung des Arbeitsverhältnisses hätten Sie ein doppeltes Problem: die erneute Jobsuche und die Aufgabe, glaubhaft zu erklären, warum das letzte Arbeitsverhältnis gescheitert ist.

Also bei der Wahrheit bleiben. Und authentisch sein, damit der Bewerbungsempfänger Sie auch wiedererkennt, wenn Sie ihm im Bewerbungsgespräch gegenübersitzen.

Machen wir uns die Mühe und suchen wir nach der Bedeutung dieses viel strapazierten Begriffs. Als Synonyme dafür finden sich im Duden unter anderem „echt, gesichert, glaubwürdig, ungeschönt, unverfälscht, wahr". Wer das alles wörtlich nimmt und im Bewerbungsverfahren umsetzen will, der hat Großes vor! Und verkennt, dass es sich bei einem Bewerbungsverfahren auch um die Anbahnung einer geschäftlichen Beziehung geht: Arbeit gegen Lohn.

2.1 Eine authentische Bewerbung?

Was macht eine Bewerbung authentisch, eindeutig von Ihnen und von keinem anderen? Seelenstriptease, indem Sie alles über sich niederschreiben? Die ungeschönte Wahrheit über ihre Fehler ebenso wie Ihre Erfolge?

Da ist der Ansatz von Ruth Cohn, der Begründerin der „Themenzentrierten Interaktion", schon realitätsbezogener. Sie hat den Begriff der „selektiven Authentizität" eingeführt (s. a. Seite 40 und 214) und meint: „Nicht alles, was echt ist, will ich sagen, doch was ich sage, soll echt sein." Sie treffen also eine Auswahl, welche Informationen in einem beruflichen Rahmen passend und angemessen sind.

Passende Auswahl treffen

Trägt die Angabe von Hobbys dazu bei? Es gibt vehemente Verfechter dafür, die Autorin bekennt: Sie gehört nicht dazu.

Hobbys angeben?

Denn was sagt es über Sie aus, dass Sie zum Beispiel gerne lesen? Dass Sie ein Eigenbrötler sind, der lieber mit einem Buch in der Hand zu Hause sitzt als sich mit der Familie zu beschäftigen oder Freunde zu treffen? Dass Sie die geistige Auseinandersetzung lieben? Was lesen Sie überhaupt? Comics, Krimis oder Klassiker? Vielleicht gar Philosophisches? Oder ausschließlich Fachliteratur? Und wenn Sie einen Mannschaftssport betreiben, sind Sie dann automatisch ein guter Teammitarbeiter? Vielleicht können Sie ja deswegen nicht an spätnachmittäglichen Meetings teilnehmen, Sie müssen dringend zum Training. Schließlich steht der gute Platz in der Liga auf dem Spiel!

Interpretationsmöglichkeiten gibt es viele und ob immer genau die Botschaft ankommt, die der Bewerber im Sinn hatte, als er seine Hobbys aufgelistet hat, sei dahingestellt.

Was macht dann Authentizität aus? Was macht Sie unverwechselbar?

Wie Sie im beruflichen Leben kommunizieren, zum Beispiel, wie Sie denken, wie Sie sich geben – Sie machen das durch die Art und Weise sichtbar, wie Sie die Kommunikation im Bewerbungsverfahren mit dem Unternehmen gestalten.

Erste Arbeitsprobe

Ihre Art, Aufgaben anzugehen und abzuarbeiten, zu strukturieren, Wichtiges von Unwichtigem zu unterscheiden, Dinge in einen Zusammenhang zu bringen – davon geben Sie durch Ihren Lebenslauf eine erste Arbeitsprobe.

Ihre Art zu sprechen und zu argumentieren – das können Sie in Ihrem Anschreiben deutlich machen. Es charakterisiert Sie doch sicher nicht als Person, die in der Anzeige geforderten Soft Skills einfach als vorhanden aufzuzählen? Alles das aneinanderreihen, was gerade als sozial erwünscht gilt, und dann behaupten: „Schaut her, das bin ich! Teamfähig und gleichzeitig durchsetzungsstark, bei den Kollegen beliebt und dem Vorgesetzten gegenüber immer loyal, alles, was Ihr wollt …"? Kann man als Recruiter, als zukünftiger Chef diese Behauptungen glauben?

Das nimmt Ihnen wirklich niemand ab! Und Sie können es auch besser, oder?

2.2 Unabdingbar: Anzeigenanalyse

In guten und aussagekräftigen Anzeigen – leider gibt es auch andere – finden Sie als Bewerber alles, was Sie brauchen: umfassende und eindeutige Informationen über das ausschreibende Unternehmen, die zukünftigen Aufgaben, die erwarteten Qualifikationen und Kenntnisse. Dort wird ein Mitarbeiter gesucht, der zwar gut ausgebildet und auch motiviert sein soll, sich aber doch realistischen Anforderungen gegenübersieht.

Unternehmensprofil

In einem Unternehmensprofil stellt das Unternehmen sich und das Umfeld dar, für das der neue Mitarbeiter gesucht wird. Es gibt Hinweise zu seiner Marktstellung, sagt etwas über die Unternehmensstruktur und beschreibt sein Selbstverständnis, mit dem es seine Produkte herstellt oder seine Dienstleistungen konzipiert und anbietet.

Stellenbeschreibung

In einer Stellenbeschreibung erläutert es die Aufgabe, die der Kandidat ausfüllen soll. Dort stehen Angaben dazu, was der zukünftige Arbeitnehmer tun soll. Die Reihenfolge der Aufgaben gibt Hinweise auf die Bedeutung und den Umfang der einzelnen Arbeitsfelder. Es wird dargestellt, was der Bewerber braucht: welche Kenntnisse, welche Ausbildung, welche Erfahrungen, welches Wissen über die Branche. Ergänzend wird deutlich, welche Art von Mensch gesucht wird, welche Soft Skills benötigt werden, wie jemand beschaffen sein sollte, um für das bestehende Arbeitsumfeld eine gute Ergänzung zu sein.

Der Bewerber – Sie – kann sich ein Bild machen und dann entscheiden, wie die Anforderungen mit dem zusammenpassen, was er zu bieten hat. Er bewirbt sich oder er lässt es bleiben.

Dann gibt es eine Flut mittelmäßiger Stellenanzeigen. Die dort enthaltenen Angebote sind schwieriger zu bewerten, Sie müssen mehr Mühe aufwenden, um relevante Informationen zu finden. In Zeiten des Internets ist das nicht so schwierig. Man findet Informationen auf der Website des Unternehmens. Google und andere Suchmaschinen liefern weitere Ergebnisse.

Mittel-
mäßige
Anzeigen

Daneben gibt es auch ausgesprochen Seltsames, Irritierendes und Widersprüchliches. Nein, die folgenden Beispiele sind nichts Erfundenes, sondern wirklich Gefundenes. Das folgende (auszugsweise zitierte) Inserat stammt aus dem überaus seriösen Anzeigenteil einer überregionalen Zeitung. Hier ist sie, die Anzeige, in Teilen:

> **Beispiel: Anzeige voller Irritationen**
>
> Ein Betriebswirt – Bilanz-Buchhalter – Export-Kfm. mit Führungserfahrung und hervorragenden Englischkenntnissen wird gesucht. Als deutscher Muttersprachler soll diese Person mehrere Jahre in den USA oder England gelebt haben, natürlich soll sie über gute Zeugnisse verfügen! Daneben soll sie ein „bescheidenes, angenehmes und seriöses Auftreten" haben. Die Aufgabe? Der zukünftige Stelleninhaber soll Aufbauarbeit leisten. In der Anzeige steht nichts Weiteres darüber: weder zur speziellen Art dieser Aufbauarbeit noch zum Arbeitsort noch zum Arbeitgeber noch zum Thema!

Eine weitere Stellenausschreibung für einen Projektbetreuer:

> **Beispiel: Anzeige mit Widersprüchen**
>
> „Wir erwarten von Ihnen ein abgeschlossenes technisches bzw. kaufmännisches Studium sowie mehrere Jahre Berufserfahrung, idealerweise als Jurist im Bauwesen …"

Was ist davon zu halten? Wer soll sich darauf bewerben? Und vor allem: Welche Informationen will der Empfänger wirklich haben? Denn der Bewerber soll aussagekräftige Unterlagen erstellen.

Wer diese Hürden der Interpretation gemeistert hat, der steht zum Schluss nur noch vor der Frage, wie das Unternehmen am liebsten die Bewerbungsunterlagen bekommen möchte. Hier wird er fündig:

> …
>
> Sie fühlen sich angesprochen?
>
> Dann sollten wir uns kennenlernen! Senden Sie Ihre kompletten Bewerbungsunterlagen unter Angabe Ihrer Gehaltsvorstellung an:
>
> XXX AG – Personalabteilung
>
> ABC-Straße 4 – 00000 Nirgendwo
>
> Bitte haben Sie Verständnis dafür, dass wir für diese Stelle nur schriftliche Bewerbungen berücksichtigen können. Sehen Sie also bitte von der Möglichkeit der Online-Bewerbung ab!
>
> Bitte bewerben Sie sich hier online.

Sie wären als Bewerber irritiert? Mit Recht! Denn an Sie stellt das Unternehmen hohe Anforderungen, was die Sorgfalt bei der Erstellung der Unterlagen angeht. Das Gute an diesen Anzeigen? Bei jeder fanden sich eine Telefonnummer und ein Ansprechpartner, der bei Fragen zur Verfügung steht. Nutzen Sie diese Möglichkeit, sollte Ihnen Vergleichbares begegnen!

Welchen konkrete Schwierigkeiten sieht sich nun der Bewerber bei der Lektüre von Stellenangeboten gegenüber?

Floskeln

Der Vergleich einer Reihe von Anzeigen zeigt: Nicht nur Bewerber schreiben ab (unter anderem aus der Ratgeberliteratur), auch diejenigen, die Anzeigen texten, sind nicht davor gefeit. Anzeigensprache ist in manchen Teilen genauso floskelhaft wie beispielsweise Zeugnissprache. So findet sich regelmäßig die „freundliche, zuverlässige, belastbare, flexible Persönlichkeit", die „über eine strukturierte und selbstständige Arbeitsweise verfügt" und zudem noch „unternehmerisch" denkt und handelt.

Ganze Absätze lassen eher an die Verwendung von Textbausteinen denken als an eine sorgfältige Aufbereitung von Anforderungen an den potenziellen Bewerber. Dass sich damit die „richtigen" Kandidaten oft nicht finden lassen und das Unternehmen in Papier- oder Mailfluten unpassender Bewerbungen untergeht – wen wundert das?

Wie sind Anzeigen zu lesen?

Als größte Schwierigkeit für den Bewerber stellt sich die richtige Einordnung unter Interpretation der beschriebenen Anforderungen heraus. Dazu ist es notwendig, die Anzeige nicht nur zu lesen, sondern die gesamte Anzeige wahrzunehmen – und damit auch ganz bewusst z. B. Branche, Unternehmensgröße und das Umfeld, in dem sich der zukünftige Mitarbeiter erfolgreich bewegen soll. Denn daraus erklären sich die Regeln, die in diesem speziellen Umfeld gelten. Damit wird dem Leser so manche Anforderung klar. Im Folgenden finden Sie als Anregung Beispiele, wie Anzeigen zu lesen sind.

Anforderungen

Immer wieder werden scheinbar extreme Ansprüche, die „kein Mensch" erfüllen kann, gestellt:

Unternehmensbeschreibung:
…

Ihre Aufgabe:
…

Ihr Profil:

Neben Ihrer fachlichen Qualifikation als … erwarten wir

• ein Prädikatsexamen an einer renommierten Universität
• nachweislich Auslandserfahrung
  (kein Praktikum)
• ein in Regelstudienzeit abgeschlossenes Studium
• ein Aufbau-Studium, zertifiziertes
  MBA-Programm oder Promotion
• neben Englisch eine weitere Sprache verhandlungssicher

Wer solche Anforderungen stellt, sucht jemanden, der sie erfüllt. Man entspricht ihnen also oder man tut es nicht. Darüber zu klagen, dass so etwas ungerecht sei, dass nicht jeder die Chance habe, Sprachkenntnisse gleich in mehreren Sprachen zu erwerben und teure MBA-Programme zu durchlaufen, hilft nicht weiter.

Für manche Positionen werden solche Einserkandidaten gesucht und sie werden auch gefunden. Denn es gibt selbstverständlich Bewerber mit solchen Profilen. Wer einen mittelmäßigen FH-Abschluss hat, wer als Auslandsaufenthalt nur einen Schüleraustausch vorweisen kann, wer seine Fortbildung bei der IHK gemacht hat, der wird keinen Erfolg mit seiner Bewerbung auf eine solche Anzeige hin haben, selbst wenn er ganz sicher ist, die beschriebenen Aufgaben gut erfüllen zu können. Gesucht wird hier jemand mit einem ganz bestimmten Hintergrund, der innerhalb einer Organisation für bestimmte Aufgaben zur Verfügung stehen soll.

Eine weitere Schwierigkeit sind unpräzise, „schwammige" Aussagen. Was genau in Anzeigen mit Anforderungen wie beispielsweise „Interesse an neuen Medien" gemeint sein könnte, das erschließt sich in der Regel erst dann, wenn man das Unternehmen, das Umfeld und die genauen Anforderungen der ausgeschriebenen Stelle kennt. Hier muss recherchiert werden: In welchem Umfang nutzt das Unternehmen „neue Medien"? Wozu? Was soll vermutlich mit diesen Kenntnissen bearbeiten werden? Welche allgemeinen Entwicklungen gibt es dazu in der Branche? Und in einem zweiten Schritt: Wie lässt sich ein solches Interesse belegen? Mit praktischen Erfahrungen? Mit Zertifikaten? Beigelegte Bescheinigungen sollten übrigens immer von einem Anbieter stammen, der in der Branche etwas gilt. Mit einer Bescheinigung eines VHS-Kurses geben Sie eher ein falsches Signal.

Unpräzise Angaben

Ein weiteres Beispiel ist der „ergebnisorientiert" arbeitende Mitarbeiter. Viele werten diesen Begriff als eine Floskel. Das ist er nicht. Es geht hier verstärkt um die Bennennung Ihrer Arbeitsergebnisse. Das Unternehmen erwartet sich von jedem Arbeitnehmer ein Ergebnis seiner Tätigkeit. Im realen Wirtschaftsleben genügt es nicht, sich Mühe zu geben und sich weiterentwickeln zu wollen, die erzielten Ergebnisse zählen. Das gilt für jeden, gleich ob er ein Unternehmen leitet, als Sachbearbeiter tätig ist oder die Büros sauber hält. In solchen Anzeigen wird das deutlich angesprochen.

Ergebnisorientiert?

Seit einigen Jahren werden Berufsbezeichnungen zunehmend in englischer Sprache genannt. Als Folge verstehen viele nicht, welche Qualifikation da eigentlich gesucht wird. Man mag dies als sprachliche Verirrung empfinden, aber auch hier kommen Sie um die Recherche nicht herum. Hilfe bieten z. B. Internet, Glossare bei auf bestimmte Positionen spezialisierte Jobbörsen, das vergleichende Lesen verschiedener Anzeigen.

Englische Bezeichnungen

Zum Schluss noch ein Hinweis: Wer bestimmte Anzeigen und ihre Anforderungen überhaupt nicht versteht, der könnte auch die falsche Person für diese Stelle sein. Denn wer fit ist in der Materie, wer die Tätigkeit in seiner gegenwärtigen Arbeitsstelle schon ausübt und also kein Quereinsteiger ist, der weiß in der Regel, wovon der Anzeigentext spricht.

So gehen Sie vor

Grundsätzlich bietet sich zur Analyse bei jeder eventuell interessanten Anzeige folgendes Vorgehen an – und zwar ganz beharrlich und ausdauernd schriftlich, am Anfang auch einigermaßen ausführlich. Je öfter Sie das machen, desto häufiger werden Sie Wiederholungen finden und desto einfacher und schneller geht das ganze Verfahren. Am besten richten Sie sich ein großes Dokument für alle Anzeigen ein, dann können Sie scrollen und müssen nicht in verschiedenen Dokumenten suchen.

Drei
Schritte

- In einem ersten Schritt markieren Sie in der gesamten Anzeige die Schlüsselbegriffe. Sie fangen dafür beim „Auftritt" des Unternehmens an, recherchieren (wenn nicht über eine Personalberatung ausgeschrieben ist) über dieses Unternehmen, arbeiten die Selbstdarstellung durch, die Aufgabenbeschreibung und die Anforderungen.

- In einem zweiten Schritt nehmen Sie die Tabelle rechts, die Sie auch auf Ihrer CD-ROM finden, und füllen sie aus. Tragen Sie pro Zeile einen Schlüsselbegriff ein, zählen Sie beschreibend in der zweiten Spalte Ihre Erfahrungen auf, von denen Sie meinen, dass sie eins zu eins passen oder dass zumindest Analogien vorhanden sind. Für manchen ist es hilfreich, anschließend mit Noten zu bewerten. In der dritten Spalte notieren Sie alles, was Ihnen beim Lesen der Anzeige unklar ist und was Sie noch in Gesprächen mit einschlägig bewanderten Leuten oder durch Internetrecherchen herausbekommen müssen.

- Erst wenn Sie das alles abgearbeitet haben, kommen Sie zu einer Gesamtbewertung, ob es sich lohnt, sich auf diese Stelle zu bewerben oder nicht. Und Sie entscheiden dann, welche Informationen im Lebenslauf und im Anschreiben auftauchen müssen.

Das Unternehmen und seine Selbstdarstellung	Meine übertragbaren Erfahrungen aus den Unternehmen, in denen ich gearbeitet habe	Unklarheiten/Vermutungen: Was muss ich recherchieren?

Zwingende Anforderungen	Meine Erfahrungen dazu (erst aufschreiben, dann in Umfang und Tiefe bewerten!)	Unklarheiten/Vermutungen: Was muss ich recherchieren?

Nice to have: Kann- oder Sollanforderungen	Meine Erfahrungen dazu (Bewertung)	Unklarheiten/Vermutungen: Was muss ich recherchieren?

Denken Sie bitte daran, keine Phrasen einzustellen, sondern ganz konkret nachvollziehbare Fakten zu benennen. Dabei ist es natürlich am besten, wenn Sie das Benannte auch belegen können.

Die Frage
nach den
Gehaltsvor-
stellungen

Zum Schluss noch etwas zu einem Satz aus Anzeigen, der Bewerber verunsichert, ärgert, ratlos macht, die Frage nach den Gehaltsvorstellungen: „Bitte schicken Sie Ihre vollständigen und aussagekräftigen Bewerbungsunterlagen unter Angabe Ihrer Gehaltsvorstellungen an …"

Was schreiben? Wie sich einschätzen? Aus welchen Quellen Informationen beziehen? Woher wissen, was dem ausschreibenden Unternehmen die Stelle wert ist? Also am besten gar nichts schreiben. Dieser Entschluss mündet dann in Sätze wie: „Meine Gehaltsvorstellungen möchte ich gerne im persönlichen Gespräch erörtern."

Es soll Arbeitgeber geben, die sich mit diesem Satz zufriedengeben, aber auch solche, die eine Summe von Ihnen lesen möchten. Sie sollten sich also mit der Frage auseinandersetzen. Früher oder später werden Sie mit hoher Wahrscheinlichkeit etwas dazu sagen müssen – spätestens wenn Ihr neuer Arbeitsvertrag zur Unterschrift vorliegt (s. a. Seite 184 ff.).

2.3 Das Anschreiben

Ist das Anschreiben für Sie eine Herausforderung? Oder gar eine Qual?

Es ist verhältnismäßig leicht zu beschreiben, was ein Anschreiben zum Misserfolg macht. Aber wenn man alle Fehler vermeidet, ist einem dann der Erfolg sicher?

Allen kann
man es
nicht recht
machen

Wenn Sie in einschlägigen Ratgebern und Foren die Diskussionen und Kommentare lesen zu Länge, Aufbau, Wichtigkeit von Einleitungssätzen, zu bestimmten Formulierungen solch eines Briefes, dann werden Sie feststellen: Man kann viel falsch, aber fast nichts richtig machen! Jedenfalls nicht so richtig, dass es in den Augen aller Leser gut ist. Doch ich kann Sie beruhigen: Allen muss es nicht gefallen, nur einem, nämlich dem, der Sie zum Vorstellungsgespräch einladen und letztendlich auch den Arbeitsvertrag anbieten soll.

Im normalen Leben sprechen Sie verständliches Deutsch. Sie sind, zum Beispiel als Vertriebsprofi, in der Lage, dem Kunden in wenigen Sätzen einen Überblick über den Produktnutzen zu geben. Sie können sogar Ihre Geschäftskorrespondenz ohne einen Ghostwriter bewerkstelligen. Und wenn Sie mit ein bisschen Zeit an Ihren Briefen herumfeilen, dann ist das Ergebnis eigentlich ganz passabel, stimmt's? Warum also, um alles in der Welt, verlassen Sie dann diese Fähigkeiten, sobald es um ein Bewerbungsschreiben geht?

„Sehr geehrte Damen und Herren …" fließt den meisten noch recht flüssig aus der Feder bzw. in die Tastatur. Dann blickt den Bewerber auf einen weißen Bildschirm – und Ratlosigkeit breitet sich aus.

Ein Anschreiben – manchmal auch „Motivationsschreiben" genannt – soll bestimmte Anforderungen erfüllen. Auffallen soll man dadurch, empfehlen Ratgeber, Selbstmarketing betreiben. Neugierig machen auf die Person, die dahintersteht.

Nun kann man auf verschiedene Art und Weise auffallen – auch und besonders leicht negativ. Die bekanntesten und am häufigsten genutzten Möglichkeiten sind richtig schlimme Fehler in der Orthografie und Zeichensetzung, eine allgemeine Schlampigkeit im Ausdruck, ein unangemessener Ton. Auch gerne genommen: Weitschweifigkeit. Ein Anschreiben sollte in der Regel nicht länger sein als eine Seite, es wird aber auch von Werken mit mehreren Seiten Umfang berichtet.

Haupt-sache auffallen?

Stellen wir uns einmal vor, da liest jemand das Anschreiben eines jungen Menschen, der sich nach Realschulabschluss und bestandener Lehre um seinen ersten richtigen Job in einem kaufmännischen Beruf bewirbt, und das eines gestandenen Managers. In beiden Schreiben findet der Leser Begriffe wie „… habe ich wertvolle Erfahrungen gesammelt …" oder „… möchte ich meine umfassenden Kenntnisse in Ihrem Unternehmen unter Beweis stellen …". Natürlich verfügt der Bewerber auch „über eine schnelle Auffassungsgabe" und meint abschließend: „Mit mir erhalten Sie einen flexiblen, aufgeschlossenen, engagierten, kommunikationsstarken, teamorientierten, stark motivierten, lern- und einsatzbereiten Mitarbeiter. Mein Arbeitsstil ist analytisch und systematisch."

Vorsicht, Floskeln!

Abgesehen davon, dass alle Beispielsätze im Grunde nichts aussagen, so schießen dem Leser doch ganz unterschiedliche Gedanken durch den Kopf, je nachdem, welcher unserer beiden Bewerber von oben das geschrieben hat. Wer darf solche Formulierungen gerade noch nutzen? Und wer auf keinen Fall?

Worthülsen klingen immer ein bisschen albern, aber unserem jungen Berufsanfänger wird man sie vermutlich – amüsiert? – verzeihen (unter dem nicht wirklich netten Stichwort „Welpenbonus"): Da will einer alles richtig machen, hat um Rat gefragt und den Hinweis erhalten, man solle selbstbewusst auftreten. Er weiß es halt noch nicht besser, aber auf alle Fälle hat er sich Mühe gegeben!

Bei jemandem jedoch, der sich um die oben genannte Managementposition bewirbt, reicht „Mühe geben" nicht aus! Die Fantasie könnte zu großer Form auflaufen! „Wo hat er das denn abgeschrieben? Hat der nichts Konkretes über sich zu sagen? Wie genau hat er eigentlich unsere Stellenanzeige gelesen? Ach, kommunikationsstark ist er auch, schreibt er … Davon merkt man aber nichts bei diesem Anschreiben!" Nachvollziehbar, dass der Leser bei Brot-und-Butter-Jobs andere Maßstäbe anlegt als beim High-Potential-Job eines ehrgeizigen Akademikers.

Wer liest eigentlich Anschreiben und wie?

Galt vor einigen Jahren das Anschreiben als ein Kernstück der Bewerbung, auf das der Bewerber viel Zeit und Mühe verwenden sollte, so sehen heute viele Mitarbeiter in Personalabteilungen und Personberatungen den Lebenslauf als das zentrale Dokument einer Bewerbung. Viele geben offen zu, dass sie das Anschreiben gar nicht oder nur sehr oberflächlich lesen. Die meisten seien einfach zu nichtssagend! Also weglassen? Oder rigoros zusammenstreichen auf Angaben zum Gehalt und zum frühesten Eintrittstermin?

Menschen sind unterschiedlich. Das gilt auch für diejenigen, die mit der Personalauswahl befasst sind.

Unter-schiedliche Vorlieben

- Diejenigen, die ein Anschreiben eher überflüssig finden und sich freuen, wenn sie diesbezüglich keine fragwürdige Dichtkunst lesen müssen, lieben es eher knapp.

- Der Rest nutzt es ebenso wie den Lebenslauf und alle weiteren Bestandteile einer Bewerbung als diagnostisches Instrument zur Vorauswahl, freut sich über gelungene Texte, wundert sich, was da manchmal so mitgeschickt wird, und denkt sich seinen Teil. Für diese Gruppe lohnt es sich, sich wirklich Mühe zu geben. Leider wissen Sie nie, an welche Sorte Empfänger Ihre Bewerbung geht.

Es gibt Berufe, in denen kommunikative Kompetenz für eine erfolgreiche Bewältigung des Arbeitsalltags eher nachrangig ist, etwa Stellen, in denen es um ein ausgeprägtes Zahlenverständnis oder um logische Fähigkeiten geht. Von solchen Bewerbern erwartet man in der Regel keine ausgefeilte schriftliche Sprache, weil die für die Beurteilung der Schlüsselkompetenzen nicht relevant ist.

Überall dort, wo Kommunikation (ob schriftlich oder mündlich) weite Teile des Arbeitsalltags bestimmt, wo man überzeugen muss, wo komplexe Sachverhalte vermittelt werden müssen, ist sprachliches Ausdrucksvermögen Werkzeug für die Arbeit. Wie soll jemand diese kommunikativen Anforderungen in seiner zukünftigen Aufgabe bewältigen, wenn er es jetzt in seinen Bewerbungsunterlagen nicht kann?

Was kann ein gutes Anschreiben leisten?

Das Anschreiben ist das einzige nicht formalisierte Dokument innerhalb Ihrer Bewerbung. Damit können Sie eigentlich völlig frei etwas über sich und Ihre Befähigung für die ausgeschriebene Stelle mitteilen. Interessant ist das vor allem dann, wenn Stellen zu besetzen sind, in denen auch der Eindruck über den Menschen hinter den Unterlagen ein Auswahlkriterium fürs Bewerbungsgespräch ist.

Interes-sante und passende Inhalte

In einem guten Anschreiben möchte der Empfänger Inhalte lesen und keine Sprechblasen, er möchte im Text einen Bezug zur Stellenausschreibung, zum Unternehmen, zur Aufgabe finden. Anschreiben sind dann interessant, wenn der Empfänger in ihnen erkennen kann, dass sich der Bewerber mit den Anforderungen der Stelle und des Unternehmens wirklich beschäftigt hat und die Ergebnisse dieser Auseinandersetzung knapp und verständlich zusammenfassen und in Bezug zu seiner eigenen beruflichen Entwicklung setzen kann. Je höher die kommunikativen Anforderungen einer Stelle, desto wichtiger ist es, dass der Bewerber auch diese Form der Kommunikation kann.

Wirklich etwas über sich und seine Arbeitsweise mitzuteilen ist eine inhaltliche Aufgabe, keine textgestalterische. Für alle Bewerber mit einer akademischen Ausbildung (ebenso für solche mit einer qualifizierten Berufsausbildung und -erfahrung) ist diese Anforderung keineswegs besonders hoch gegriffen. Sie erfordert auch keine so speziellen Kenntnisse, dass man sie nicht meistern könnte. Denn jeder hat im Lauf seiner Ausbildung Klausuren geschrieben, Hausarbeiten und Abschlussarbeiten verfasst. Wieso sollte dann ein einseitiges Anschreiben eine wirkliche Hürde sein?

Wer sich jedoch nicht wirklich oder nicht angemessen mit dem Stellenprofil auseinandergesetzt hat, hat schon wesentliche Anforderungen nicht erfüllt. Denn wer will auf einer Stelle schon einen Worthülsendrescher haben oder gar einen, dessen Aussagen man nicht trauen kann, weil sie nicht wahr sind (übertrieben oder gelogen) oder irgendwo abgeschrieben wurden.

Das Schlimmste, was passieren kann: Niemand interessiert sich so richtig für Ihr Anschreiben. Das einkalkulierend haben Sie natürlich Ihren Lebenslauf optimiert und sind sicher, dass alle relevanten Angaben auch dort zu finden sind. Dann war das Anschreiben nur eine Fingerübung.

Vielleicht aber trifft Ihr Anschreiben auf die Stecknadel im Heuhaufen, auf einen der Personaler, der es spannend findet und Sie zum Vorstellungsgespräch einlädt.

Gerade diejenigen, die meinen, dass Anschreiben nicht so wichtig seien, beklagen auch die Tatsache, dass der überwiegende Teil der Anschreiben das Papier (oder die Speicherkapazität auf dem PC) nicht wert sei, auf dem es stehe. Weil nämlich der Großteil der Bewerber Worthülsen verwende, übertreibe oder gar lüge.

Wie aber nun einen Text aufs Papier bringen?

Die Einleitung

Die Suche nach einer guten Einleitung hat schon manchen zur Verzweiflung gebracht, bevor er überhaupt zum ersten inhaltlichen Satz gekommen ist. Um diesen Einstieg leichter zu finden, sind Zitate beliebt. Das klingt belesen und hinterlässt einen guten Eindruck – so hofft man. Leider hat dieses Vorgehen mindestens zwei Haken.

Ein Zitat zu Anfang?

Die Anzahl der tatsächlich verwendeten Zitate ist überschaubar, denn die Bewerber finden bei der Suche im Netz in der Regel dieselben Websites und damit dieselben Zitate. Wenn Sie von der Persönlichkeit, mit deren Federn Sie sich geschmückt haben, nur das Zitat kennen, dann könnte im Gespräch eine peinliche Situation für Sie entstehen. Man könnte von Ihnen nämlich mehr dazu wissen wollen.

Vergleichbares gilt für Einleitungen wie „… als erfolgreiches und innovatives Unternehmen suchen Sie …".

Vielleicht haben Sie ja vorab ein Telefonat geführt? Dann beziehen Sie sich darauf. Glück – und damit einen gelungenen Einstieg ins Anschreiben – hatte eine Bewerberin: Sie fand beim Studium der Website des Consultingunternehmens, bei dem sie sich bewerben wollte, dass dieses Unternehmen in ihrem ehemaligen Unternehmen einen Beratungsauftrag in ihrem Arbeitsbereich durchgeführt hatte. Da lag der Anfangssatz nahe: „Eigentlich hätten wir uns damals schon begegnen können …"

Für alle anderen gilt: Fangen Sie einfach an und fallen Sie ruhig mit der Tür ins Haus!

Der Haupttext

Was erwartet der Empfänger?

Für den eigentlichen Text machen Sie sich in einem ersten Schritt klar, was der Empfänger von Ihnen erwartet.

- Wer sich in der Buchhaltung bewirbt, der braucht Zahlenverständnis, Genauigkeit, analytische Kompetenzen. Schriftstellerische Fähigkeiten gehören eindeutig nicht zum Anforderungsprofil.

- Ein Controller muss erklären, für seine Zahlen werben.

- Für jede Form journalistischer Tätigkeit, PR etc. sind Anschreiben eine erste Arbeitsprobe. Wer in einer Referententätigkeit regelmäßig Themen aufbereiten muss, sollte Inhalte strukturieren und das im Aufbau seiner gesamten Unterlagen sichtbar machen können.

- Wer in einem Sekretariat Aufgaben wie die Postbearbeitung für den Chef wahrnimmt, muss rechtschreibsicher sein und die DIN für Geschäftsbriefe beherrschen.

- Streben Sie eine Führungsposition oder eine anspruchsvolle Stabsfunktion an, erwartet man allein schon deswegen von Ihnen ein besonderes Engagement im Bewerbungsverfahren. Dann steht Ihre gesamte schriftliche (und später auch persönliche Bewerbung) unter besonders strengen Qualitätsanforderungen.

Entwickeln Sie ein Anschreiben, das zu Ihnen und zum Tätigkeitsbereich, für den Sie sich bewerben, passt. Zu welchen Themen werden Aussagen von Ihnen erwartet? Was davon klingt im Lebenslauf an und braucht noch eine Erläuterung? Wo können Sie beispielhaft erklären, wie Sie bestimmte Aufgaben gelöst haben? Schauen Sie sich den Kommunikationsstil des Unternehmens an. Verzichten Sie auf zwanghafte Originalität – sorgen Sie lieber für einwandfreie Rechtschreibung und Zeichensetzung.

Wenn Sie zu denen gehören, die gerne schreiben und gut formulieren können, dann fangen Sie jetzt einfach an. Alle, die sich etwas schwerer tun, lesen weiter.

Notieren Sie in einem zweiten Schritt – bevor Sie sich ans konkrete Texten machen, welche Inhalte Sie in Ihrem Anschreiben transportieren wollen. Was möchten Sie dem Leser Ihrer Bewerbung mitteilen? Erfahrungsgemäß sind das die Dinge, die sich stichwortartig im Lebenslauf nicht so leicht unterbringen lassen. Also nicht, was Sie gemacht haben, sondern wie Sie es gemacht haben.

Schreiben Sie auf, was Ihnen in den Sinn kommt, und schreiben Sie es so auf, wie Sie es auch sagen würden. Blockieren Sie sich nicht unnötig, nur weil Sie so schnell keine passende Formulierung finden.

Greifen Sie dabei auch auf Ihre Anzeigenanalyse zurück. Welche Punkte haben Sie schon in Ihrem Lebenslauf untergebracht? Wozu brauchen Sie ein oder zwei erklärende oder beschreibende Sätze? Ergänzend zu meinen Angaben im Lebenslauf möchte ich Ihnen mitteilen, dass ich …

Haben Sie Schwierigkeiten, passende Aussagen zu finden? Suchen Sie sich jemanden, mit dem Sie darüber sprechen können! Dieser Person erzählen Sie das, was Sie mitteilen möchten. Nachfragen im Gespräch, Widersprechen, Bestätigen hilft Ihnen, Klarheit zu gewinnen. Vergessen Sie dabei aber das Mitschreiben nicht, sonst gehen all die schönen Gedanken am Ende verloren!

Machen Sie sich klar, dass sich die meisten Bewerbungsempfänger freuen, wenn sie ein klar gegliedertes Anschreiben ohne Floskeln und ohne Rechtschreibfehler bekommen. Kaum jemand erwartet überbordende Kreativität.

Ihr Anschreiben sollte auf folgende Fragen Antwort geben:

- Warum bewerbe ich mich auf die ausgeschriebene Stelle? Was interessiert mich an ihr?
- Weshalb passen meine Qualifikationen und Erfahrungen?

Wiederholen Sie an dieser Stelle nicht einfach in Prosa Ihren Lebenslauf! Stellen Sie den Bezug her zwischen den eigenen Erfahrungen und den Anforderungen der angestrebten Position. Je konkreter, beweisbarer oder nachvollziehbarer Sie das tun, desto besser! Denken Sie von der Empfängerseite her: Was interessiert ihn wohl? Wo kann er den Nutzen fürs Unternehmen sehen, wenn er mich einstellt?

Bezug zwischen Erfahrung und Anforderungen

Fragen Sie sich auch, ob es wirklich sinnvoll ist, voll Überschwang zu schreiben, dass die Stelle die einzig wahre, der absolute Traumjob ist. Ist es denn so? Meinen Sie, man glaubt Ihnen das? Was könnte denn für den Leser ein Hinweis sein, dass es so ist? Was spräche dagegen?

Wenn Sie nicht der Traumkandidat für eine Stelle sind und wissen, dass bestimmten Punkten in Ihrer Vita mit Vorbehalten oder Misstrauen begegnet wird, dann können Sie diese Vorbehalte (quasi in einer Einwandbehandlung) auch aktiv ansprechen und versuchen, sie mit treffenden, schlagkräftigen, überzeugenden Argumenten zu entkräften. Vielleicht haben Sie ja Glück und der Empfänger folgt Ihrer Argumentation!

Heikle Themen aktiv ansprechen?

Was macht Texte lebendig?

- Seien Sie konkret und nachvollziehbar in Ihren Anschreiben. Worthülsen überzeugen niemanden, „geschraubte" Formulierung stoßen eher ab.

- Seien Sie Sie selbst. Die meisten Menschen können durchaus vernünftige Sätze schreiben und sprechen.

Satzlänge und korrekte Sprache

- Suchen Sie die richtige Satzlänge! Zwischen Sätzen, die sich über einen achtzeiligen Absatz hinziehen, und knappen Aussagen wie „Ich Tarzan, du Jane!" gibt es ein breites Spektrum an Möglichkeiten. Schreiben Sie Ihren Text, lassen Sie ihn eine Weile liegen und überarbeiten Sie ihn dann in mehreren Schritten auf Satzlänge und Wortwahl. Zum Schluss achten Sie auf Grammatik, Zeichensetzung und Rechtschreibung. Wenn Sie nicht sicher sind, suchen Sie sich jemanden zum Korrekturlesen.

Eigenen Stil pflegen

- Finden Sie Ihren eigenen Stil und schreiben Sie nicht aus einem Ratgeber, aus einem irgendwo veröffentlichten Anschreiben ab, nur weil Sie einen oder mehrere Absätze so überzeugend finden. Vor Ihnen haben denselben Text schon viele Menschen gefunden; die Chancen, dass der Wortlaut beim Empfänger Ihrer Bewerbung schon bekannt ist, stehen gut.

Aktiv statt passiv

- Vermeiden Sie unpersönliche und passive Formulierungen. Sie wirken hölzern. Benutzen Sie besser die aktive Form, also statt „Fundierte Erfahrungen wurden von mir in der Marktforschung erworben" schreiben Sie lieber: „Ich habe fundierte Erfahrungen in der Marktforschung erworben, als ich …"

Kein Nominalstil

- Lassen Sie das Verb Verb sein und deformieren Sie es nicht reihenweise zum Substantiv! Wer Verben in einem Satz gehäuft zu Substantiven macht, der pflegt den „Nominalstil". Der wirkt trocken und hölzern. Sie merken es an einer Häufung von Hauptwörtern mit der Endsilbe -ung in Ihrem Text, dass Sie in diesen Stil verfallen sind. Die Deformierung eines Verbs in ein Substantiv und die Häufung ihrer Verwendung in Sätzen führt zu einer Wirkung, die die Lebendigkeit im Ausdruck vermissen lässt. Haben Sie etwas gemerkt? Der letzte Satz war ein typisches Beispiel für einen solchen Nominalstil.

Starke Verben

- Schreiben Sie abwechslungsreich und benutzen Sie starke Verben. „Sein" und „haben", „machen" und „tun" passen immer, sind aber langweilig und blass. Suchen Sie also Verben, die eine Tätigkeit wirklich treffend benennen. Schreiben Sie nicht, dass Sie eine Arbeit gemacht haben, sondern dass Sie etwas bearbeitet haben, eine Tätigkeit ausüben, etwas leisten, dass Sie sich mit einem Thema beschäftigen, befassen, sich einer Aufgabe widmen oder sich betätigt haben. Und wenn Sie regelmäßig etwas schreiben müssen in Ihrer Tätigkeit, dann können Sie das auch bearbeiten, abfassen, ausarbeiten, verfassen, niederschreiben, zu Papier bringen oder formulieren! Ein Thesaurus hilft

als guter Freund übrigens dabei. Sie finden einen solchen beispielsweise auf Ihrem Computer unter „Extras".

- Finden Sie Bilder, die den Leser mitnehmen. Die sollten dann allerdings auch in das Umfeld passen! Für eine intensive Suche, die heute
– Gott sei Dank! – durchs GPS unterstützt werden kann, wäre diese
Umschreibung im beruflichen Umfeld vermutlich angemessener als
das Trüffelschwein, das Ihnen den Weg gewiesen hat.

Bilder

- Wichtige Aussagen gehören in den Hauptsatz. Eine wichtige Aussage
pro Hauptsatz genügt. Überfrachten Sie ihn nicht mit zu vielen weiteren Informationen.

**Nicht über-
frachten**

- Vermeiden Sie Anhäufungen von Fremdwörtern. Meistens klingen
die nämlich nicht gebildet, sondern eher aufgebläht! Und wenn Sie bei
einer Bedeutung nicht ganz sicher sind – schlagen Sie vorsichtshalber
nach.

**Fremd-
wörter**

- Überlegen Sie sich, was Sie eigentlich sagen möchten, bevor Sie anfangen zu formulieren. Wenn Sie wissen, was Sie transportieren wollen,
dann finden sich auch leichter die richtigen Worte dafür.

**Erst den-
ken, dann
schreiben**

Welche Form, welches Layout soll ein Anschreiben haben?

- Ein Anschreiben ist vom Layout her ein Geschäftsbrief. Orientieren
Sie sich also an den einschlägigen Normen, etwa der DIN 5008:2005.
Beginnen Sie mit der Betreffzeile:

**Geschäfts-
brief**

> **Bewerbung als …**
> Ihre Stellenanzeige in …

- Wenn Sie die Ansprechpartner im Unternehmen kennen, an die Ihre
Bewerbung geht, dann sprechen Sie sie in der Anrede mit Namen an.
Achten Sie unbedingt auf die richtige Schreibweise!

Anrede

- Halten Sie sich an die Länge von einer Seite. Wer mehr schreiben will,
muss wirklich überzeugende Gründe und viel mitzuteilen haben!

**Umfang,
Gliederung**

- Sorgen Sie dafür, dass Ihr Anschreiben lesefreundlich ist. Gliedern Sie
die behandelten Themen in Absätze und schreiben Sie mit einfachem
Zeilenabstand.

- Flattersatz – also ein Text, der linksbündig ausgerichtet ist – liest sich
besser als Blocksatz. Nutzen Sie unbedingt die Funktion „Silbentren-
nung" auf Ihrem Computer. Das macht den Text kompakter. Außerdem vermeidet es einen allzu „ausgefransten" Rand auf der rechten
Textseite oder größere Leerstellen, sollten Sie sich doch für Blocksatz
entscheiden.

**Flattersatz
und Silben-
trennung**

Welches Fazit sollte man nach all diesen Überlegungen ziehen? Knobeln,
zu welcher Fraktion der Empfänger gehört? Da niemand weiß, in wessen
Hände die Bewerbung gerät, bleibt eigentlich nur eines: sich Mühe geben!

Denken Sie immer daran: Ziel der Bewerbung ist ein Vorstellungsgespräch, in dem Sie irgendwann sitzen wollen. Man sollte Sie in Sprache,

Stil des Auftretens, in der Art zu argumentieren nach Ihrem schriftlichen Auftreten wiedererkennen – und nicht völlig irritiert in den Unterlagen blättern, weil da eine völlig andere Person vor einem zu sitzen scheint. Gesprochenes und geschriebenes Wort sollten zusammenpassen! Wenn Sie in einem Gespräch sprachlich nicht halten können, was Ihr Anschreiben verspricht, dann haben Sie ein Problem. Daher meine Empfehlung: authentisch bleiben und selbst formulieren, auch wenn es hart ist!

Zum guten Schluss spielen Sie einmal selbst Personalchef: Wie viele belastbare Informationen finden Sie in den folgenden Auszügen aus Anschreiben?

Anschreiben aus der Praxis: kommentierte Auszüge

Eine Berufsanfängerin sucht eine Stelle im Marketing

> Im Passiv formuliert! Der Leser fragt sich, wer diese Erfahrungen hat! Warum nicht z. B. „In meiner Masterthesis habe ich mich mit ... auseinandergesetzt. Praktische Erfahrungen erwarb ich ...“?

Fundierte Erfahrungen sind nicht nur aufgrund des Studiums vorhanden, sondern auch durch die freiwillige Tätigkeit als studentischer Mitarbeiter an einem deutschen Forschungsinstitut.

> Gab es auch Mitarbeiter, die man zur Arbeit dort gezwungen hat?

Weitere Hinweise sind im Lebenslauf und unter den Veröffentlichungen zu finden.

> Weitere Hinweise finden Sie ....“

Ein Betriebswirt mit ersten Erfahrungen

> Wer sucht so etwas nicht?

... auf der Suche nach einer abwechslungsreichen und anspruchsvollen Position mit der Möglichkeit, mich weiterzuentwickeln, vorzugsweise in den Bereichen Produktmanagement oder Marketing. Durch meine schnelle Auffassungsgabe kann ich mich innerhalb kurzer Zeit in neue Aufgabenbereiche einarbeiten.

> Er hat Wünsche – verständlich –, aber was möchte das Unternehmen?

> Was bedeutet „schnelle Auffassungsgabe", wenn man ein Studium abgeschlossen hat? Das Gleiche wie „technisches Verständnis" bei einem Ingenieur?

Ein Vertriebsmitarbeiter mit zehnjähriger Berufserfahrung

> Stimmt! Beides ist wichtig im Berufsleben. Aber was bedeutet diese Aussage bezogen auf eine Vertriebsposition?

Selbstständiges Arbeiten sowie Teamwork sind für mich ebenfalls wichtige Faktoren. Der Umgang mit Menschen, kunden- und erfolgsorientiertes Arbeiten sowie pflichtbewusstes Erfüllen der mir übertragenen Aufgaben gehören zu meinen Prioritäten im Arbeitsleben.

> „Pflichtbewusst" und nur die „übertragenen" Aufgaben? Kann man so im Vertrieb Erfolg signalisieren?

Eine Betriebswirtin, die vor ihrem Studium im Büro gearbeitet hat

Wenn Sie eine zuverlässige, flexible, gewissenhafte und engagierte Mitarbeiterin suchen, die auch gelernt hat, unter Termindruck und bei hohem Arbeitsaufkommen konzentriert und erfolgreich zu arbeiten, <u>dann haben Sie diese hiermit gefunden</u>.

> Ob jemand, der eine Stelle zu vergeben hat, sich so die Entscheidung aus der Hand nehmen lassen will? Zumal man die Aussagen über das Arbeitsverhalten wohl einfach glauben muss …

Bewerbung eines Mannes mit einigen Jahren Berufserfahrung für eine Vertriebsposition

Eigeninitiative, Kommunikationsfähigkeit und Durchsetzungsvermögen sind für mich ebenso selbstverständlich wie die Arbeit im Team. Ich bin flexibel und sehe den Einsatz in Ihren eventuell internationalen Niederlassungen als spannende Bereicherung an. Hierfür bringe ich verhandlungssichere Fremdsprachenkenntnisse in Englisch mit. Zu meinen Stärken zähle ich neben herausragenden sozialen Kompetenzen auch Zielstrebigkeit, Flexibilität und Belastbarkeit.

> Dieses Anschreiben liest sich wie eine Aufzählung aller Soft Skills aus der Anzeige. Ohne Bezug zu konkreten Erfahrungen oder Arbeitsergebnissen wirkt eine solche Aufzählung unglaubwürdig und nichtssagend.

Zukünftiger Sachbearbeiter

Mich zeichnen besonders schnelle Auffassungsgabe, hohes Engagement, Neugierde, ein sehr gutes Allgemeinwissen, Präsentationsstärke, Kontaktfreudigkeit, ausgeprägte Kreativität und Verhandlungsstärke aus. <u>Darüber hinaus neige ich dazu, mir zugeteilte Aufgaben und Projekte weiterzudenken und weiterzuentwickeln.</u>

> Versprechen oder Drohung für den künftigen Vorgesetzten? Der Herr „neigt dazu", weiterzudenken. Hoffentlich nicht zu weit …!

2.4 Der Lebenslauf

Grundsätzliches

Zuerst ein paar grundsätzliche Worte, bevor wir uns dem Thema zuwenden:

Einig ist man sich darin, dass der Lebenslauf das Kernstück der Bewerbung ist. Das bedeutet, dass Sie ihn so lese- und wahrnehmungsfreundlich machen sollten, wie Sie nur können. Denn der Empfänger soll sich ja auf die zu vermittelnden Inhalte konzentrieren!

Kernstück der Bewerbung

Ein berufliches Leben umfasst mehr, als sich in zwei oder drei Seiten fassen lässt. Es enthält Höhen und Tiefen, Triumph und Scheitern, Enttäuschungen, Überraschungen, Genugtuung, auch das Gefühl, gerade noch mal Glück gehabt zu haben. Das alles zu erwähnen wäre Unsinn; Sie müssen also eine Auswahl treffen in dem, was Sie dem Leser mitteilen wollen.

Mit Ihrer Auswahl und Darstellung führen Sie ihn praktisch – wie in einem Museum – durch Ihr berufliches Leben, und wie bei einer Führung bleiben Sie vor bestimmten Exponaten stehen und erklären einiges dazu und gehen erst mal an anderen, weniger wichtigen oder nicht zum Thema der Führung passenden Ausstellungsstücken vorbei. Und natürlich achten Sie darauf, dass die Exponate gut ausgeleuchtet sind und dass im Raum nichts herumsteht, was die Aufmerksamkeit von den wesentlichen Dingen ablenkt.

Es gibt kein Patentrezept

Wenn man sich in verschiedenen Medien und Publikationen informiert, wird man mehr oder weniger vehement vertreten sehr unterschiedliche Überzeugungen finden, wie der „perfekte" Lebenslauf auszusehen habe. Die Erfahrungen der Autorin: Jede Variante hat ihre Liebhaber, jede Variante hat auch irgendwann irgendwo Erfolg, jede Variante hat ihre Vor- und Nachteile. Rezepte über die einzig richtige Form gibt es demnach nicht! Sie müssen selbst entscheiden, was zu Ihnen, zu Ihrer beruflichen Vergangenheit, Ihren Wünschen und Ihrem Zielarbeitgeber passt. Die Bausteine für diese Entscheidung finden Sie in diesem Kapitel.

Was gehört zum Lebenslauf?

Gebot der Vollständigkeit

Ein Lebenslauf gibt einen Überblick über die zeitliche Abfolge des beruflichen Lebens des Absenders. Es gilt dabei immer noch das Gebot der Vollständigkeit.

Der Lebenslauf muss

* nachvollziehbar,
* wahr und damit
* belegbar

sein.

Nur eine positive Auswahl der Stationen darzustellen und den ungeliebten Teil – weil erfolglos oder fragwürdig – einfach wegzulassen wird in der Regel vom Empfänger nicht akzeptiert.

Je nachdem, wie Sie den Lebenslauf als einen Baustein in Ihrer Bewerbung nutzen, zeigt er ein umfassendes Bild von Ihnen.

Er dokumentiert Ihre theoretische Ausbildung:

* Schule
* berufliche Ausbildung
* Studium
* Weiterbildung

Er benennt die Fakten Ihrer beruflichen Entwicklung:

* die verschiedenen Arbeitgeber
* die Positionen innerhalb der Hierarchie
* die zu bearbeitenden Aufgaben

Er ist durch Inhalt und Gestaltung Hinweis auf Ihre Arbeitsweise und Fähigkeit

- zu abstrahieren (wie Sie z. B. übergeordnete Themen herausarbeiten),
- sich auf das Wesentliche zu konzentrieren,
- Inhalte zu strukturieren,
- sich allgemein verständlich auszudrücken,
- Ihren Anteil am Erfolg angemessen zu erkennen, darzustellen und zu beurteilen.

Er kann also Selbstbewusstsein, Understatement, Überheblichkeit, Bescheidenheit oder Unsicherheit sichtbar werden lassen – und damit wesentliche Teile Ihrer Persönlichkeit.

Ein Lebenslauf kann …

Er kann die Ergebnisse der beruflichen Tätigkeit, die Sie erzielt haben, beschreiben und benennen.

Er lässt im besten Fall deutlich werden, worin Ihr Nutzen für den jeweiligen Arbeitgeber besteht oder bestand.

Er ist auch Übersetzungsarbeit – der Leser muss verstehen, was Sie bisher getan haben. Das gilt zum einen für firmenspezifische Bezeichnungen, für Projektaufgaben, Abläufe, aber auch für Abkürzungen, die ein Außenstehender nicht versteht. Das gilt besonders, wenn Sie einen Branchenwechsel ins Auge fassen.

Nach welchen Kriterien liest der Empfänger einen Lebenslauf?

Lebensläufe werden mit einer bestimmten Absicht erstellt. Sie sollen dem Empfänger deutlich machen, dass man als Bewerber für die ausgeschriebene Stelle geeignet ist.

Wenn es an Ihrem beruflichen Werdegang in den Augen der Bewerbungsempfänger etwas auszusetzen gibt, dann ist es nur klug, wenn Sie das selbst als Erster wissen. Wenn man 30 oder mehr Bewerbungen schreibt, ohne eine einzige Einladung zu einem Interview zu erhalten, dann deutet einiges darauf hin, dass etwas nicht stimmt: die Auswahl der Stellen, die Darstellung, der Werdegang. Und damit ist der Empfänger entweder verwirrt, gelangweilt oder er wertet etwas als problematisch. Wenn Sie wissen, welches Problem Sie in den Augen des Empfängers haben, können Sie reagieren und damit wenigstens versuchen, diesen Eindrücken entgegenzuwirken, durch Erklären zum Beispiel oder auch indem Sie Sachverhalte anders darstellen.

Dass in Bewerbungsunterlagen Informationen unterschiedlich bewertet werden, wurde schon öfter erwähnt. Wie sie bewertet werden, hängt vom Leser, der angestrebten Position, der wirtschaftlichen Situation des Unternehmens, den Interessen von Personal- und/oder Fachabteilung, dem Angebot an potenziellen Bewerbern usw. ab. Deswegen jetzt ein Wechsel auf die andere Seite: Wofür wird sich der Empfänger bei seiner Analyse interessieren?

Sicht des Empfängers

- Weist der Lebenslauf zeitliche Lücken auf? Werden Angaben bis auf Monatsebene gemacht oder beschränkt sich der Schreiber auf die Jahresangaben?
- Liegen alle Nachweise für Ausbildungsabschnitte vor? Wurden die Ausbildungen beendet? Wurde die Ausbildung in angemessener Zeit abgeschlossen?
- Liegen für eine besonders lange Ausbildungszeit und für Ausbildungs- und Studienrichtungswechsel plausible Gründe vor?
- Wurde zu den üblichen Terminen gewechselt? Gibt es Unterschiede zwischen den eigenen Angaben und den Angaben ich den Zeugnissen?
- Gibt es Zeiten der Arbeitslosigkeit? Sind sie ausgewiesen? Wenn ja, wie lange sind diese Zeiten? Sind sie wiederkehrend? Lassen sich Gründe dafür feststellen?
- Wurde der Arbeitsplatz häufiger gewechselt? In jüngeren Jahren (im Regelfall bis Anfang/Mitte 30) wird ein Arbeitsplatzwechsel nach einigen Jahren eher positiv bewertet, ab 35 oder 40 Jahren wird ein häufiger Wechsel eher negativ eingeschätzt.

Abgleich mit den Anforderungen

Eine andere, tiefer gehende Analyse ist der Abgleich von Anforderungen der Stelle und dem, was der Bewerber mitbringt. Je anspruchsvoller die Position, je höher sie in der Hierarchie angesiedelt ist, desto genauer und kritischer fällt dieser Abgleich aus.

- Sind die fachlichen und persönlichen Voraussetzungen für die neue Position durch Ausbildung und den bisherigen Werdegang gegeben? Ein gründlicher Vergleich der Anforderungsmerkmale mit den im Lebenslauf und in den Zeugnissen ausgewiesenen Tätigkeitsfeldern verschafft erste Klarheit darüber.
- Sind innerhalb eines Unternehmens und im Verlauf der weiteren beruflichen Entwicklung ein ständiger kontinuierlicher Aufstieg oder eine Erweiterung der ausgeübten Aufgabenfelder erkennbar?
- Gibt es eine erkennbare Ausweitung der Fachkompetenz?
- Gibt es eine Ausweitung des Verantwortungsrahmens?
- Wurde neben abhängiger Tätigkeit auch selbstständige Tätigkeit ausgeübt? Wann, wie lange und wie oft?
- Stimmen die Angaben des Bewerbers mit den Angaben über Position, Aufgabengebiet und Tätigkeitsinhalt in den Arbeitszeugnissen überein?

Bei Führungspositionen

Und speziell bei Karriereinteressierten oder wenn Führungspositionen zu besetzen sind:

- Sind die Arbeitgeberpostleitzahlen alle aus einer Region? Das gibt Hinweise auf fehlende Mobilität des Kandidaten!

- Zeugen mehrere Wechsel des Bewerbers nach kurzer Zeit (verbunden mit den Formulierungen in den jeweiligen Zeugnissen, warum der Bewerber das Unternehmen verlassen hat) davon, dass er sich darin getäuscht hat, welche Aufstiegschancen er im Unternehmen hat? Wie begründet der Bewerber die Wechsel?

- Hat er den Aufstieg im eigenen Unternehmen erreicht oder (nur) durch Unternehmenswechsel?

- Hat er die folgende(n) Positionen in der Vergangenheit dadurch erreicht, dass man ihm das Potenzial für den Aufstieg zutraute oder durch seine gezeigten Leistungen in der Vergangenheit?

Unterschiedliche Denkansätze und Konzepte

Unabhängig davon, dass Lebensläufe den Erwartungen des Empfängers entsprechen sollen – denn der soll sich ja schnell und unkompliziert orientieren können –, gibt es doch verschiedene Möglichkeiten der Schwerpunktsetzung beim Aufbau Ihres Lebenslaufs. Die im Folgenden vorgestellten unterschiedlichen Konzepte bieten Ihnen Anregungen, Ihre persönliche berufliche Geschichte optimal und zielgerichtet darzustellen.

Welches Konzept Sie bevorzugen, hängt zum einen von Ihren Vorlieben ab. Zum andern ist es natürlich wichtig, von welchen Voraussetzungen Sie ausgehen. Ein geradliniges und erfolgreiches berufliches Leben mit kontinuierlicher Entwicklung „verträgt" jede Form der Darstellung. Wenn Sie aber berufliche Handicaps haben (Brüche in der Ausbildung, Branchenwechsel, Unterbrechungen in Ihrer beruflichen Geschichte etc.), dann lohnt es sich, darüber nachzudenken, mit welcher Form der Darstellung Ihre Stärken betont werden und nicht Ihre Schwächen! Dass Sie trotz allem bei der Wahrheit bleiben müssen, braucht nicht extra erwähnt zu werden!

Betonung der Chronologie im Lebenslauf

Grundsätzlich bieten sich bezüglich der Chronologie zwei Möglichkeiten: von der gegenwärtigen/letzten Tätigkeit aus rückwärts zu gehen (diese Möglichkeit ist im englischsprachigen Raum, in Skandinavien, aber auch in Frankreich üblich) oder von Schule und Ausbildung ausgehend bis in die Gegenwart vorzurücken. Dies ist auch in Deutschland immer noch eine gebräuchliche Form, einen Lebenslauf zu erstellen.

Auf-/absteigende Chronologie

Funktion und Stellung innerhalb der Organisationen werden betont und Aufgaben und erfolgreiche Tätigkeiten innerhalb dieser Funktionen beschrieben.

Diese Form betont Kontinuität und berufliche Entwicklung. Sie hebt die Namen des Arbeitgebers hervor. Der Lebenslauf ist leicht nachzuvollziehen.

Beispiel (für Mitarbeiter in Leitungsfunktionen)

00/00 – 00/00　　Unternehmen
　　　　　　　　Funktion
　　　　　　　　Berichtsebene/unterstellte Mitarbeiter
　　　　　　　　Aufgaben:
　　　　　　　　• Abc
　　　　　　　　• Def
　　　　　　　　• Ghi

Beispiel (für Mitarbeiter ohne Leitungsfunktionen)

00/00 – 00/00　　Unternehmen
　　　　　　　　Funktion
　　　　　　　　Aufgaben:
　　　　　　　　• Abc
　　　　　　　　• Def
　　　　　　　　• Ghi

Besonders vorteilhaft, wenn …

Diese Form des Lebenslaufs ist besonders vorteilhaft, wenn

- Ihre berufliche Entwicklung geradlinig ist,
- Ihre früheren Funktionen eindrucksvoll sind und aufeinander aufbauen,
- Ihr berufliches Ziel in direkter Linie mit Ihrer beruflichen Entwicklung liegt,
- einer Tätigkeit bei Ihrem bisherigen Arbeitgeber hohes Prestige zugeschrieben wird,
- Sie sich in sehr traditionellen Arbeitsfeldern bewerben (z. B. Behörden).

Nicht vorteilhaft, wenn …

Sie ist nicht vorteilhaft, wenn

- Ihre berufliche Vergangenheit eher einem bunten Flickenteppich gleicht,
- dic offiziell genutzten Funktionsbezeichnungen nicht aussagefähig sind,
- es in den Berichtsebenen und den unterstellten Mitarbeitern ein Auf und Ab gegeben hat,
- Sie sehr lange immer das Gleiche getan haben,
- sich Ihre Aufgaben bei verschiedenen Arbeitgebern nur wenig unterschieden haben,
- Sie immer wieder eine Zeit lang nicht am Arbeitsmarkt teilgenommen haben, aus welchen Gründen auch immer.

Betonung auf den wahrgenommen Aufgaben im Lebenslauf und dem Erwerb von Kompetenzen

Diese Form rückt die wesentlichen Bereiche der beruflichen Erfolge und persönlichen Stärken in den Mittelpunkt und erlaubt es dem Verfasser, sie in der Form aufzuführen, die die zukünftigen Arbeitsinhalte und beruflichen Ziele am besten unterstützt. Aktuelle Funktion und berufliche Entwicklung werden zwar benannt, treten aber durch eine reduzierte Darstellung eher in den Hintergrund. Kompetenzen und Erfahrungen rücken dafür in den Mittelpunkt.

Konkret bedeutet das, eine einseitige chronologische Übersicht zu erstellen und, ergänzend dazu, ein Erfahrungs- oder Kompetenzprofil. Darin können Sie dann Ihre Erfahrungen und Kompetenzen firmen- und funktionsübergreifend unter verschiedenen Überschriften gebündelt darstellen.

Übersicht + Kompetenzprofil

Ein einseitiger Lebenslauf mit der Ergänzung eines Kompetenzprofils bietet vielfältige Möglichkeiten, die eigenen Kenntnisse komprimiert und gleichzeitig aussagefähig darzustellen. Sie vermeiden damit Wiederholungen (wenn bestimmte Aufgaben immer wieder in unterschiedlichen Funktionen ausgeführt wurden), Sie können Schwerpunkte herausarbeiten, Sie können Tätigkeiten darstellen, die so explizit in Ihren Stellenbeschreibungen nicht benannt waren – und Sie sind, weil es keine verbindliche Form für ein solches Profil gibt, frei in Ihrer Gliederung und können sie Ihren Kenntnissen und den Stellenanforderungen leicht anpassen. Im Folgenden finden Sie einige Beispiele.

Beispiele von Gliederungen beruflicher Erfahrungen

- Fachkenntnisse
- Qualitätssicherung
- Leitung/Koordination
- Projekterfahrung/Tätigkeit/Koordination/Planung verschiedener Standorte
- Produktionskenntnisse und Erfahrungen, Ablaufoptimierung, Kostenreduzierung, Qualität etc.

Oder:

- Verantwortung für Leitung/Koordination von …
- Entwicklung
- Produktion
- Marketing
- Vertrieb
- Personal
- in einem internationalen Umfeld Internationale Erfahrungen/ interkulturelle Kompetenzen

---

Oder:

- Fachkenntnisse
- Qualitätssicherung /Dokumentation
- Projekterfahrung/Leitung/Koordination/Budgetverantwortung
- Internationale Erfahrungen/interkulturelle Kompetenzen

Oder:

- IT
- Consulting/Beratung
- Lehre/Vortragstätigkeit/Veröffentlichungen
- Ergebnisse

Oder:

- Fachthemen
- Wissenschaftliche Kompetenz
- Betriebswirtschaftliche/kaufmännische Kompetenz (Markt/ Kunden/Kosten/Produkte)
- Personal: Verwaltung und Führung
- Methodenkompetenz

Oder:

- Verwaltung
- Sekretariatsaufgaben
- Buchhaltung
- Auftragsabwicklung/Disposition
- Weitere berufliche Erfahrungen
- Kenntnisse

In jeder dieser Gliederungen können Sie die Ergebnisse Ihrer jeweiligen Tätigkeit benennen!

Besonders vorteilhaft, wenn ...

Diese Form des Lebenslaufs ist besonders vorteilhaft, wenn

- Sie Fähigkeiten betonen möchten, die Sie in zurückliegenden Arbeitserfahrungen nicht oder nur wenig angewendet haben,
- sich Ihre berufliche Ziele geändert haben,
- Sie Ihre erste Stelle suchen und Erfahrungen aus Ausbildung bzw. Studium, Praktika und verschiedenen Jobs in einem Überblick darstellen möchten,
- Sie Wiedereinsteiger in den Arbeitsmarkt sind,
- Ihre berufliche Entwicklung in der Vergangenheit eher sprunghaft war,
- Sie eine Anzahl verschiedener, relativ unzusammenhängender Arbeitserfahrungen besitzen,

- Sie in unterschiedlichen Zusammenhängen (z. B. in der Projektarbeit) sehr unterschiedliche Kenntnisse und Fähigkeiten immer wieder verwendet haben,
- Sie freiberuflich oder beratend tätig oder nur zeitweise berufstätig waren.

Sie ist nicht so vorteilhaft, wenn

Nicht vorteilhaft, wenn …

- Sie Managementfähigkeiten bzw. Ihren Aufstieg und Ihren sich ständig ausweitenden Verantwortungsrahmen betonen möchten,
- Sie sich in sehr traditionellen Feldern wie Lehre, Behörden, politische Parteien und Verbände, in denen die Namen der Arbeitgeber von Interesse sind, bewerben möchten,
- die Namen Ihrer letzten Arbeitgeber ein sehr hohes Prestige haben und
- die Erfüllung bestimmter Aufgaben bei diesem Arbeitgeber Ihr eigenes Prestige erhöhen.

Betonung der beruflichen Ziele

Der zielgerichtete Lebenslauf eignet sich am besten, um ein klares, spezifisches berufliches Ziel herauszuarbeiten. Hier ist es besonders wichtig, für jedes berufliche Ziel einen eigenen Lebenslauf zu erarbeiten! Diese Form listet zukunftsgerichtet Fähigkeiten und unterstützende Erfolge auf, die im Zusammenhang mit einem klaren beruflichen Ziel stehen. Allerdings akzeptieren nur wenige Arbeitgeber, dass vom Bewerber quasi eine Vorauswahl vorgenommen wird, welche Vorerfahrungen ihn zu interessieren haben und welche nicht.

Für jedes Ziel einen eigenen Lebenslauf

Diese Form der Selbstdarstellung kann in eindrucksvoller Weise Fähigkeiten für die eine angestrebte Stelle deutlich machen, geht aber zulasten anderer Beschäftigungsmöglichkeiten. Sie demonstriert ein deutliches Verständnis und eine starke Fähigkeit für die angestrebte Beschäftigung. Sie ist in die Zukunft gerichtet.

Diese Form des Lebenslaufs ist besonders vorteilhaft, wenn

Besonders vorteilhaft, wenn …

- Sie sich über Ihr berufliches Ziel im Klaren sind,
- sich verschiedene berufliche Richtungen anbieten und Sie für jede einen speziellen Lebenslauf erstellen möchten,
- Sie Fähigkeiten, die Sie besitzen, für die Sie aber unter Umständen keine „bezahlten" Erfahrungen besitzen, betonen möchten,
- Sie nachweisbare und eindrucksvolle Erfolge vorzuweisen haben,
- Sie sich dem Leser als „sich ihrer selbst bewusste Person" mit klaren, auch ehrgeizigen Zielen präsentieren möchten und diesen Eindruck im persönlichen Auftreten auch halten können.

Nicht vor-
teilhaft,
wenn ...

Sie ist nicht vorteilhaft, wenn

- Sie einen einzigen Lebenslauf für alle Ihre Bewerbungen benutzen möchten,
- Sie sich nicht im Klaren über Ihre Fähigkeiten und Erfolge sind,
- Sie Ihre berufliche Entwicklung gerade erst beginnen und wenig Erfahrungen haben.

Betonung auf Kreativität

„Kreative" Bewerbungen und damit „kreative" Lebensläufe sind nicht für jeden und nicht für jede Bewerbungssituation geeignet. Vor allem eignen sie sich noch viel weniger als alle anderen Konzepte für ein Standardvorgehen.

Extrem
individuell

Sie schlagen die üblichen Regeln für das gesamte Vorgehen im Bewerbungsverfahren (und auch für Lebensläufe) in den Wind und demonstrieren eine extrem individuelle Form der Darstellung. Brüchig wird dieses Konzept vor allem dann, wenn die Ideen dazu aus Ratgebern oder Internetforen übernommen werden. Dann können Sie sicher sein, dass Ihrer „Idee" nichts Originelles und Individuelles mehr anhaftet, denn sie ist bekannt.

Solche Bewerbungsformen sollten nur in Bereichen angewendet werden, in denen diese Art der Kreativität im Zusammenhang mit dem beruflichen Ziel steht. Selbst wenn Ihre Bewerbung außerordentlich gut verfasst ist, können Sie Ihr Ziel völlig verfehlen, wenn Sie damit auf jemanden treffen, der diese Art der Selbstdarstellung ablehnt. Wenn aber alles beim Arbeitgeber Interesse erzeugt, wenn die Form, die dahinterstehende Person und der Empfänger zusammenpassen, dann haben solche Bewerbungen großen Erfolg.

An-
schreiben
muss dazu
passen

Auch klar: das dazugehörige Anschreiben an den einen speziellen Arbeitgeber muss passen. Wer glaubwürdig und überzeugend sein will, liefert mit solch einer Bewerbung ein „Gesamtkunstwerk" ab, in dem alle Komponenten aufeinander abgestimmt sind. Der persönliche Auftritt im Vorstellungsgespräch unterstreicht und verstärkt die in der schriftlichen Bewerbung gemachten Versprechungen. Wer nicht sicher ist, dass er das kann, ist mit einem eher konservativen Vorgehen besser beraten. Oder möchten Sie, dass man sich bei Ihrer Bewerbung denkt: „Oh je, schon wieder einer, der als Tiger gesprungen und als Bettvorleger gelandet ist!"?

Besonders
vorteilhaft,
wenn ...

Diese Form des Lebenslaufs ist besonders vorteilhaft

- in Feldern, in denen geschriebene oder bildliche Kreativität Grundqualifikationen für die berufliche Tätigkeit sind,
- wenn ungewöhnliche Einstellung und unorthodoxes Auftreten Teil der angestrebten Aufgabe ist.

Sie ist nicht vorteilhaft, wenn

Nicht vorteilhaft, wenn …

- die Bewerbung durch eine Personalabteilung geht, die auf ein objektives Matchingverfahren festgelegt ist,
- Sie sich Ihrer kreativen Fähigkeiten nicht sicher sind,
- Sie nach einer Managementposition suchen oder sich in „seriösen" Berufsfeldern bewegen.

Welches Bild soll der Empfänger von Ihnen bekommen?

Mit Ihren Unterlagen entwerfen Sie ein Bild von sich, entweder per Zufall oder gezielt. Welches Bild von sich wollen Sie in Ihren Unterlagen transportieren? Das Bild der Person, die Sie sind? Oder etwas, von dem Sie meinen, dass man es von Ihnen erwartet? Sind Sie das? Was passt zu Ihnen?

Wie schon beschrieben: Ein Lebenslauf ist nicht neutral, er ist die durch Sie gelenkte Wahrnehmung Ihres beruflichen Hintergrunds. Je nachdem, wie Sie ihn gestalten, sagt er eine Menge über Sie aus. Was Sie in ihm nicht mitteilen, kann der Empfänger nicht wissen.

Stellen Sie sich also bei jeder neuen Bewerbung die Frage: Was soll der Empfänger von mir denken, wenn er meinen Lebenslauf gelesen hat? Beantworten Sie sich diese Frage schriftlich in drei bis fünf kurzen und konkreten Sätzen! Die Aussage „Diese Person passt perfekt auf die Anzeige!" gilt nicht. Sie ist nicht konkret genug und damit nicht überprüfbar! Hier ein paar Beispiele: „Ich bin selbstbewusst im Kontakt mit Kollegen, aber nicht überheblich." – „Ich habe Stress wiederholt erfolgreich in (Situation einfügen!) gemeistert." – „Ich kann in einer international besetzten Arbeitsgruppe erfolgreich agieren."

Arbeitsblatt: Welches Bild soll der Empfänger von mir bekommen?

Beginnen Sie jeden Satz mit „Ich bin …", „Ich habe …" oder „Ich kann …"!

1. _____

2. _____

3. _____

4. _____

In der Beratung diskutieren wir oft die Frage, wie ehrlich denn solche Aussagen sein müssen. Da stehen sich dann die Pole „Bescheidenheit/ Understatement" und „Angebertum/Übertreibung" gegenüber. Dem Bescheidenen wird regelmäßig mehr Wahrheitsliebe zugestanden. Jedoch sind beide Extreme gleich weit von der Wahrheit entfernt, nur „lügt" jeder auf eine andere Weise:

Übertreibung ◄———— Wahrheit ————► Untertreibung

Wahrheit präsentieren

Eine Empfehlung kann also durchaus lauten, bei der Wahrheit zu bleiben, sie aber ansprechend und mit gesundem Selbstbewusstsein zu präsentieren. Ein Verkäufer stellt schließlich seine Ware auch so aus, dass sie verlockend aussieht und die Menschen gerne vor seinem Schaufenster stehen bleiben!

Schwierigkeiten in der Lebenslauferstellung: Was, wenn es nicht so richtig passt?

Es gibt berufliche Leben, die sind, um es einmal vorsichtig zu formulieren, etwas unorthodox verlaufen. Das kann man bedauern, man kann sich sogar als „dumm" beschimpfen dafür, dass man so gelebt hat. Eines kann man jedoch nicht: das Ganze rückgängig machen. Das Leben – das berufliche Leben – ist nun einmal so gelebt, wie es ist. Dennoch will man sich mit einem vernünftigen Job bis zur Rente durchbringen. Was also tun?

Prinzipiell gibt es unterschiedliche Möglichkeiten, wie Sie reagieren können, wenn Ihnen bewusst wird, dass Sie ein solches unorthodoxes Berufsleben haben:

Sie können nach dem 30. misslungenen Bewerbungsversuch jammern, dass der Arbeitsmarkt im Allgemeinen und der Personaler im Besonderen so ist, wie er ist, in dieser Haltung bleiben und sich irgendwann mit Hartz IV über die Runden bringen. Dann aber hätten Sie sich sicher nicht dieses Buch gekauft.

Sie können Ihren Lebenslauf glätten, einzelne Stationen verschweigen und sich so einen halbwegs schönen und glatten Lebenslauf zurechtmogeln. Damit können Sie erfolgreich sein, gehen aber ein hohes Risiko ein. Täuschungen des Arbeitgebers können nämlich, wenn sie ans Licht kommen, Kündigungen nach sich ziehen. Dann haben Sie zu Ihren alten Problemen noch ein neues, nämlich die aktuelle Kündigung.

Buntes Berufsleben

Sie können auch zur Buntheit Ihres Lebens stehen und die verschiedenen Stationen auf die Relevanz für die angestrebte Aufgabe durchleuchten. Und dann nach einer passenden Darstellungsform suchen, die wahr und überzeugend ist. Dabei hilft eine Portion Realismus bei der Suche, welche Möglichkeiten Ihnen offenstehen. Mit Ende 40 eine neue Ausbildung beginnen ist beispielsweise selten erfolgreich.

Ein Lebenslauf für alle? Kein Lebenslauf ohne Anzeigenanalyse!

Kommen wir noch einmal auf das eingangs beschriebene Bild von der Führung durch ein Museum zurück und lassen Sie uns kurz die Rollen wechseln: Stellen Sie sich vor, nun sind Sie nicht derjenige, der führt, sondern Sie wollen die Ausstellung besuchen. Würden Sie an einer Führung teilnehmen, die speziell für Kinder konzipiert ist? Oder an einer in einer Fremdsprache, die Sie kaum oder gar nicht beherrschen? Natürlich suchen Sie sich die für Ihre Bedürfnisse passende aus, um wirklich profitieren zu können.

Gleiches gilt für Ihren Lebenslauf. Klugerweise erarbeiten Sie sich ein Grundgerüst. Über Ihre Kenntnisse, Erfahrungen und Ergebnisse haben Sie inzwischen (hoffentlich) umfangreiche Unterlagen erarbeitet. In der Anzeigenanalyse können Sie diese den Suchbegriffen zuordnen und anschließend im Lebenslauf zielgerichtet auf das jeweilige Anforderungsprofil bezogen darstellen.

Maßgeschneidert

Also: Nicht einen Lebenslauf für alle, sondern für jede Stellenanzeige einen maßgeschneiderten!

Sonstige Hinweise: Was alles zu einem vollständigen Lebenslauf gehört

Vor nicht allzu langer Zeit (genauer: bis zum 16. August 2006) gehörte zu jedem Lebenslauf zwingend noch ein umfangreicher Datenblock, die „Angaben zur Person": Neben der Angabe des Namens gehörten Geburtsdatum, Familienstand und die Anzahl der Kinder dazu. Diese Daten dürfen nach dem AGG, dem Antidiskriminierungsgesetz, nicht mehr gefordert werden. Sie brauchen also weder Ihr Geburtsdatum noch Ihren Familienstand noch eventuell vorhandene Kinder aufführen. Es steht Ihnen natürlich frei, diese Daten dennoch einzufügen.

Angaben zur Person

Wenn Sie Ausbildungs- und Arbeitszeugnisse beilegen, dann ist Ihr Alter ohnehin leicht zu errechnen und Sie nehmen dem Empfänger diese Rechenleistung ab, wenn Sie die Angaben einfach machen. Gleiches gilt, wenn in einem Zeugnis ein anderer Name steht als der, den Sie zurzeit tragen. Das ist nun einmal ein untrügliches Zeichen für eine Eheschließung. Ob das Weglassen von Kindern gerade bei Frauen die Chance auf einen Job erhöht, ist Glaubens- und Gewissensfrage. Spätestens beim Eintritt ins Unternehmen werden vorhandene Kinder auf der Steuerkarte sichtbar. Ob dann ggf. die Argumente fürs Verschweigen bis zu diesem Zeitpunkt mit Gelassenheit und Selbstbewusstsein vorgebracht werden können, muss jede Frau selbst entscheiden.

Gleiches gilt für das Foto: Es darf nicht mehr gefordert werden! Wer allerdings trotzdem gerne eines verwenden möchte, der sollte ein professionelles Foto einfügen. Investieren Sie in einen guten Fotografen und verzichten Sie auf Experimente mit selbst geschossenen Bildern. Viele Recruiter schätzen ein Foto immer noch, um einen ersten Eindruck vom

Foto

Bewerber zu gewinnen. Dass Freizeitfotos aller Art überhaupt nicht zur Debatte stehen, soll hier nur der Vollständigkeit halber erwähnt werden!

Ob Sie sich dabei für ein Farb oder ein Schwarz-Weiß-Bild entscheiden, ist eher eine Geschmacksfrage. Da Sie den Geschmack des Empfängers nicht kennen, können Sie nur Ihren eigenen als Maßstab nehmen.

Wenn Sie das Foto auf dem Lebenslauf (üblicherweise rechts oben) platzieren, darf das Bild nicht viel größer als ein Passfoto sein. Oder wollen Sie Platz verschenken, den Sie für Informationen über sich gut gebrauchen könnten?

Wenn Sie das Deckblatt dafür nutzen, dann beziehen Sie in Ihre Überlegungen ein, auf welche Art von Stelle Sie sich bewerben. Ein allzu großes Foto wird leicht als Eitelkeit oder unpassendes Selbstbewusstsein interpretiert. Vergleichbares gilt für ungewöhnliche Posen oder Ausschnitte. Nicht alles, was ein Fotograf trendy findet, kommt in Unternehmen gut an. Halbe Köpfe, Denkerposen mit aufgestütztem Kopf, Fotos im Stehen, mitten in einer dynamisch wirkenden Bewegung aufgenommen – man kann das alles machen. Die Frage ist, ob das alles denn wirklich nützlich sein wird bei der Suche oder ob es nur nicht schadet!

Als Kleidung wählen Sie für den Fototermin offizielle Geschäftskleidung. Ein guter Fotograf wird Sie vor farblichen Missgriffen bewahren und vielleicht auch mit den männlichen Bewerbern die Frage diskutieren, ob statt einer Krawatte eine Fliege als Markenzeichen wirklich ein guter Einfall ist.

Kontaktdaten

Ganz wichtig: die Kontaktdaten! Positionieren Sie Ihre Anschrift mit Telefon- und/oder Handynummer sowie Ihre E-Mail-Adresse gut lesbar. Legen Sie sich einen privaten Mailaccount mit einer „seriösen" Adresse zu, am besten in der Form Vorname.Name@xyz.de. Nutzen Sie für Bewerbungen auf keinen Fall Ihren geschäftlichen Account, selbst dann nicht, wenn Ihr jetziger Arbeitgeber eine Privatnutzung gestattet. Es macht einfach keinen guten Eindruck!

Angaben zur Staatsangehörigkeit sind innerhalb der meisten EU-Länder überflüssig geworden. Nur wenn Sie aus Ländern kommen, wo Sie neben einer dauerhaften Aufenthaltserlaubnis noch eine Berechtigung brauchen, in Deutschland einer Erwerbstätigkeit nachzugehen, ist die Angabe sinnvoll – am besten mit dem ergänzenden Hinweis, dass die notwendigen Formalitäten erledigt sind.

Konfession

Angaben zur Konfession müssen nicht gemacht werden, außer Sie bewerben sich bei kirchlichen Trägern. Bei solchen sog. Tendenzbetrieben (dazu zählen auch Parteien, parteinahe Stiftungen, Gewerkschaften etc.) darf die Mitgliedschaft in der jeweiligen Organisation abgefragt werden.

Familie

Name und Beruf des Ehepartners anzugeben ist nicht üblich. Noch unüblicher sind Angaben zu Eltern und/oder Geschwistern – außer Sie sind Schüler und bewerben sich um einen Ausbildungsplatz.

Ihre beruflichen Stationen listen Sie chronologisch auf. Als Berufsanfänger direkt nach Ausbildung oder Studium sind Schülerjobs, schulisches und/oder universitäres Engagement in der Selbstverwaltung und (auch kurze) Praktika interessant. Nach einer ersten Berufsphase verlieren sie jedoch an Bedeutung. Als Regel gilt: Je weiter Sie sich von Ihrer Ausbildungszeit entfernen, desto weniger interessieren Praktika und die dort bearbeiteten Inhalte.

Praktika u. Ä.

Sprachkenntnisse sind wichtig. Die reine Nennung einer Sprache sagt aber noch nichts aus, wie gut Sie diese Sprache beherrschen und im Arbeitsalltag einsetzen können. Sie müssen Ihre Sprachkenntnisse also qualifizieren.

Sprachkenntnisse

Die folgenden Abstufungen sind verbreitet:

- gute Kenntnisse
- sehr gute Kenntnisse/fließend (in Wort und Schrift)
- verhandlungssicher
- Muttersprache (muttersprachliches Niveau, wenn es sich um eine Fremdsprache für Sie handelt)

Wenn Sie Zertifikate haben, die Ihre Kenntnisse belegen (z. B. das Cambridge Certificate), dann erwähnen Sie diese. Bescheinigungen über die Teilnahme an Volkshochschulkursen beeindrucken wenig, wenn die Fremdsprache im Job alltagstauglich sein soll.

Sollten Ihre Kenntnisse sich in Verstehen, Sprechen und Lesen stark unterscheiden, können Sie sie auch getrennt klassifizieren.

Ob es sinnvoll ist, Grundkenntnisse in einer Sprache anzugeben, sei dahingestellt, ebenso die Angabe von Latein oder Altgriechisch als Fremdsprache!

Für EDV-Kenntnisse gilt dasselbe wie für Sprachkenntnisse: ohne Angabe über Umfang und Tiefe sind sie nicht einschätzbar und bieten (selbst wenn sie sehr gut und auch im Arbeitsalltag erprobt sind) keinen Wettbewerbsvorteil. Denken Sie daran, dass der Empfänger Ihrer Unterlagen nicht Ihre Gedanken lesen kann. Wer nur „Internet" angibt und damit seine Nähe zu dem Medium beschreiben will, löst breite Fantasien aus. Von „kann eine Website aufrufen" bis „recherchiert sicher und schnell auch die ausgefallensten Fragestellungen" ist alles dabei. Also beschreiben Sie auch hier, was genau Sie können und wissen.

EDV-Kenntnisse

Ein Lebenslauf endet mit der Nennung von Wohnort, dem aktuellen Datum und einer Unterschrift. Es ist üblich, die Unterschrift einzuscannen.

Checkliste „Lebenslauf"	
Optional: • persönliche Daten • Geburtsdatum und Ort • Familienstand, Kinder • Religionszugehörigkeit • Foto	
Wichtig: • Name • Adresse • Kontaktdaten (Telefon, Mailadresse)	
• berufliche Stationen • Ausbildung • Praktika (als Berufsanfänger) • außerschulische/außeruniversitäre Engagements	
Kenntnisse: • Sprachen • EDV-Kenntnisse • ggf. Sonstiges	
Optional: • Hobbys • ehrenamtliches Engagement	

Wie sieht er denn nun aus, ein guter Lebenslauf? Kommentierte Lebensläufe

An konkreten Beispielen soll im Folgenden verdeutlicht werden,

- wie Unterlagen wahrgenommen werden,
- welche Botschaft der Leser herauslesen kann und
- wie der Lebenslauf verbessert werden kann.

Hinter allen im Folgenden kommentierten Lebensläufen stecken reale Personen. Aus diesen Gründen wurden Stellen geschwärzt, die vielleicht eine Identifizierung zuließen. An dieser Stelle allen ganz herzlichen Dank, die ihre Unterlagen für dieses Projekt zur Verfügung gestellt haben!

Diese Lebensläufe sind keine Muster, die man einfach übernehmen könnte. Sie sollen Anregungen bieten, den eigenen Lebenslauf – sozusagen von außen – mit kritischem Blick zu betrachten und nach Verbesserungen zu suchen.

Von der Sekretärin zur Personalreferentin und die Schwierigkeiten, diesen internen Aufstieg extern auf dem Arbeitsmarkt fortzusetzen

Der vorliegende Lebenslauf ist schlüssig, grafisch gut und lesefreundlich aufbereitet, die Arbeitsinhalte sind benannt. Daran kann es nicht liegen, dass die Bewerbungen nicht zu einem Vorstellungsgespräch führen. Die Probleme liegen woanders.

Die Bewerberin hat bei ihrem letzten Arbeitgeber eine bemerkenswerte Entwicklung vollzogen. Nach dem Beginn als Sekretärin und Assistentin der Geschäftsführung hat sie zunehmend Aufgaben in der Betreuung und im Training von Personal übernommen. Das möchte sie nun gerne auch in Zukunft tun – und stößt dabei auf Grenzen.

Das Unternehmen beschreibt sich in der Anzeige als Dienstleister zu den Geschäftsfeldern Direct Marketing und Logistik. Es sucht einen Personalreferenten (m/w), der Schulungs- und Qualitätsmanagementkonzepte sowie die dazugehörigen Schulungsunterlagen und Gesprächsleitfäden erstellen soll, der Trainigs mit branchenspezifischen Inhalten organisieren, aber auch selbst durchführen soll. Mitarbeitercoachings, ihre fachliche Betreuung und die Einarbeitung neuer Trainer und Mitarbeiter runden das Aufgabenspektrum ab.

Die Anforderungen

Die Anforderungen an den neuen Mitarbeiter bestehen vorwiegend aus Soft Skills und würden – bis auf das Studium – schon passen: Studium der Pädagogik/Psychologie (wünschenswert), Erfahrung im Bereich Training, sehr gutes Deutsch in Wort und Schrift, gute Englischkenntnisse in Wort und Schrift, sehr gute PC-Kenntnisse (MS-Office), analytische Fähigkeiten sowie didaktische Fähigkeiten/Kenntnisse … dazu das üblich selbstsichere Auftreten, die hohe Sozialkompetenz, Flexibilität und Belastbarkeit.

Wenn man nun das Berufsleben der Bewerberin betrachtet, dann gibt es mit dem Unternehmen der Anzeige keine oder nur ganz wenige Berührungspunkte. Beides sind zwar Dienstleister, aber damit endet die Gemeinsamkeit auch schon. Denn alle Inhalte, zu denen der gesuchte Mitarbeiter arbeiten und die er vermitteln sollen, beziehen sich auf völlig andere Themen. Davon, dass zu diesen Themen fachliche Kompetenz gefordert wird, steht zwar in der Anzeige kein Wort, noch nicht einmal von „branchenspezifischen Erfahrungen" ist die Rede. Dennoch, auch noch so ausgeprägte Soft Skills reichen nicht aus, um wenigstens zum Vorstellungsgespräch eingeladen zu werden. Man will vermutlich Fachleute!

Die Bewerberin

Die Bewerberin kommt nach eigener Darstellung eindeutig aus dem Bereich IT-Schulung. Damit ist sie spezialisiert – und Spezialisten tun sich erfahrungsgemäß schwer mit einem Wechsel in andere Bereiche.

Zudem ist sie Autodidaktin. Sie hat kein Studium, sondern „nur" eine kaufmännische Ausbildung und ist somit in den Augen mancher Leser eine Sekretärin, die sich innerbetrieblich hochgearbeitet hat.

Das beiligende Anschreiben ist in Aufbau und Stil ansprechend. Auch wenn in der Zwischenzeit der Lebenslauf als das zentrale Dokument der Bewerbung gesehen wird, so ist doch bei einer Stelle als Trainer kommunikative Kompetenz eine Kernkompetenz, mündlich und natürlich auch schriftlich. Deshalb ist der Weg, den eigenen Kommunikationsstil im Anschreiben deutlich zu machen, sicher auch ein guter.

Was kann man dieser Bewerberin empfehlen?

Die Empfehlung

Es zeigt sich zum wiederholten Male, dass gerade auch bei einer Ausschreibung, die man auf den ersten Blick für geeignet hält, eine sorgfältige Anzeigenanalyse Pflichtübung ist. Dabei müssen nicht nur die genannten Aufgaben, sondern auch das Unternehmensumfeld und das Geschäft, das es betreibt, einbezogen werden.

Entscheidet man sich für eine Bewerbung, müssen die Unterlagen, also auch der Lebenslauf angepasst werden: Einarbeiten der eigenen Erfahrungen mit nachvollziehbaren Angaben bezogen auf die Anforderungen des Unternehmens.

In diesem Fall würden zwei Maßnahmen dem Lebenslauf guttun: eine Kürzung der Angaben aus der Zeit als Sekretärin, da sie mit der angestrebten Stelle wenig Berührungspunkte haben, und außerdem eine „Enttechnisierung" des Lebenslaufs verbunden mit erweiterten Angaben zu den Trainings, die die Bewerberin als Selbstständige durchgeführt hat. Dabei sollte sie darauf achten, dass neben den Inhalten Themen wie Konzepterstellung und methodische Durchführung sichtbar werden.

Was als Ergebnis gekennzeichnet wird, sollte auch ein Ergebnis darstellen und nicht nur die Ausführung einer Aufgabe beschreiben. Ein Erfolg zum Ideenmanagement könnte beispielsweise eine Erhöhung der Verbesserungsvorschläge um x % sein, von denen y % umgesetzt wurden. Oder die dadurch erreichten Einsparungen, ein Produktivitätszuwachs. Die Einführung eines Ideenmanagements ist erst einmal nur ein Ergebnis von Überlegungen; solange es nur aus beschriebenem Papier ohne Leben besteht, ist so eine Maßnahme ja nicht wirklich erfolgreich.

Neben allen Überlegungen zur Lebenslaufgestaltung steht natürlich das Thema einer weiteren (berufsbegleitenden) Qualifizierung im Raum, um das autodidaktisch erworbenen Wissen der Bewerberin ggf. schwarz auf weiß mit einem Schein untermauern zu können.

Persönliche Daten: geb. am ▓▓ 1967 in ▓▓▓▓▓
Nationalität: deutsch
Adresse: ▓▓▓▓▓ Straße 10, ▓▓▓▓▓
Telefon - Festnetz/Mobil:
E-Mail: ▓▓▓▓▓@googlemail.com

Berufserfahrung

**01.04.2007 – heute   Personalreferentin PE, ▓▓▓▓▓ GmbH
                        (durch Betriebsübergang aus ▓▓▓▓▓ GmbH)**

Engineering-Dienstleister, ca. ▓▓ Mitarbeiter bundesweit
▓▓ Niederlassungen in Deutschland, ein Standort in Frankreich, eine Kooperation in Groß-
Britannien
Unternehmenseinheit: Hauptverwaltung in ▓▓▓▓▓ 80 Mitarbeiter
Berichtslinie: Leiter Personalentwicklung

Aufgaben:
- Konzeption, Vorbereitung und Durchführung von IT-Schulungen in der betriebsinternen Verwaltungssoftware ▓▓▓▓
- Methodisch didaktische Weiterentwicklung der Schulungsinhalte unter Berücksichtigung der Software-Updates und Änderungen in den Unternehmensprozessen
- Evaluierung der durchgeführten Schulungen
- Konzeption, Weiterentwicklung, Durchführung und Evaluierung des Methodencoachings, kontinuierliche Betreuung der Coachees
- Mitarbeit im Projektteam zur Weiterentwicklung der Verwaltungssoftware
- Ansprechpartnerin für die Software-Anwender in der Hauptverwaltung
- Betreuung der autodidaktischen CAD-Schulungsprogramme
- Evaluierung der gelenkten CAD-Schulungsprogramme
- Aufbau, Pflege und Koordination des Ideenmanagements
- Kommunikation mit den Ideeneinreichern und dem Gremium
- Durchführung von Internen Audits nach ISO 9001

Eigentlich werden keine Erfolge beschrieben, außer man bewertet schon die Durchführung einer Maßnahme als Erfolg. „Wichtig ist, was hinten raus-kommt", meinte unser ehemaliger Bundeskanzler Kohl. Also, was war das Ergebnis der unten aufgeführten Aktionen?

Erfolge:
- Erfolgreiche Ein- und Durchführung des Methodencoachings
- Durchführung der IT-Schulungen, geschult werden alle neuen Innendienst-Mitarbeiter
- Umstellung der IT-Schulungen von ein- auf zweitägig, entsprechende Überarbeitung und Erweiterung des Schulungskonzeptes und der Schulungsinhalte
- Aufbau und Fortführung des Ideenmanagement

17.07.2006 – 16.01.2007

Diese Beschreibung ist in weiten Teilen eine Dopplung der Beschreibung von oben. Das ist erstens überflüssig und zweitens bekräftigt es die Tatsache, dass Sie aus einer völlig anderen Branche kommen als das suchende Unternehmen.

Die hier aufgeführten Aufgaben sind für die Stelle, auf die Sie sich bewerben, nicht so relevant. Von daher würde es sich anbieten, die Angaben zu kürzen.

Wie oben; beim Aufbau eines neuen Standorts gehört die Einführung einer Unternehmenssoftware zum normalen Aufgabenfeld. Was machte das hier zum Erfolg?

Sekretärin/ Assistentin, ▓▓▓▓▓▓▓▓▓▓
Engineering-Dienstleister, ca. xxx Mitarbeiter bundesweit
xx Niederlassungen in Deutschland, ein Standort in Frankreich, eine Kooperation in Groß-Britannien
Unternehmenseinheit: Standort *Frankreich* (Firma), 5 Mitarbeiter
Berichtslinie: Standortleiter, dotted line: Geschäftsbereichsleiter, Geschäftsführer
Aufgaben:

- Aufbau des Standortes gemeinsam mit dem Standortleiter
- Etablierung der Standard-Unternehmensprozesse (Mitarbeiter, Bewerber, Kunden)
- Einführung und Pflege des CRM –Software ▓▓▓
- Einführung und Aufrechterhaltung des QM-Systems
- Ansprechparter für den QM-Gesamtbeauftragten des Unternehmens
- Schnittstelle (auch in sprachlicher Hinsicht) zwischen dem Standort in Frankreich und der Hauptverwaltung in Deutschland
- Kommunikation mit den Geschäftspartnern der ▓▓▓▓▓▓▓▓▓
- Einführung und Pflege des internen Reporting des Standortes

- Einführung der Unternehmenssoftware ▓▓▓▓ am Standort ▓▓▓▓▓
- Einführung und Festigung der standardisierten Unternehmensprozesse
- Einführung eines QM-Systems gemäß EN 9100

01.10.1997 – 17.07.2006

Selbständig
(Interner Auditor)

In welchem Umfeld haben Sie die Tätigkeiten wahrgenommen? Umfang? Teilnehmerkreis?

Einen Auszug aus der Liste der durchgeführten Projekte stelle ich auf Anfrage gerne zur Verfügung.

01.10.1997 – 17.07.2006

Selbständig
Unternehmensberatung Qualitätsmanagement (ISO 9001)
Einen Auszug aus der Liste der durchgeführten Projekte stelle ich auf Anfrage gerne zur Verfügung.

So bleiben diese Angaben ohne Aussage. Der Hinweis auf eine Referenzliste beinhaltet keine inhaltlichen Informationen für den Empfänger.

01.04.1997 – 15.09.1997

Assistentin/Sekretärin des GF, ▓▓▓▓▓▓▓
Produkte der ▓▓▓▓▓▓▓▓
Unternehmenseinheit: einziger Standort, 70 Mitarbeiter
Berichtslinie: Geschäftsführer

01.02.1992 – 31.03.1997

Sekretärin/Assistentin QM, ▓▓▓▓▓▓▓▓▓
Produkte der ▓▓▓▓▓▓▓▓▓
Unternehmenseinheit: Produzierender Standort, 120 Mitarbeiter
Berichtslinie: Leiter QM

06.11.1989 – 31.01.1992	**Sachbearbeiterin/ Phonotypistin,** ▨▨▨▨▨▨▨ Unternehmenseinheit: Einziger Standort, ca. 150 Mitarbeiter Berichtslinie: Leiter Verkauf
04/ 1989 – 10/ 1989	**Auslandsaufenthalt Melbourne, Australien**
25.06.1988 – 31.03.1989	**Kaufmännische Angestellte, Sarstedt Medizintechnik**

Ausbildung

01.09.1986 – 24.06.1988	▨▨▨▨▨▨ - Ausbildung zur Industriekauffrau
01.08.1984 – 11.07.1986	Höhere Handelsschule - ▨▨▨▨▨
22.08.1977 – 18.06.1984	Realschule - ▨▨▨▨▨ (im Anschluss 6 Wochen Aufenthalt in Melbourne, Australien)

Zusätzliche Qualifikationen

19.04.2006	IELTS Test Englisch „8 von 9 Punkten"
26.01.2006	LRQA Workshop „ISO 22000"
29.11.1999 – 03.12.1999	BVQI Lead Auditor Quality Systems

Sprachkenntnisse

Deutsch:	Muttersprache
Englisch:	Fließend in Wort und Schrift
Englisch technisch:	Gute Kenntnisse
Französisch:	Grundkenntnisse

IT-Kenntnisse

MS-Office:	Sehr gute Kenntnisse
CRM-Systeme allgemein	Sehr gute Kenntnisse

Hobbies

Salsa-Tanzen, Hunde, Wandern, Singen, Lesen, Reiten, Gewaltfreie Kommunikation nach Rosenberg

▨▨▨ den 21.05.2010   ▨▨▨▨▨

Wäre da nicht mehr drin? Was sagen, wenn man meint, nichts zu sagen zu haben?

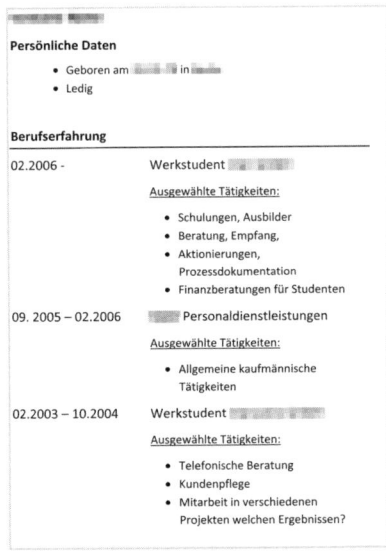

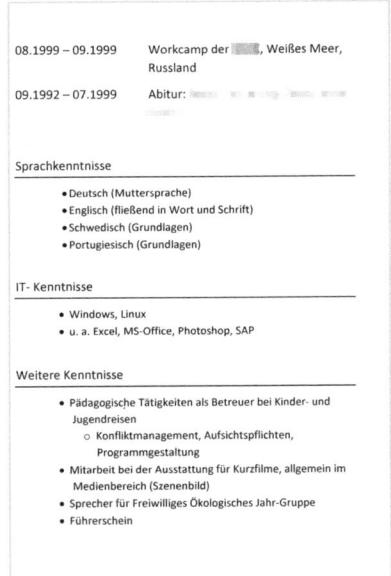

<table>
<tr><td>Layout</td><td>Was sieht jemand, der diesen Lebenslauf ansieht? Vier (!) Seiten für ein Berufsleben, das noch vor dem ersten „richtigen" Job steht, ca. 20–25 Zeilen auf jeder Seite, alles in Schriftgröße 16 und 18. Fast die Hälfte jeder</td></tr>
</table>

Seite ist leer – die linke Spalte für die Daten. Dadurch „kippt" der Text optisch nach rechts, die Seite macht keinen ausgewogenen und gut gestalteten Eindruck. Da das Auge bekanntlich „mitisst", ist die Wahrscheinlichkeit hoch, dass es an der gebotenen „Kost" herummäkelt!

Die Angaben zu den Tätigkeiten der einzelnen Stationen (die Punktaufzählungen) sind so weit eingerückt, dass in fast jeder Zeile ein Zeilenumbruch zu finden ist. Das stört den Lesefluss.

Für den Aufbau wurde die angelsächsische Form gewählt, die Bewerberin beginnt also mit ihren beruflichen Erfahrungen. Das kann man machen, hat nur im speziellen Fall den Nachteil, dass der Empfänger erst in der Mitte der zweiten Seite auf die Informationen zum Studium stößt, die Grundqualifikation für die ausgeschriebene Stelle, für die diese Bewerbung dient.

Aber um welche Stelle geht es überhaupt? Eine Stiftung sucht einen Referenten (m/w) für die Arbeit mit Studierenden und Schülern. Es geht um Projektarbeit mit den jungen Leuten, die Konzeption, Organisation und Durchführung von Veranstaltungen und um Kooperationen mit Hochschulen, Schulen und der Wirtschaft.

Die Anforderungen

Gewünscht wird ein abgeschlossenes Hochschulstudium, zu den Fächern wird nichts gesagt. Erste Berufserfahrung sollte vorhanden sein, ansonsten sucht man eine „kontaktfreudige, kommunikationsstarke und teamfähige Persönlichkeit mit breitem Wissensspektrum, bildungs- und gesellschaftspolitischem Interesse, Einsatzbereitschaft und Flexibilität, konzeptionellem Denken und strukturierter Arbeitsweise". Vorhandene internationale Erfahrungen und MS-Office-Kenntnisse runden den Anforderungskatalog ab.

Die inhaltlichen Angaben zu den unterschiedlichen Tätigkeiten sind sehr knapp gehalten. Im Ganzen wird die Bewerberin als Person hinter diesen Angaben nicht sichtbar und auch nicht greifbar. Sie ist jemand, der ein Magisterstudium für Germanistik und Philosophie absolviert hat – wie viele andere auch. Es wird noch nicht einmal sichtbar, ob die Bewerberin eine gute, eine eher mittelmäßige oder eine schlechte Studentin ist. Wenn nicht zufällig eines der benannten Themen auf das Interesse des Lesers stößt – wodurch sollte er neugierig werden? Neugieriger als auf andere, die auch Germanistik studiert haben? Denn das sollte der Leser in einem ersten Schritt werden, da auf solche Anzeigen erfahrungsgemäß sehr viele Bewerbungen eingehen.

Die Bewerberin

Die erste Aufgabe wäre, sich mit der Anzeige auseinanderzusetzen: Welche Anforderungen entstehen aus der geschilderten Aufgaben? Was für ein Mensch mit welchen Einstellungen wird gesucht? Was braucht jemand, der den Job gut machen möchte? Was ist das für ein Arbeitgeber, dem man im Vorstellungsgespräch begegnen wird und den man überzeugen muss? Und zwar schon jetzt, mit der schriftlichen Bewerbung!

Die Empfehlung

Die zweite Aufgabe: die eigenen Erfahrungen in Beziehung zu den benannten Anforderungen setzen. Und hier, so könnte man aus den kurzen Angaben ableiten, müsste die Bewerberin eigentlich etwas zu bieten haben.

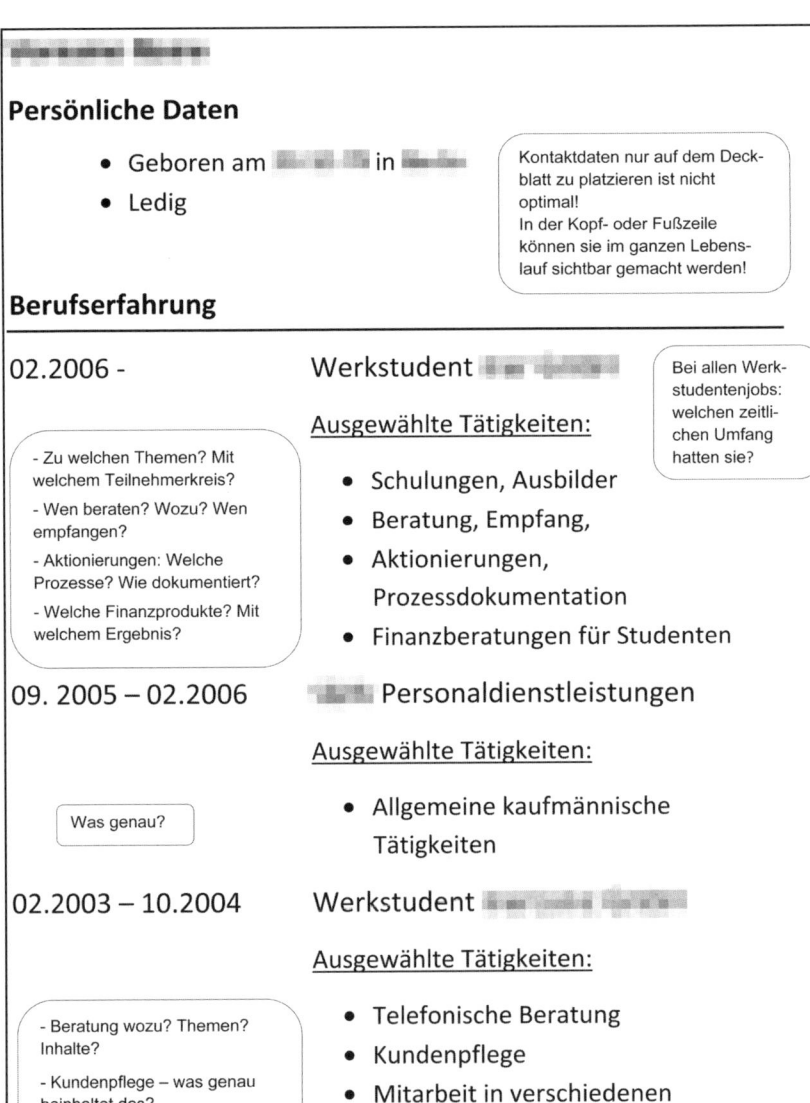

04.2001 – 01.2003	▮▮▮▮▮▮▮▮▮▮▮▮▮▮
	GmbH
	Ausgewählte Tätigkeiten:

> Wie oben …
> Und was ist in diesem Zusammenhang unter „Gesprächsoptimierung" zu verstehen?

- Telefonische Beratung
- Reklamationsmanagement
- Datenbankpflege
- Gesprächsoptimierungen

Ausbildung

04.2002 - 10.2010	Studiengangwechsel: M.A. Germanistik/ Philosophie, Universität ▮▮▮▮▮

- Studiengang: Literaturwissenschaft (Germ.) / Philosophie
- Abschluss: Magister A.
- Kulturelle Austauschprojekte:
  - Teilnahme an der 1. Internationalen Wittgenstein Summer School in Kirchberg, Österreich
  - Teilnahme am Projekt: „Ästhetisierung des Holocaust im Vergleich Amerika – Deutschland" an der Poughkeepsie University, N.Y

> Was war das Ziel dieser Projekte? Was sagt die Teilnahme an diesen beiden Projekten über Sie aus?

	• <u>Magisterarbeit</u>: ▓▓▓▓▓▓▓▓▓▓▓ ▓▓▓▓▓▓▓▓▓▓▓▓▓▓▓▓▓ ▓▓▓▓▓▓▓▓▓
10.2004 – 08.2005	Erasmus-Auslandsstudium in ▓▓▓▓, Portugal an der ▓▓▓▓▓▓▓▓
• Studienschwerpunkt: Mittelalter-Literatur
10.2000 – 03.2002	Beginn des Studiums: Lehramt Biologie/Deutsch Sek II, Universität ▓▓▓▓▓
• Studiengang: Lehramt Deutsch Sek II und Biologie
• Schulpraktische Übungen (Literatur) an einer Realschule in ▓▓▓▓▓
• Hospitanzpraktikum an der ▓▓▓▓▓▓▓▓▓ ▓▓▓▓▓▓
09.1999 – 08.2000

Weiß jeder, was diese Abkürzung bedeutet? | FÖJ in der Pädagogischen Beratungsstelle des Botanischen Garten ▓▓▓▓
  • Durchführung von Lehrgängen
  • Organisation v. Tagungen, Sonderveranstaltungen
  • Unterrichtsvorbereitungen und Durchführung im BG
  • Projektleitung |

Was für ein Projekt? Wie umfangreich? Was bedeutet hier „Leitung"?

| 08.1999 – 09.1999 | Workcamp der ███, Weißes Meer, Russland |
| 09.1992 – 07.1999 | Abitur: ███ ███ ███ ███ ███ |

> Auch hier: Weiß jeder, was diese Abkürzung bedeutet?

Sprachkenntnisse

- Deutsch (Muttersprache)
- Englisch (fließend in Wort und Schrift)
- Schwedisch (Grundlagen)
- Portugiesisch (Grundlagen)

IT- Kenntnisse

- Windows, Linux
- u. a. Excel, MS-Office, Photoshop, SAP

> Wie gut sind diese Kenntnisse? Haben Sie Erfahrungen im Arbeitsalltag damit?

Weitere Kenntnisse

- Pädagogische Tätigkeiten als Betreuer bei Kinder- und Jugendreisen
  - Konfliktmanagement, Aufsichtspflichten, Programmgestaltung
- Mitarbeit bei der Ausstattung für Kurzfilme, allgemein im Medienbereich (Szenenbild)
- Sprecher für Freiwilliges Ökologisches Jahr-Gruppe
- Führerschein

> Auch in dieser Auflistung nichts über den Umfang der Tätigkeit, die Zielgruppen, das Alter … Alles, was Ihre Erfahrungen greifbar und eischätzbar machen würde, fehlt. Schade, denn das sind vertane Chancen!

Was sagen, wenn man zu viel zu sagen hat?

Job-hopping

Die Bewerberin hat wirklich viel zu erzählen über Ihr Leben, so viel, dass der Leser leicht den Überblick verliert. Kein Wunder, schließlich ist sie, als der Lebenslauf hier auf dem Tisch liegt, 45 Jahre alt, hat drei Kinder auf die Welt gebracht, ist umgezogen, war mehrmals arbeitslos, hat sich fortgebildet … – und ist von einer befristeten Stelle bei einem Personaldienstleister zur nächsten gestolpert. Immer dran am Arbeitsmarkt, aber seit Langem nicht mehr so richtig drin. In gewisser Weise ein typisches Frauenarbeitsleben.

Initiativbewerbung

Dass das nicht so weitergehen konnte, war ihr klar. Seit Jahren ein Einkommen, das immer um den den Hartz-IV-Satz pendelt, das ist keine Perspektive bis zur Rente. Der Plan: Initiativbewerbungen bei Unternehmen direkt, am liebsten im öffentlichen Dienst. Aber hat man da mit einer solchen beruflichen Lebensgeschichte überhaupt eine Chance?

Verbesserungen beim Lebenslauf

Das Ziel bei der Veränderung des Lebenslaufs war, dass der Leser die einzelnen Stationen des Berufslebens leichter nachverfolgen kann. Mit der Seite „Kenntnisse und Erfahrungen" sollten thematisch gebündelt Kompetenzen sichtbar gemacht und damit die Breite der Einsatzmöglichkeiten illustriert werden.

Die lebenslange Lernbereitschaft, welche die Bewerberin zu verschiedenen Abschlüssen geführt hat, ist durch die Darstellung im Block „Schule / Abschlüsse" gelungen.

Die Bewerberin hat übrigens ihr Ziel erreicht. Sie arbeitet nun im öffentlichen Dienst, zuerst halbtags im Schreibdienst, seit anderthalb Jahren Vollzeit, jetzt im Vorzimmer eines Amtsleiters.

Hier nun zunächst der ursprüngliche Lebenslauf, wie er vor der Überarbeitung aussah:

██████ Straße 176
████ ██████

████████@████████   ☎ █████ ███ ██ ███
☎ ███ █ ██████

LEBENSLAUF

Name:	Martina ███████ geb. ████████	
geboren am/in:	██ ██ 1963 in ████████	**Foto**
Anschrift:	███████ Straße. 176	
	████████████	

Familienstand: geschieden, 3 Kinder (18, 17, 12)

Schulabschluss: Fachhochschulreife

> Ein Schulabschluss vor der beruflichen Qualifikation?

Berufsabschluss: Kauffrau für Bürokommunikation

Berufliche Tätigkeiten:

> Bei einem chronologischen Aufbau erwartet man erst Berufs- und dann Schulabschluss, beides mit Datum. Werden diese Erwartungen nicht erfüllt, dann wirft das Fragen auf.

07 / 1983 – 03 / 1984   Au-Pair in ████████, England

08 / 1984 – 12 / 1985   Ausbildung zur Speditionskauffrau
████ GmbH, ████████

> Noch eine Ausbildung? Eine andere? Aha. ohne Abschluss!

02 / 1986 – 05 / 1986   Sprachauffrischung in ████████, England

06 / 1986 – 10 / 1986   Bürohilfe
████ ██████ (Zeitarbeit), ████████
bis zur Übernahme als

11 / 1986 – 03 / 1988   Fernschreiberin/Datatypistin
████████ ██████ GmbH, ████████
Fernschreiben in Deutsch und Englisch

04 / 1988 – 07 / 1999   Familienmanagement

> Ein umstrittener Begriff

und diverse Tätigkeiten in den Bereichen:
Verkauf/Kasse und Bürohilfe/Schreibkraft

08 / 1999 – 06 / 2002   Ausbildung zur Kauffrau für Bürokommunikation
████ ████████

08 / 2002 – 03 / 2003   Abteilungssekretärin (befristeter Arbeitsvertrag)
██████ GmbH, ████
Auftragsbearbeitung Deutsch / Englisch
Vorbereitung von Kundenbesuchen
Übersetzungen Deutsch / Englisch

> Die Aufgabenbeschreibung in Kursivschrift hebt sich kaum ab und wirkt daher nicht gliedernd.

04 / 2003 – 05 / 2004   Arbeit suchend

05 / 2004 – 07 / 2004   Import- und Exportsachbearbeiterin (befristet)
████ Personal-Service, ████████
komplette Auftragsbearbeitung Deutsch / Englisch

08 / 2004 – 11 / 2004   Arbeit suchend

12 / 2004 – 08 / 2005	kfm. Angestellte im Kundenservicecenter ▓▓▓▓▓ ▓▓▓▓▓ (befristete Tätigkeit inklusive Qualifizierung) *Erstellung und Ausarbeitung von Statistiken* *Rechnungserstellung* *Disposition* *Telefonzentrale*
09 / 2005 – 01 / 2006	Kaufmännische Angestellte, ▓▓▓▓▓ (Zeitarbeit) *Datenerfassung (schnell und sicher)*
02 / 2006 – 10 / 2006	Arbeit suchend
seit 11 / 2006	Assistentin des Geschäftsleiters ▓▓▓▓▓ ▓▓▓▓▓ inklusive Qualifizierung und Praktikum *Mitarbeiterlisten erstellen und aktualisieren* *Organigramme erstellen* *Erstellen eines Handbuches Stellenbeschreibungen* *Postbearbeitung* *Schriftverkehr* *Leitung Workshop Englisch*
02 / 2007 – 03 / 2007	Praktikum bei der Stadtverwaltung ▓▓▓▓▓ (Büro Geschäftsführer Personalrat allgemeine Verwaltung) *Statistiken erstellen* *Texte bearbeiten und aufbereiten (z.B. für Infoblätter* *und Intranet)* *Telefonzentrale* *Vor- und Nachbereitung Personalversammlung* *Aktualisierung und Abgleich von Mitgliederlisten (z.B. der* *Betriebssportgemeinschaft)*

> Die ganze Seite zeigt insgesamt wenig Struktur. Eine schnell Wahrnehmung der wichtigen Inhalte fällt damit schwer.
> Qualifizierungen, Kenntnisse und Erfahrungen gehen damit unter.

▓▓▓▓▓, 12. August 2007

Und hier der überarbeitete Lebenslauf:

Martina ▮▮▮
▮▮▮@▮▮▮▮

▮▮▮ Straße ▮
▮▮▮▮▮

☎ ▮▮▮▮▮
☎ ▮▮▮▮▮

LEBENSLAUF

Martina ▮▮▮ geb. ▮▮▮
geb. am ▮▮ 1963 in ▮▮▮

geschieden, 3 Kinder (18, 17, 13)

Berufliche Tätigkeiten:

seit 10 / 07	Kaufmännische Angestellte in Teilzeit Spedition ▮▮▮ • Vorbereitende Buchhaltung • Rechnungserstellung und -buchung • Korrespondenz in Deutsch/Englisch/Französisch
11 / 06 – 09 / 07	Assistentin des Geschäftsleiters (inklusive Qualifizierung und Praktikum) ▮▮▮, Übungsfirma der ▮▮▮ • Mitarbeiterlisten erstellen und aktualisieren • Organigramme erstellen • Erstellen eines Handbuches Stellenbeschreibungen • Schriftverkehr • Leitung Workshop Englisch Stadtverwaltung ▮▮▮ (Praktikum 02 / 03 2007) Büro Geschäftsführer Personalrat allgemeine Verwaltung • Allgemeine Verwaltungsarbeiten • Statistiken erstellen • Texte bearbeiten und aufbereiten (z.B. für Infoblätter und Intranet) • Vor- und Nachbereitung Personalversammlung
02 / 06 – 10 / 06	Arbeit suchend
09 / 05 – 01 / 06	Kaufmännische Angestellte ▮▮▮ GmbH Einsatz bei ▮▮▮
12 / 04 – 08 / 05	Kaufmännische Angestellte im Kundenservicecenter (befristete Tätigkeit inklusive Qualifizierung ▮▮▮ GmbH, ▮▮▮) • Erstellung und Ausarbeitung von Statistiken • Rechnungserstellung • Disposition • Telefonzentrale
08 / 04 – 11 / 04	Arbeit suchend

Martina ▮▮▮
▮▮▮@▮▮▮

▮▮▮ Straße ▮▮
▮▮▮▮▮

☎ ▮▮▮ ▮▮ ▮▮ ▮▮
☎ ▮▮▮ ▮▮ ▮▮ ▮▮

05 / 04 – 07 / 04	Import- und Exportsachbearbeiterin (befristet) ▮▮▮ Personal-Service, ▮▮▮ Einsatz bei ▮▮▮ • komplette Auftragsbearbeitung Deutsch / Englisch
04 / 03 – 05 / 04	Arbeit suchend
08 / 02 – 03 / 03	Abteilungssekretärin (befristeter Arbeitsvertrag) ▮▮▮ GmbH, ▮▮▮, Anlagentechnik • Auftragsbearbeitung Deutsch / Englisch • Vorbereitung von Kundenbesuchen • Korrespondenz Deutsch / Englisch
08 / 99 – 06 / 02	Ausbildung zur Kauffrau für Bürokommunikation, ▮▮▮ IHK Abschluss, Note: gut
04 / 88 – 07 / 99	Familienpause diverse Tätigkeiten in Verkauf/Kasse und Bürohilfe/Schreibkraft
06 / 86 – 03 / 88	Fernschreiberin/Datatypistin (davon bis 11/86 über ▮▮▮ GmbH) ▮▮▮ GmbH, ▮▮▮ • Fernschreiben in Deutsch und Englisch
02 / 86 – 05 / 86	Sprachaufenthalt in ▮▮▮, England
08 / 84 – 12 / 85	Ausbildung zur Speditionskauffrau, ▮▮▮ GmbH, ▮▮▮

Schule / Abschlüsse

Prüfung zur Fremdsprachenkorrespondentin für Englisch (in Vorbereitung für Herbst 07)

Kauffrau für Bürokommunikation, ▮▮▮ (08 / 99 – 06 / 02)

Fachhochschulreife 2002 – 2004, Telekolleg multimedial, Note 2,5

Grundschule und Gymnasium in ▮▮▮ von 1969 - 1983

▮▮▮ 2007

Martina

Straße

KENNTNISSE UND ERFAHRUNGEN

Verwaltung

- Erstellung von diversen Statistiken und Erstellung der zugrunde liegenden Excel-Tabellen und Diagramme
- Umfrage auswerten und darstellen (Excel)
- Texte bearbeiten und aufbereiten (z. B. für Infoblätter und Intranet),

Sekretariatsaufgaben

- Postbearbeitung (Papier, Mail) in Deutsch und Englisch
- Schriftverkehr führen nach Vorlage oder frei nach Vorgabe von Stichpunkten und vom Band
- Übersetzungen Deutsch/Englisch und Englisch/Deutsch
- Geschäftsreisen und Kundenbesuche vorbereiten, Buchungen der Verkehrsmittel u. Hotels
- Telefonzentrale

Buchhaltung

- Vorerfassung der Eingangsrechnungen
- Buchung von Rechnungen und Gutschriften
- Ausstellung und Buchung von Scheckeinreichern
- Buchung der Eingangsüberweisungen
- Erstellung von Lastschriften
- Rechnungserstellung
- Führen eines Kassenbuches

Auftragsabwicklung

- Telefonische und schriftliche Annahme von Aufträgen
- Eingabe in System (Access) und Planung/Einteilung von Abholungen/Lieferungen
- Komplette schriftliche Abwicklung der Aufträge (Eingabe in System, Weiterleitung an Produktion, Einleitung der Verschiffung – inkl. der damit verbundenen Protokollierung des Auftrages und Verteilung/des Ausfüllens der erforderlichen innerbetrieblichen Formulare) – von Auftragseingang bis zur Verladung auf LKW

Weitere berufliche Erfahrungen

- Durchführung eines Workshops für Englisch
- Organisation von Veranstaltungen im Unternehmen (bis 30 Teilnehmer)

Kenntnisse:

- Englisch fließend in Wort und Schrift
- Sehr gute Kenntnisse in DV
- Sichere Rechtschreibung, gute sprachliche Ausdrucksfähigkeit

Was sagen, wenn keiner so richtig wissen will, was man zu sagen hat?

Es ist schwierig, wenn man aus einem ganz anderen beruflichen Umfeld kommt, dort qualifizierte und anerkannte Arbeit geleistet hat und dann dieses Umfeld verlassen muss oder will. Das ist beispielsweise so, wenn man nach langjähriger Tätigkeit im öffentlichen Dienst in ein Wirtschaftsunternehmen wechseln will, und das ist nicht anders, wenn ein Berufssoldat wieder im zivilen Leben tätig sein will.

Und natürlich will der Bewerber hier nicht nur „irgendeinen" Job machen. Als Offizier hat er Verantwortung getragen, war nach den dort geltenden Kriterien erfolgreich. Das muss sich doch umsetzen lassen! Das muss doch jeder verstehen und ebenso einschätzen! Und es muss doch jeder diese Erfahrungen respektieren!

Der Bewerber: ehemaliger Offizier

Wer so denkt, verkennt die Realität. Denn Arbeitsfelder unterscheiden sich natürlich und prägen die Mitarbeiter, die in ihnen agieren. Ein System wie die Bundeswehr, die trotz umfangreicher Reformen und einem veränderten Bild von ihren Soldaten als „Bürger in Uniform", ist letztendlich doch auf Befehl und Gehorsam aufgebaut. Und man traut einem Offizier, sei er noch so gut gewesen, nicht ohne Weiteres zu, nun im Unternehmen Überzeugungsarbeit leisten zu können, um seine Mitarbeiter zu motivieren – die ja nicht „gehorchen" müssen!

Vergleichbar sind die Vorbehalte gegenüber Mitarbeitern, die aus dem öffentlichen Dienst kommen. „Wie kann jemand, der es gewohnt ist, dass seine Besoldung sich mit dem Älterwerden ganz von allein verbessert, mit den Leistungsprinzipien der freien Wirtschaft zurechtkommen?"

„Wirtschaftstüchtiger" Lebenslauf

Dass dabei auch ganz gewaltig Vorurteile gepflegt werden, hilft dem wechselwilligen Bewerber wenig. Er muss sich der Aufgabe stellen, seinen Lebenslauf „wirtschaftstüchtig" zu machen, will er die Chance auf Karriere wahren.

Unser Kandidat hier suchte zum damaligen Zeitpunkt eine neue Herausforderung auf Managementebene, die aufgrund von Umstrukturierungsmaßnahmen bei seinem Arbeitgeber die nächsten Jahre nicht zur Verfügung stand.

Auch hier stelle ich Ihnen wieder zuerst den ursprünglichen und dann den überarbeiteten Lebenslauf vor.

LEBENSLAUF

Persönliche Angaben

████████ ██████
Diplom-Kaufmann univ.
geboren ██ ███ 1972, ██████

verheiratet, 1 Kind (4 Jahre)

Mühlweg 92
00000 Wohnort

Telefon   (privat)   ████████████
           (mobil)   ████████████
           (gesch.)   ████████████

E-Mail   ██████████████@gmx.de

Foto

Angestrebte Tätigkeit

- strategische Führungsposition im kaufmännisch-technischen Bereich mit Mitarbeiterverantwortung

Kurzcharakteristik

> So eine Kurzcharakteristik voranzustellen ist eher unüblich. Man fällt auf, muss dann die geweckten Erwartungen aber auch erfüllen.

- strukturierter Analytiker mit schneller Entscheidungsfindung und konsequenter Umsetzung
- fundierte Erfahrungen in den Bereichen Teamwork, Mitarbeitermotivation und strategischer Planung
- General Manager mit nachweisbar erfolgreicher Führungs- und Projekterfahrung

Beruflicher Werdegang

> „General Manager" ruft Assoziationen hervor, die durch die bisherige Entwicklung nicht belegt sind. Wer „nachweisbar" ankündigt, muss nachweisen!

05/2003 – heute   ████ ████████ GmbH & Co. KG, Geschäftsbereich ████, ██████

seit 01/2005   **Abteilungsleitung**
                     Technical Service Management (TSM)

- Aufbau und Leitung der Abteilung TSM sowie Leitung des technischen Produktmanagements
- Technischer Leiter der Produktgruppe „██████████████████ ████████"
- Vertriebsunterstützung und Kundenberatung
- „Trouble Shooting" für Produktmanagement und Marketing
- Initiierung und Aufrechterhaltung eines kontinuierlichen Verbesserungsprozesses
- Verantwortung für die Durchführung von Serviceschulungen
- Schnittstelle zu R&D der internationalen Muttergesellschaft
- Projektleitung und -verantwortung:
    - Nationale Einführung der „████████████ ████████"

05/2003 – 12/2004   Assistent des Direktors Service, Logistik, Produktion

> „Schnittstellenfunktion" sagt viel und wenig darüber aus, was Sie konkret getan haben – je nach Fantasie des Lesers.
> Gleiches gilt für „substanzielle Beiträge"!

- *Schnittstellenfunktion* zwischen
    - der GF ████ Deutschland und ████ International
    - der GF ████ Deutschland und den operativen Bereichen
    - den operativen Bereichen und PM/Marketing
- Logistikcontrolling
- Projektleitung und -mitarbeit
    - Erstellung und Einführung des „██████handbuchs"
    - Substanzielle Beiträge zum „Quality-Improvement"

▬▬▬▬ ▬▬▬▬

05/1998 – 04/2003   **Offizier bei der Bundeswehr in verschiedenen Tätigkeitsbereichen**

12/2000 - 04/2003   **stellvertretender *Abteilungsleiter* eines Panzerbataillons**
Teamleiter der Betriebsgruppe Gefechtssimulator,
▬▬▬▬▬ Leitung einer Stabsabteilung (12/01 – 04/03)

> Ich halte nichts davon, hier „falsche" Begriffe einzuführen. Als Offizier ist man kein Abteilungsleiter oder Teamleiter, schon gar nicht aus der Sicht von außen!

- Ausbildungsplanung und -leitung für bis zu 400 Personen
- Budgetverantwortung bis 1,5 Millionen Euro
- Verbindungsoffizier zu den US-Streitkräften
• Teamleitung der Betriebsgruppe Gefechtssimulator
- Personalverantwortung für 5 Personen
- Materialverantwortung für 20 Mio. Euro Gerät
- Ausbildungsleitung für taktische und strategische Prozesse
• Projektleitung, verantwortlich für z. B.
- Organisation und Leitung eines „Tages der offenen Tür" (>10.000 Besucher)
- Durchführung von Öffentlichen Gelöbnissen (>5.000 Besucher)
- Planung und Organisation von Bataillonsgefechtsübungen (>1.000 Soldaten)

07/1999 – 11/2000   Abteilungsleiter und Lehrkraft an der Heeresunteroffizierschule II, ▬▬▬▬▬▬

• Planung, Leitung und Durchführung der Ausbildung des Führungsnachwuchses aller Truppengattungen bis zur Ebene des Gruppenleiters
• Basisauswahl des Führungsnachwuchses für das deutsche Heer
• Personalverantwortung für 4 Gruppenleiter und 40 Auszubildende

> Das gilt für alle Tätigkeiten: Wer weiß, was sich hinter diesen Tätigkeiten verbirgt? Was die „taktische Führung einer Ausbildungs- kompanie" bedeutet? Was man da tut? Wie man es tut und was man dazu wissen muss?

05/1998 – 06/1999   Teamleiter, ab 12/98 Abteilungsleiter Unteroffizierlehrkompanie, ▬▬▬▬▬

• Personelle, materielle und taktische Führung der Ausbildungskompanie
• Planung, Leitung und Durchführung der taktischen Ausbildung des Führungsnachwuchses der Panzertruppe bis zur Ebene des Gruppenleiters
• Personalverantwortung für 4 Teamleiter, 16 Gruppenleiter und 50 Auszubildende
• Budgetverantwortung von 750 TEuro
• Materialverantwortung für 15 Millionen Euro Gerät
• Projektleitung

Berufliche Ausbildung

10/1994 – 04/1998   **Studium an der Universität der Bundeswehr,** ▬▬▬▬

Fachbereich: Wirtschafts- und Organisationswissenschaften
▪ Statistik
▪ Industriebetriebslehre (Logistik)
▪ Diplomarbeit im Fachbereich Statistik

Titel: ▬▬▬▬▬▬▬▬▬▬▬▬▬
▬▬▬▬▬▬▬▬▬▬▬

▪ Abschluss: Diplom-Kaufmann univ.

07/1991 – 09/1994   **Ausbildung zum Offizier in den Kernbereichen Methodik, Didaktik und Menschenführung**

Schulische Ausbildung

07/1988 – 06/1991   Staatliches ▓▓▓-Gymnasium,
                     ▓▓▓▓▓▓▓▓▓▓▓▓
                     Abschluss: Abitur

07/1982 – 06/1988   ▓▓▓▓▓▓-Gymnasium,
                     ▓▓▓▓▓▓

Zusatzqualifikationen

Sprachen: sehr gute Englischkenntnisse in Wort und Schrift

EDV: gutes SAP-R3 Anwenderwissen,
                     professionelle Kenntnisse der Microsoft OfficeXP Software sowie der Betriebssysteme
                     Windows ME, 2000 und XP

                     zusätzlich:

                     • 02/2005 – 01/2006: **ILS Fernstudium „VBA-Programmierer"**
                                          für Visual Basic for Applications (VBA)
                                          der Programme Microsoft Excel, Word und Access
                     • Gute Programmierkenntnisse der Sprache HTML

Seminare: *11/2006: „Durch Coaching zum Erfolg",* ▓▓▓-Akademie
                     02/2006: „Mentale Spitzenleistungen erzielen", ▓▓▓-Akademie

Zusammenfassen und   *04/2005: „Eigene Stärken voll zur Geltung bringen",* ▓▓▓-Akademie
kürzen! Ihre Seminare *03/2005: „Kommunikation",* ▓▓▓Akademie
nehmen mehr Raum ein *05/2004: „Komplexe Probleme strukturiert lösen",* ▓▓▓ Akademie
als Ihr ganzes Studium. *05/2004: „Professionelle Moderation".* ▓▓▓ Akademie
Solche Aufzählungen *11/2002: „Projekt-Management",* ▓▓▓▓
laufen außerdem Gefahr, *04/2002: „Logistik-Management",* ▓▓▓▓Akademie
sehr wenig souverän zu *04/2002: „Mitarbeiterführung - Führungskompetenz im Unternehmen",*
wirken.   ▓▓▓▓▓

                     11/2001: „Führungskompetenz im Mitarbeitermanagement",

Sonstiges

Hobbys: Computer Hard- und Software,
                     HTML- und VISUAL BASIC-Programmierung sowie Internetanwendung
                     Mountainbiking, Fitness

▓▓▓▓ 2007   ▓▓▓▓

Auf den folgenden Seiten finden Sie die verbesserte Version.

LEBENSLAUF

Persönliche Angaben

Diplom-Kaufmann univ.

geboren 28. März 1972, München
verheiratet, 1 Kind (5 Jahre)

Mühlweg 92
00000 Wohnort

+49-■■■ ■■ ■■ (gesch.)
+49-■■■ ■■■ (gesch., mobil)
+49-■■■ ■■ (privat)
+49-■■■ ■■ (privat, mobil)

E-Mail   ■■■■■■■@gmx.de

Foto

Kurzcharakteristik

- strukturierter Analytiker mit schneller Entscheidungsfindung und konsequenter Umsetzung
- fundierte Erfahrungen in den Bereichen Teamwork, Mitarbeitermotivation und strategischer Planung
- Allrounder mit nachweisbar erfolgreicher Führungs- und Projekterfahrung

Ausgewählte Arbeitsergebnisse

- **Senkung der Reparaturkosten** in einem verantwortlich betreuten Bereich **um 70%**
- **Senkung der Kraftstoffkosten** in der Serviceflotte **um 15%**
- **Senkung der Service- und Ersatzteilkosten um 10%**

Beruflicher Werdegang

Seit 05/03   ■■ **Deutschland GmbH & Co. KG, Geschäftsbereich** ■■■■■

Leiter der Abteilung Technical Service Management (TSM) 01/05 – heute
Assistent des Direktors Service, Logistik, Produktion, 05/03 – 12/04

- Aufbau und Leitung der Abteilung Technical Service Management
- Leiter des technischen Produktmanagements für den Regionalmarkt Deutschland
- Initiierung und Aufrechterhaltung eines kontinuierlichen Verbesserungsprozesses
- Vertriebsunterstützung und Kundenberatung
- Planung, Leitung und Durchführung von Service- und produktbezogenen Schulungen für die Waschraumspender der ■■■■
- Technischer Leiter der Produktgruppe „■■■■■■■■■■■"
- Koordination der Ersatzteilbeschaffung und Garantieabwicklung für den ■■■■■
- Schaffung des europaweit verwendeten, excel-basierten Wäschereicontrollings
- Schnittstelle zu Fertigung & Entwicklung der internationalen Muttergesellschaft
- Initiierung und Durchführung von servicerelevanten Projekten

| 05/98 – 04/03 | **Offizier bei der Bundeswehr in verschiedenen Tätigkeitsbereichen und Standorten** |

Stellvertretender S3-Stabsoffizier und Leiter der S3-Abteilung, 12/01 – 04/03
Leiter des Familienbetreuungszentrums ▓▓▓▓▓▓
Dienststellenleiter der Gruppe Gefechtssimulator, ▓▓▓▓▓▓, 12/00 - 04/03
Hörsaalleiter und Lehrkraft an der Heeresunteroffizierschule , ▓▓▓▓▓▓, 07/99 – 11/00
Zugführer, ab 12/98 Chef einer Unteroffizierlehrkompanie, ▓▓▓▓▓▓, 05/98 – 06/99
Verbindungsoffizier zu den US-Streitkräften

- Führungskräfteauswahl und Basis- sowie militärfachliche Unteroffizier-Ausbildung
- Personalverantwortung in unterschiedlichen Verwendungen bis zu 100 Personen
- Planung, Leitung und Durchführung der Ausbildung in verschiedenen Ebenen bis hin zum Kompaniechef
- Koordination der Wartung und Ersatzteilbeschaffung im Zusammenspiel mit zivilen Firmen
- Budgetverantwortung bis zu 1,5 Mio. EUR sowie Material- und Sachverantwortung bis zu 15 Mio. EUR
- Projekte:
  - Organisation und Leitung zivil-militärischen Veranstaltungen mit bis zu 10.000 Besucher
  - Planung und Organisation von Bataillonsgefechtsübungen (>1.000 Soldaten)

Berufliche Ausbildung

| 10/94 – 04/98 | **Studium an der Universität der Bundeswehr,** ▓▓▓▓▓▓, Wirtschafts- und Organisationswissenschaften (Statistik und Logistik) |

Diplom-Kaufmann univ.

Diplomarbeit: ▓▓▓▓▓▓▓▓▓▓▓▓▓▓▓▓▓▓▓▓▓▓▓e
▓▓▓▓▓▓▓▓▓▓▓▓▓▓▓▓▓▓▓▓▓▓

| 07/91 – 09/94 | Ausbildung zum Offizier in den Kernbereichen Methodik, Didaktik und Menschenführung |

Schulische Ausbildung

| 06/91 | Abitur am staatlichen ▓▓▓-Gymnasium, ▓▓▓▓▓▓ |

Zusatzqualifikationen

Sprachen:	sehr gute Englischkenntnisse in Wort und Schrift
EDV:	gutes SAP-R3 Anwenderwissen
	professionelle Kenntnisse der Microsoft OfficeXP Software sowie der Betriebssysteme Windows ME, 2000 und XP
	ILS Fernstudium „VBA-Programmierer" für Visual Basic for Applications der Microsoft Office-Software Excel, Word und Access von 02/05 bis 01/06
	Gute Programmierkenntnisse der Internet-Programmiersprache HTML
Weiterbildung:	Diverse Seminare bei der ▓▓▓-*Akademie* sowie den Unternehmen ▓▓▓ und ▓▓▓ zu Themen wie z.B. Projektmanagement, Moderation, Coaching und Mitarbeitermanagement Erfolgreiche Teilnahme an der ▓▓▓ **Academy** (05.-10.08.2007) mit den Themenschwerpunkten Wettbewerbsstrategie, Intern. Expansionsstrategie, Strategie-Implementierung, Leadership und Prozessmanagement.

Sonstiges

| Hobbys: | Computer Hard- und Software, HTML- und Visual Basic-Programmierung sowie Internetanwendung RC-Modellbau, Mountainbiking, Fitness |

▓▓▓▓▓▓, den 28.▓▓▓▓ 2007

Kompetenzprofil

Planung und Organisation

- Analyse von Strukturen und Prozessen
- Identifikation von Potentialen zur Kostenreduktion und Effektivitätssteigerung, Entwicklung von Kostensenkungsinitiativen
- Troubleshooter
- Definition und Umsetzung sowie Leitung und Controlling von Projekten
- Budgetverantwortung

Führung und Ausbildung

- Treffen von schnellen und relevanten Entscheidungen auch unter Stress und widrigen Umständen
- Konsequente Umsetzung von Entscheidungen unter Berücksichtigung von Budget und Zeitplanung
- Psychologische Kenntnisse über Initiierung, Ablauf und Steuerung von gruppendynamischen Prozessen mit dem Ziel der Teambildung, Effizienz- und Effektivitätssteigerung
- Gesprächsführung mit Menschen in Krisensituationen
- Fähigkeit zur deutlichen und spürbaren Steigerung der Kommunikations-Qualität innerhalb einer Organisation
- Methodisch und didaktisch trainiert, erfahren in der Schulung und Ausbildung von komplexen Themen

Technik

- Großes technisches Verständnis und schnelle Auffassungsgabe auch von komplexen Zusammenhängen
- Über 15 Jahre Erfahrung im professionellen Umgang mit der Erstellung, Konfiguration und Fehlerbehebung verschiedenster IT-Infrastrukturen, davon 3 Jahre professionelle Administration von PC-Anlagen und LAN/WLAN-Netzwerken im Rahmen einer studentischen Nebentätigkeit
- Professionelle, autodidaktisch erworbene Kenntnisse der gängigen Microsoft Betriebssysteme und Office-Anwendungen
- Erfahrungen in der Metall- und Kunststoff-Feinmechanik erworben im Umgang mit komplexen Waffensystemen und dem Portfolio ▓▓▓▓▓
- Erfahrungen mit Tafelwasserschankanlagen und deren Funktion und Hygieneumfeld als Technischer Leiter ▓▓▓▓▓▓, Weiterentwicklung der bestehenden Systeme zur Marktreife

Projektarbeit

- Kenntnisse und Erfahrungen in einer effektiven Projektplanung und –abwicklung, abschließende Implementierung von kostenreduzierenden Neuerungen
- Diverse Projekte und deren Ergebnisse:

  ▓▓▓▓▓▓▓▓▓▓▓▓▓▓▓▓▓▓▓
  Deutliche Steigerung der Produktlebensdauer auf hochfrequenten ▓▓▓▓▓▓▓
  Verbesserung der administrativen Abläufe und Steigerung der Servicequalität

  „Kraftstoffsparende Fahrweise – Schneller fahren, weniger verbrauchen!"
  Bundesweite dauerhafte Senkung der Kraftstoffverbräuche um 15%

  „Quality Improvement – Kosten senken, Zufriedenheit steigern "
  Senkung der Ersatzteil- und Servicekosten um 10%

  „Das Service-Handbuch – schnelle Hilfe für unterwegs"
  Verringerung der Serviceeinsätze deutschlandweit um 20%

  ▓▓▓▓▓▓▓▓▓▓▓▓▓▓▓▓▓▓▓
  Reduzierung der Reparaturkosten um 70% in 2 Jahren
  Gesamtorganisation des Verkaufs der Produktsparte in 2006/2007

  „Verkauf der Unternehmens-Sparte ▓▓▓▓▓▓▓ '
  Planung, Leitung und Durchführung des reibungslosen Übergangs der gesamten Serviceorganisation mit 1700 Kunden, der administrativen Bereiche und der Logistik sowie der Schulung der übernehmenden Servicetechniker

- Gesamtverantwortlicher „Event-Manager" für zivil-militärische Großveranstaltungen (z.B. Gelöbnis, „Tag der offenen Tür") unter logistischen, sicherheitsrelevanten und inhaltlichen Gesichtspunkten mit bis zu 10.000 Besuchern

Nicht nur ein Lebenslauf, sondern auch und gerade Karriereplanung

Im Folgenden soll exemplarisch an einem Lebenslauf (und dem jungen Mann, der als Person dahinter steht) beschrieben werden, wie man von einem wenig aussagefähigen Lebenslauf zu einer aussagefähigen Bewerbung kommt. Außerdem sollen einige Gestaltungsmöglichkeiten dargestellt werden, die ein ganz unterschiedliches Licht auf die Person werfen.

Was sehen wir? Einen jungen Mann, Anfang 30, der nach seinem Studium und zwei Jahren im ersten Job wechseln möchte: zu einem größeren, renommierten Unternehmen, in ein Aufgabenfeld mit mehr Verantwortung und – last, but not least – mehr Geld. Alles nachvollziehbar, alles verständlich!

Die Ausgangssituation

Auf den ersten Blick ist der Aufbau des Lebenslaufs etwas verwirrend: Die Zeiten gehen durcheinander. Der Bewerber beginnt mit seinem Studienabschluss, obwohl er doch den beruflichen Einstieg schon geschafft hat. „Ein Berufsanfänger? Ach nein, da sind ja schon berufliche Erfahrungen! Was verspricht er sich wohl von diesem Aufbau? Was ist die Botschaft?", fragt sich der Empfänger. Der klassische Aufbau eines Lebenslaufs, beginnend mit der Schulzeit, der sich dann chronologisch bis zum heutigen Tag aufbaut, kann es nicht sein. Die schulischen Ausbildungsdaten finden sich am Ende der zweiten Seite.

Aufbau des Lebenslaufs

Das Foto wirkt sympathisch, jung; mit einem karierten Hemd sieht er aber eher aus wie ein Jugendlicher, der sich für eine Lehrstelle bewirbt. Dazu passt die Mailadresse: spaßnamexxxx@abc.de

Eine Durchsicht des gesamten Lebenslaufs zeigt: Der Bewerber hat einige Umwege gemacht, bis er seinen Weg gefunden hat. Erst eine schulische Ausbildung zum kaufmännischen Assistenten für Fremdsprachensekretariat, dann ist da eine abgebrochene Lehre zum IT-Systemkaufmann nach dem ersten Ausbildungsjahr und ein nach vier Semestern abgebrochenes Studium zum Dolmetscher. Das darauffolgende Studium zur Betriebswirtschaft schließt er ab.

Analyse

Kontinuität findet sich in der beruflichen Entwicklung des Bewerbers. Die Tätigkeit als Student in einer Marketingagentur führte zu seiner ersten Festanstellung nach seinem Studienabschluss. Er scheint sich dort bewährt zu haben.

Es spräche einiges dafür, den Ausbildungswirren, -abbrüchen und -neubeginnen diese Kontinuität als beeindruckenden Block gegenüberzustellen und so ein Gegengewicht dazu zu schaffen. Das tut unser Bewerber aber nicht. Er wählt für die Beschreibung seiner Aufgaben und Erfahrungen eine Prosadarstellung, statt einfach platzsparend und für den Leser leicht wahrnehmbar eine Aufzählung zu wählen. Dabei ist er sehr ausgewogen: Jede Station bekommt etwa gleich viel Raum (ca. 4–6 Zeilen), ob es sich nun um ein paar Wochen während des letzten Jahres seiner Gymnasialzeit oder um eine zweijährige Vollzeitstelle mit Umsatzverantwortung handelt. Das ist schade, denn es finden sich Hinweise, dass der Bewerber in seiner Tätigkeit für die Marketingagentur durchaus Erfahrungen gesammelt hat, die ihn bei dem angestrebten Stellenwechsel zu einem interessanten Kandidaten machen würden.

Karriereplanung

Warum aber sollte diese Bewerbung gleichzeitig ein wichtiger Schritt in der Karriereplanung dieses jungen Mannes sein?

Er möchte auch zu einem Unternehmen wechseln, das Vergleichbares macht wie die Agentur, für die er jetzt arbeitet. Damit spezialisiert er sich weiter auf eine ganz bestimmte Art von Marketing. Das erhöht im Augenblick seine Chancen für einen Wechsel, macht ihn aber sehr früh zu einem Spezialisten in seinem Fach. Je nach persönlichen Zukunftsplänen kann sich das bei einem nächsten möglichen Wechsel als Hindernis erweisen, wenn eine breitere Basis der beruflichen Erfahrungen gefordert wird.

Mit dem geplaten Wechsel in ein neues Umfeld verlässt der Bewerber vertrautes berufliches Terrain, das bisher einzige, auf dem er erfolgreich war. Erst in dieser nächsten Stelle wird sich zeigen, wie die Zeit bis zum heutigen Tag zu bewerten ist und ob die von ihm empfundenen Erfolge den Ansprüchen der neuen Firma genügen werden. Aber dazu muss er diese Erfolge erst einmal deutlich machen!

Die Anforderungen der Anzeige

Hier die Anforderungen der Anzeige: Es handelt sich nach eigenen Angaben um „eines der führenden Performance-Netzwerke Europas" und gehört zu einer Unternehmensgruppe mit starken Marken. Es ist eindeutig kein Newcomer am Markt, es veröffentlicht seine Umsatzerlöse und es ist in mehreren europäischen Ländern vertreten.

Die Aufgaben sind die eines Key Account und Sales Managers im Online-Marketing: Neukundengewinnung im nationalen und internationalen Umfeld, Kundenbetreuung, Entwicklung kreativer Vertriebsstrategien und deren Umsetzung, die Erstellung innovativer Kundenpräsentationen, Wettbewerbsanalysen, Durchführung von Workshops und Schulungen, Präsentation des Unternehmens auf Messen.

Das gewünschte Profil: fundierte Kenntnisse im Online-Marketing, Kontakte in die Branche, Nachweis von Erfolgen im Vertrieb von Online-Medien, -Produkten oder -Dienstleistungen, Kenntnis der gängigen Web-Technologien, analytische und konzeptionelle Arbeitsweise, ein gutes Zahlenverständnis, Kommunikations- und Präsentationsfähigkeit (hier wird besondere Stärke erwartet!) und gute Englischkenntnisse.

Man sieht, das sind etwas größere Schuhe, in die da jemand hineinwachsen will. Dass sie passen könnten, das muss er dem Unternehmen erst einmal darlegen. Eine sorgfältige Anzeigenanalyse ist das Mindeste, was hier angeraten werden muss!

Außerdem sollte der Bewerber folgenden Punkten mehr Aufmerksamkeit widmen:

- Stilelemente durchgängig verwenden; kein Wechsel von vollständigen Sätzen zu Aufzählungen

- Konsequentes Durchhalten einer Chronologie im Aufbau: entweder in der angelsächsischen Form von der Gegenwart in die Vergangenheit (hier also angefangen mit der Berufstätigkeit bis zurück zur Ausbildung) oder die klassische deutsche Form von Schule/Ausbildung und Studium bis hin zur jetzigen Berufstätigkeit

- Dauer einer Tätigkeit und Umfang in ihrer Darstellung in einen sachlichen Zusammenhang stellen; kurze, lange zurückliegende Zeiträume knapp, aktuelle Tätigkeiten umfassend darstellen, Relevanz der Informationen kritisch unter die Lupe nehmen

Nichtssagende Begrifflichkeiten vermeiden: „Dabei erledigte ich viele administrative Aufgaben am Computer" wirft mehr Fragen auf, als es Erklärungen über die Tätigkeit liefert!

Auf den folgenden Seiten der Lebenslauf, mit dem sich der junge Mann bewerben wollte:

Telefon: ░░░░░░░░
Mobil: ░░░░░░░░
E-Mail: ░░░░░░░@gmx.de

> Sechs Stilelemente!
> Farbe, Großbuchstaben, Fettdruck, Unterstreichung, Kursivschrift, drei verschiedene Schriftgrößen ... weniger wäre mehr!

Foto

PERSÖNLICHE DATEN

Geburtstag, Ort: ░░.░░.1979, ░░░

Familienstand: ledig

STUDIUM

2004-2008

Diplomkaufmann Schwerpunkt Marketing Management an der Technischen Fachhochschule ░░░
Diplomarbeitsthema: ░░░░░░░░░░░░░░░░░░░░░
░░░░░░░░░░░░░░░░░░░░░░░░░░░░░░░░
░░░░░░░░░░░░░░░░░░░░░░░░░░░

2002-2004

Studium Dolmetschen/Übersetzen an der Fachhochschule
░░░

> Abgeschlossen? Abgebrochen?

4 Semester, Sprachen Französisch, Englisch

NEBENTÄTIGKEIT IM STUDIUM

2003-2004

Regionalmanager für Werbeagentur
Ich organisierte alle Vertriebsaktivitäten in Köln, Bonn, Aachen, Düsseldorf, Essen, Dortmund und Siegen für das ░░░░░░░░░░░░░░░░░ *Dabei war ich für die Personalplanung, Einarbeitung und Bezahlung der Promotoren verantwortlich.*

> Fließtext im CV ist immer problematisch, da er die Aufnahme von Informationen „auf einen Blick" erschwert.

> Die Aufzählung der Städte ist nicht so aussagefähig. Angaben zur Größenordnung der Aktivitäten fehlen dagegen. Gleiches gilt für „Personalplanung" etc.

BERUFSPRAXIS

ab Juli 2008

Partnermanagement - Key Account Manager Kooperationen
Akquise und Betreuung von Großkunden (z.B. ░░░░░░░ ░░░░░░░░░░░░░░░░░░░░░ *usw.) – Aufbau Entwicklung verschiedener Geschäftsbereich und Angebote*

2004-2008

Praxisphasen im Rahmen des Dualen Studiengangs als Junior Project Manager
Meine Aufgaben: Aufbau eines Callcenters, Aufbau eines alternativen Vertriebsnetzwerkes, Akquise und Betreuung von lokalen Partner, Organisation von Vertriebsevents, Einarbeitung von Regionalmanagern

> Stilbruch! Hier haben wir plötzlich eine Aufzählung.
> Die Aufgaben klingen vielversprechend, aber leider wenig konkret.

2001

Auslandspraktikum, ░░░░ ░░░░░░░░ in ░░░░░░ Frankreich (4 Wochen)
Ich arbeitete in der Abteilung für Qualitätssicherung. Dabei erledigte ich viele administrative Aufgaben am Computer. Mit MS Visio bildete ich die Prozesse der Abteilung ab.

> 4 Wochen – 5 Zeilen Beschreibung! Ihre hauptberufliche Tätigkeit 2008 bringt es gerade auf 4 Zeilen.

> Eigentlich eine Nullaussage zu den Arbeitsinhalten!

1999-2000	1. Lehrjahr als IT-System Kaufmann, Firma ▓▓▓▓ in ▓▓▓▓
	Ich arbeitete im Verkauf von Computersystemen und - Zubehör. Außerdem war ich in der Auftragsabwicklung, wo ich Kontakt zu Lieferanten und Großkunden hatte.
1999	Organisation eines Sprachaufenthaltes französischer Schüler in ▓▓▓▓ (3 Monate)
	Ich war verantwortlich für die Suche der Gastfamilien und für die Zusammenstellung des Programms sowie Preisanfragen für Gruppen-Aktivitäten bei Unternehmen. Während des Aufenthaltes unterstützte ich die französischen Betreuerinnen.
2003	Dolmetscher bei der US-Army
	Ich arbeitete 4 Wochen als Dolmetscher bei einem Manöver der US-Army.

AUSBILDUNGSDATEN

2000-2002	▓▓▓▓-Schule ▓▓▓▓ kaufmännischer Assistent für Fremdsprachensekretariat, Abschluss mit gutem Erfolg
1990-1999	Gymnasium, ▓▓▓▓, Fachhochschulreife

> Warum keine Note? So hört sich das nach Nebeltaktik an.

BESONDERE KENNTNISSE

Sprachen:	Französisch:	sehr gut in Wort und Schrift
	Englisch:	sehr gut in Wort und Schrift
PC-Kenntnisse:	Textverarbeitung mit Word	
	Tabellenkalkulation mit Excel	
	Präsentationen mit Power Point	
	Datenbanken mit Access	
	Prozessmodellierung mit Visio	
	Computerschnellschreiben: 180 Anschläge/Min.	
	Umgang mit dem Internet	

> Was kann man, wenn man „Umgang mit Internet" kann?

> Was soll mit dem Schnellschreiben ausgesagt werden? Wo es doch um eine Bewerbung im Vertrieb geht?

Führerschein:	Klasse 3
Ausland:	Teilnahme an Austauschprogrammen mit Frankreich Trainingslager mit der Fußball-Hessenauswahl in Bordeaux

> Sinnvoller: Auslandsaufenthalte bündeln! Jetzt tauchen sie an verschiedenen Stellen auf.

INTERESSEN

Kultur:	Frankreich, Theater, Lesen, Kino, Musik
Sport:	Joggen, Radfahren, Tennis, Fußball
Vereinstätigkeit:	Trainer einer Fußballmannschaft Betreuer einer Handball-Mannschaft

ANLAGENVERZEICHNIS

Diplomzeugnis

Vordiplomszeugnis

Studiendokumentation Technische Fachhochschule ███

Notenspiegel Fachhochschule ███

Arbeitszeugnis ███

Arbeitszeugnis Séjours Linguistiques

Arbeitszeugnis allmaxx.de

Abschlusszeugnis Fremdsprachenassistent; ███-Schule ███

Praktikumsbescheinigung ███ Frankreich

Zertifikat für bilingualen Unterricht

Zertifikat über Teilnahme an einem Zeitmanagementseminar

> Zeugnisse werden thematisch sortiert
>
> - Arbeitszeugnisse
> - Ausbildungszeugnisse
> - Weiterbildungen
>
> und dann im Thema chronologisch rückwärts, also immer das aktuellste Zeugnis zuerst.
>
> Das Anlagenverzeichnis sollte dieser Gliederung folgen.

Es erfolgte die folgende Auseinandersetzung mit den Anforderungen der Anzeige, die hier etwas verkürzt wiedergegeben ist.

Auseinandersetzung mit der Anzeige

Das Unternehmen und seine Selbstdarstellung	Meine übertragbaren Erfahrungen in den Unternehmen, in denen ich gearbeitet habe	Unklarheiten/ Vermutungen/ Was muss ich recherchieren?
Drittgrößtes Affiliate-Netzwerk im deutschsprachigen Raum	Seit Anfang 2010 verantwortlich für die vier Affiliate-Netzwerke …: Kontakt zu den Affiliate-Netzwerken halten, neue Programme entdecken, die Margen und Provisionen verbessern und somit den Umsatz steigern	Wie teilt sich dieser Markt auf? Wer ist Weltmarktführer?
20xx Zusammenschluss mit … zur …-GmbH		Was hat sich mit dem Zusammenschluss in Bezug auf die Arbeit, Personal, Marke, Kunden und Partnerstrukturen geändert?
Partnerprogramme	Betreuung von ca. 50 Programmen als Publisher mit direktem Kundenkontakt und intensiver Zusammenarbeit mit dem Key-Accounter der Affiliate-Netzwerke	Welche Programme bieten sie an? Welche setzen wir ein?
Innovative Technologie, umfangreiche Angebote, exzellenter Support von Kunden und Partnern	Bisher immer im Bereich der Neukundenakquise und Kundenbetreuung tätig Entwicklung neuer Prozesse, Projekte (Beispiele benannt) und Geschäftsbereiche, immer im Zusammenhang mit der Zielgruppe und den Bedürfnissen der B2B-Kunden	Welche Technologien? Welches Angebot hebt sich von den anderen Netzwerken ab? Wie definiert sich aus Sicht des Unternehmens der Service-Gedanke?

Zwingend erforderlich	Meine Erfahrungen dazu (erst auf- schreiben, dann hinsichtlich Umfang, Tiefe usw. bewerten)
Marktorientierung, Abschlussstärke und Salesaffinität	10 Jahre Erfahrung im Vertrieb, Kundenakquise, beginnend mit Jobs im Einzelhandel, Auftragsbearbeitung in ei- nem IT-Unternehmen, Sales-Promotor zum Agenturleiter für die Aktion in ganz NRW (1/3 des Marktes), Akquise von Konzernen aus fast allen Branchen, Schwerpunkt Elektronik und IT, Betreuung mit Vertriebs- und Umsatzzielen
Eigeninitiative und Verantwortung für die definierten Ziele	1 Jahr selbstständig als Agentur für 1/3 des gesamten Marktes in NRW, ca. 50 Promoter, in über 10 Städten mit ca. 50 Standorten Arbeit nach Kundenbriefings eigen- verantwortlich, also auch mit Vertriebszielen Konzeption, Aufbau und Leitung eines Outbound-Callcenters Schulung, Betreuung und Steuerung von ca. 25 Vertriebsteams
Experte im Perfomance-Marketing inno- vativer Geschäftsmodelle und im Bereich onlinebasierter Kooperationen	Seit ca. 1 Jahr Vertrieb von Online- Maßnahmen, Verantwortung für den Affiliate-Bereich und Entwicklung sowie Aufbau von Kundenbeziehungen im Online-Bereich (von 2 auf 4 aufgestockt, Umsatz verdoppelt)
Wirtschaftliche und technologische Umsetzbarkeitskompetenz	Umsetzung von Projekten, die als nicht attraktiv/nicht lohnend eingestuft wurden und dann dank veränderter Herangehensweise zum Erfolg wurden 40 neue Partner mit qualitativ hoch- wertigem Angebot und mit attraktiven Aktionen, 60 Messekooperationen
Kommunikationsfähigkeit, rhetorisches Geschick und diplomatisches Feingefühl	Vorträge und Präsentationen, Workshops auf Messen etc., mehrfach in Kundenterminen
Reisebereitschaft	Momentan 2 Tage pro Woche beim Kunden oder auf Messen
Sehr gutes Englisch, international sicher	Entsprechende Ausbildung/Studium, Auslandsaufenthalte im französischspra- chigen Ausland, Akquise und Betreuung von Kunden komplett auf Englisch, von der Akquise über Angebots- und Vertragsentwicklung bis hin zu Reporting, Rechnungsstellung und Steuerung

Zwingend erforderlich	Meine Erfahrungen dazu (erst aufschreiben, dann hinsichtlich Umfang, Tiefe usw. bewerten)
Erfolg und Freude am Arbeiten in einem sehr schnelllebigen Business	Hohe Eigenmotivation durch Spaß am Kundenkontakt und an der Entwicklung konkreter Kundenprojekte
Akquirieren von neuen Kunden und Aufbau von dauerhaften Geschäftsbeziehungen	Aufbau eines Partnernetzwerks in einem Team, das bereits seit 5 Jahren besteht und stetig ausgebaut und weiterentwickelt wird
	Aufbau von Kooperationen, Vermarktung der Messen über Online- und Offlinekanäle in der Zielgruppe, Generierung von Besucherservices in Form von Vorträgen, Eintrittsvorteil
	Kaltakquise in verschiedenen Branchen
	Krisenmanagement bei schlecht laufenden Partnerschaften
	Ausbau von kleineren Kooperationen hin zu großen Key-Accounts, die für die Firma strategische Bedeutung haben
Analyse von Kundenbriefings, Erarbeitung von Affiliate-Marketingkonzepten	Eigenständige Erarbeitung solcher Konzepte z. B. für …
Strategie- und Angebotsentwicklung, individualisiert auf Kunden bezogen	Basierend auf einem allgemeinen Konzept Angebotsentwicklung direkt kundenspezifisch
Businessplan sowie Umsatzzielplanung für das eigene Team	Erstellung eines Businessplans, Festlegung von Teamzielen im Callcenter
	Tätigkeit als Agenturleiter
	Im Kooperationsmanagement immer an Team- und individuellen Zielen ausgerichtet; in Abstimmung mit der Geschäftsleitung Ziele entwickelt, umgesetzt und letztendlich erreicht

Mit den aus dieser Analyse erarbeiteten Fakten und Einschätzungen entwickelten sich die folgenden Komponenten des Lebenslaufs, die je nachdem, wie sie verwendet oder zusammengesetzt werden, ein unterschiedliches Bild vom Bewerber ergeben. Als erstes Dokument finden Sie einen „Basislebenslauf":

███ ████ ████
████ straße ██
████ ████
Telefon: ███ ███
Mobil: ███ ███
E-Mail: ███ ███ ████ ███

geb. am ██ ██ 1979 in ████

Foto

BERUFSPRAXIS

████ ████ GmbH

seit 04/10	Senior Key Account Manager Kooperationen Schwerpunkte Online-Partnerschaften, Sampling-Partner, Messe- und Festivalkoopertionen, bundesweite Filialisten ab 20 Filialen • Akquisition neuer Partner • Auf- und Ausbau neuer und bestehender Kooperationen
05/09 – 04/10	Key Account Manager Kooperationen Branchenverantwortung für die Themen Karriere, Mobilfunk, Sport- und Fitness, Elektronik, Software und Preisagenturen • Partnermanagement - Akquisition und Betreuung von Großkunden • Aufbau des Geschäftsbereiches Messekooperationen
07/08 – 05/09	Sales Manager Entwicklung von Kooperationen mit den Schwerpunkten Karriere, IT und Sport-Clubs • Akquisition von 40 Sport-Clubs als Kooperationspartner • Vermarktung des ██ ████-Magazins (Auflage 250.000 Exemplare) Anzeigenverkauf, inhaltliche Konzeption mit Interviews
05/04 – 06/08	Junior Project Manager (Praxisphasen im Rahmen des Dualen Studiengangs) • Aufbau eines Callcenters mit 6 Callcenter-Plätzen • Aufbau eines alternativen Vertriebsnetzwerkes mit ████ ████ Managern • Akquisition und Betreuung lokaler Partner • Einarbeitung von Regionalmanagern • Organisation von Vertriebsevents mit etwa 100 Teilnehmern
2003 – 2004	Regionalmanager Nordrhein-Westfalen (in Teilzeit) • Organisation aller regionalen Vertriebsaktivitäten • Personalplanung, Einarbeitung, Einsatz der Promotoren • Abrechnung der Einsatzzeiten

██████ ██████

STUDIUM / AUSBILDUNG

2004 – 2008   Diplomkaufmann Technischen Fachhochschule ██████
              Schwerpunkt: Marketing Management

              Diplomarbeit: ████████████████████████████████████
              ████████████████████████████████

2002 - 2004   Dolmetschen/Übersetzen Fachhochschule ████
              Sprachen Französisch, Englisch

2000-2002   ████████-Schule ████, kaufmännischer Assistent für
              Femdsprachensekretariat, Abschluss mit gutem Erfolg

1999 – 2000   1. Ausbildungsjahr zum IT-System Kaufmann
              ████████ GmbH & Co.KG, ████

PRAKTIKA

2003   Dolmetscher bei der US-Army während eines Manövers (4 Wochen)

2001   ████████████ in ████████, Frankreich (4 Wochen)

1999   Organisation eines Sprachaufenthaltes französischer Schüler in ████
              (3 Monate)
              Verantwortlich für die Suche der Gastfamilien, die Zusammenstellung
              des Programms, Preisanfragen für Gruppen-Aktivitäten und die
              Unterstützung der französischen Betreuerinnen vor Ort

SCHULE

1990-1999   Gymnasium, ████████████ Fachhochschulreife

BESONDERE KENNTNISSE

Sprachen   Französisch: sehr gut in Wort und Schrift
              Englisch: sehr gut in Wort und Schrift

PC-Kenntnisse: Textverarbeitung mit Word
                 Tabellenkalkulation mit Excel
                 Präsentationen mit Power Point
                 Datenbanken mit Access
                 Prozessmodellierung mit Visio

Im Weiteren wurden noch folgende Bausteine entwickelt, die – zugegebenermaßen – Geschmackssache sind.

- eine Kurzcharakteristik, die der Berufspraxis vorangestellt werden könnte,
- „ausgewählte Ergebnisse", entweder auch am Anfang oder zwischen Berufspraxis und Ausbildung
- eine Seite „Kenntnisse und Erfahrungen", als Anhang zum Lebenslauf.

Kurzcharakteristik

Eine Kurzcharakteristik wie die unten aufgeführte muss passen. Wer so schreibt, wirkt extrem von sich überzeugt, vermittelt auch eine gewisse Aggressivität. Das passt nicht für jeden, das passt auch nicht für jede Branche und für jede Anzeige.

Ergebnisse aufzeigen

Ergebnisse aufzuzeigen ist eigentlich nie verkehrt. Nur an welcher Stelle in den Unterlagen? Wer Ergebnisse plakativ voranstellt, signalsiert, dass er sich an ihnen messen lassen will, wer sie im Anschluss seiner Berufserfahrung positioniert, interpretiert sie eher als Ausfluss von Kompetenz erfolgreicher Tätigkeit.

Wer beides weglässt und nur die Seite „Kenntnisse und Erfahrungen" anhängt, bleibt eher auf der sachlich-informativen Seite und überlässt die Wertung dem Leser.

Und wer nur den „Basislebenslauf" verschickt, rechnet damit, dass der Leser Wert auf Kürze und Überschaubarkeit legt und bedient damit diesen Wunsch.

Kurzcharakteristik

- Top-Vertriebler mit nachweisbarem Erfolg in B2B und B2C
- Kontakt- und kommunikationsstark auch in der Kaltakquise
- Profunde Erfahrungen im Management von Kooperationen
- Belastbar, räumlich mobil und hohe Eigenmotivation

Ausgewählte Ergebnisse

- Umsatzverdopplung in den letzten zwei Jahren im verantworteten Segment
- Akquisition von 40 neuen Partnerunternehmen mit einem qualitativ hochwertigen Angebot und attraktiven Aktionen im Zeitraum von einem Jahr
- „Kaltakquise" mehrerer renommierter Unternehmen aus verschiedenen Branchen für Kooperationen, regelmäßige Erreichung der gesetzten Vertriebs- und Umsatzziele, Ausbau der Kooperationen

KENNTNISSE UND ERFAHRUNGEN

10 Jahre Erfahrung im Vertrieb, beginnend mit Nebenjobs im Einzelhandel

- Sales-Promotor / Agenturleiter für Aktionen in ganz NRW
  (1/3 des Marktes in der Zielgruppe Studierende bzw. Hochschulmarketing),
- Akquisition und Betreuung internationaler Kunden aus fast allen Branchen, Schwerpunkt Elektronik und IT,
- Kontaktperson für die mit ▓▓▓ kooperierenden Affilate Netzwerk verantwortlich für die Vertriebs- und Umsatzziele

- Betreuung von etwa 50 Programmen als Publisher in Zusammenarbeit mit den Key Accountern der Netzwerke von ▓▓▓ ▓▓▓ ▓▓▓ und ▓▓▓
  - Identifizierung neuer zielgruppenrelevanter Partnerprogramme
  - Verhandlung individueller Konditionenmodelle
  - Durchführung aktionsbezogener Eventwochen

- Entwicklung von neuen Projekten und Prozessen von der Konzeption bis zur Durchführung
  z.B. „Partner vor Ort" (mit ca. 5000 zielgruppenrelevante Partnern in vier Jahren)
  - Partnerakquise u. Integration der neu gewonnen Partner in den ▓▓▓-Club
  - Personalakquise, Ausbildung und Weiterbildung des Partnerakquisiteure
  - Präsentation der Partner und deren Vorteilsangebote in den Bereichen Online und Offline auf den Werbemitteln ▓▓▓

- Neukundenakquise, zu einem erheblichen Teil als Kaltakquise
  - Akquise von ▓▓▓ Partnern, die Anzeigen veröffentlichen und sich online auf der Website präsentieren
  - Akquise von Partnern aus dem IT-Bereich durch Messe-Besuche auf der IFA und der CeBit
  - Messe-Kooperation zur Vermarktung der Messen
    Präsentation des Unternehmens bzw. des ▓▓▓-Clubs
  - Kaltakquise zu 75% über das Telefon

- Schulung, Betreuung und Steuerung von ca. 25 Vertriebsteams mit bis zu 200 Personen (kleine Agenturen)
  - Schulung für neue Aktionen, Roadshows und Präsentation neuer Produkte
  - Aufbau und Motivation neuer Teams

- Bearbeitung ergebniskritischer Projekte
  - Übernahme von Kundenprojekten mit kritischer bzw. niedriger Zielerreichung, Weiterführung der Kooperation durch Weiterentwicklung der Projekte und Steigerung der Absatzzahlen
  - Kooperationen mit Sport-Clubs als Kooperations-Partner
    Entwicklung verschiedenster Aktionsarten und –inhalte

3 Ihr persönlicher Stellenmarkt: Wo suchen und wie?

Vor noch 20 Jahren war die Stellensuche noch einigermaßen übersichtlich. Da blätterte man am Samstag durch die örtliche Tageszeitung bis zum Stellenteil, da stand alles drin, was man wissen musste. Wer höher hinaus wollte, kaufte sich ergänzend die FAZ (Frankfurter Allgemeine Zeitung) und noch die Süddeutsche. Das musste reichen – und es reichte auch!

Heute ist die Stellensuche schwieriger geworden, manche meinen, geradezu eine Wissenschaft. Berufsbilder verändern sich – es kommt also verstärkt darauf an, wie man sich mit welchen Kenntnissen und Erfahrungen präsentiert. Die Kanäle, über die die Suche läuft, sind vielfältiger geworden und zudem verändern sie sich ständig. Nicht nur setzt das Internet mit seinen Jobbörsen heute ganz selbstverständlich voraus, dass man mit einem Computer umgehen kann und weiß, wie man Suchmaschinen nutzt, sondern es wird mit schöner Regelmäßigkeit eine neue Sau durch die Bewerbungslandschaft getrieben und ein neuer Trend ausgerufen. Social Media, Twitter und Bewerbungsvideos, daneben aber anonyme Bewerbungen, um Diskriminierung zu verhindern und Chancengleichheit zu gewährleisten … Was kommt wohl als Nächstes?

Stellensuche heute

Dieses Kapitel soll Ihnen den heutigen Stand der Dinge darstellen – mit Tipps und kritischen Würdigungen. Es soll Ihnen also Kompass und Machete sein, damit Sie sich einen Weg durch den Dschungel von Möglichkeiten bahnen können.

3.1 Wege zum Job und ihre Vor- und Nachteile

Grundsätzlich haben Sie als Bewerber zwei Möglichkeiten, auf dem Arbeitsmarkt zu agieren: Sie können einerseits die vorhandenen Stellenangebote der Unternehmen suchen und sich darauf bewerben, andererseits können Sie auch selbst die Initiative ergreifen und die unterschiedlichen Medien daraufhin überprüfen, wie hilfreich sie Ihnen bei der Jobseite sind. Im Folgenden finden Sie einen kurzen Überblick, in den Expertentexten in die Tiefe gehende Informationen.

Printmedien

„Printmedien sind tot, um damit Personal zu suchen", so heißt es landauf, landab, vorzugsweise von denen, die das Internet intensiv nutzen. Dennoch gibt es umfangreiche Stellenmärkte in allen großen Tageszeitungen,

Stellenmärkte in Tageszeitungen

- teilweise überregional wie beispielsweise in der Frankfurter Allgemeinen (FAZ) oder – eher für den Süden der Republik – der Süddeutschen Zeitung,
- teilweise eher regional wie in den Stuttgarter Nachrichten oder der Westdeutschen Allgemeine Zeitung (WAZ) oder im Hamburger Abendblatt.

Dazu kommen branchenspezifische Fachzeitschriften.

Diese Aufzählung ist beispielhaft und natürlich nicht vollständig. Es lohnt sich jedoch, hier regelmäßig zu suchen, vor allem wenn Sie einen Überblick über den regionalen Arbeitsmarkt bekommen möchten.

Ausschnitt-dienste

Kostenpflichtige Unterstützung bei der Suche finden Sie bei sogenannten Ausschnittdiensten, die für Sie die Stellenmärkte durchsuchen. Namen finden sich im Internet beispielsweise unter den Suchbegriff „Ausschnittdienst" oder „Stellenmarkt auswerten".

Dem gegenüber steht die Möglichkeit, selbst Anzeigen zu schalten. Die Erfahrungen zeigen, dass die entstehenden Kosten bei solchen Aktionen nicht durch interessante Stellenangebote belohnt werden.

Jobsuche im Internet

Unternehmens-websites

In der Regel schreiben Unternehmen ihre zu besetzenden Stellen auf ihrer Unternehmenswebsite aus. Diese Stellen zu finden setzt natürlich voraus, dass Sie wissen, welche Unternehmen für Sie infrage kommen. Gerade KMU, die kleinen und mittelständischen Unternehmen, in ländlichen Regionen bieten oft interessante Stellen, werden seltener gefunden als die großen, überall bekannten und eröffnen so interessante Berufschancen.

Analog zu den Ausschnittdiensten im Printbereich gibt es auch hier spezialisierte Dienstleister, die Unternehmenswebsites kostenpflichtig für den Suchenden scannen.

Jobbörsen

Bekannt und viel genutzt: Internetportale, deren Geschäft die Veröffentlichung von Stellengesuchen ist. Neben der umfangreichen Jobbörse der Arbeitsagentur und den großen der Branche wie Monster oder stepstone ist der Markt in den letzten Jahren explodiert und demzufolge auch zersplittert.

Neben den Portalen, die alle Berufsgruppen ansprechen, finden sich eine Reihe von Jobbörsen für bestimmte Zielgruppen: Absolventen, Vertriebsmitarbeiter, IT, medizinische Fachberufe, Ausbildungsplatzsuche, Berufe rund ums Tier, Manager ab einem definierten Einkommen … Die Spezialisten sind kaum mehr zählbar und somit auch kaum aufzuzählen.

Sie können, entweder offen oder anonymisiert, Ihren Lebenslauf in solche Börsen einstellen, in der Hoffnung, dass Personalverantwortliche oder Recruiter bei ihrer Suche nach geeigneten Kandidaten darauf stoßen und Sie auf eine Vakanz ansprechen. Neben eher halbseidenen Angeboten ergeben sich auf diese Weise auch tatsächlich interessante Kontakte.

Wie interessant sie für Sie sind, hängt (wie immer) von der allgemeinen Arbeitsmarktlage und Ihren individuellen Voraussetzungen ab.

Ein Geschäftsmodell verspricht den Jobsuchenden, sie müssten sich registrieren und würden dann von Unternehmen „gefunden", man könne also das anstrengende und manchmal frustrierende Bewerben mit einer Registrierung für sich vermeiden. Der gesunde Menschenverstand sagt aber, dass sich ein Unternehmen nur in den seltensten Fällen und bei extrem schwierig zu findenden Qualitkationsprofilen zum Bittsteller bei einem potenziellen Mitarbeiter machen wird.

Ebenfalls in der Diskussion, viel genutzt und als einer der großen Wandler bei der Personalsuche beschrieben: Social Media, also Communitys und Netzwerke wie Xing, Facebook, LinkedIn und andere, die dem Stellensuchenden die Chance geben, Kontakte zu knüpfen, sich zu präsentieren und auch selbst Informationen einzuholen. Für Menschen, die sich im Netz gekonnt bewegen und es somit optimal nutzen, bietet dieser Kanal auf alle Fälle eine reichhaltige Fülle an Möglichkeiten.

Social Media

Ein kurzes Video – eine Selbstpräsentation – von sich produzieren und bei Youtube einstellen? Manch einer nutzt diese Möglichkeit schon, um sich seinem zukünftigen Arbeitgeber in bewegten Bildern zu präsentieren. Aber Achtung: Der Grat zwischen gekonnter und beeindruckender Selbstdarstellung und dem Abgleiten ist Lächerliche ist schmal, sehr schmal! Andererseits gibt es auch Unternehmen, die Mitarbeiterstatements in einer Videosequenz ins Netz stellen (in Jobbörsen, auf der eigenen Website etc.), um mit dieser veränderten Art der Selbstpräsentation die für sie richtigen Bewerber anzusprechen.

Youtube

Twitter ist in aller Munde? Das vielleicht nicht, aber doch auf dem Handy und dem PC eines wachsenden Teiles der Bevölkerung. Und wenn wir den amerikanischen Entwicklungen als Vorreiter vertrauen wollen, dann werden es noch erheblich mehr werden.

Twitter

Sowohl Suchende als auch die Recruitingbranche können Twitter nutzen. Der Suchende, indem er ein 140 Zeichen langes Kurzprofil von sich in die Welt hinauszwitschert, hoffend, dass seine Follower diese Nachricht weiter verbreiten und damit irgendwann genau auf die Person treffen, die Interesse an diesem Profil findet. Dass dieses Vorgehen voraussetzt, dass der Suchende über eine genügend große Anzahl an Followern verfügt, die die Nachricht überhaupt weitertragen können, versteht sich von selbst. Heute anmelden, anschließend zwitschern, um kurz darauf ein tolles Angebot zu bekommen, dürfte eher unwahrscheinlich sein.

Aber auch manche Unternehmen verbreiten ihre Stellenangebote auf diesem Weg. Ob damit die richtige Zielgruppe erreicht wird, wird die Zeit zeigen. Stellen bei einem Online-Versand werden sich so vermutlich leichter besetzen lassen als Stellen in der Forschungsabteilung eines Unternehmens aus der Chemiebranche.

Personalberatungen

Personalberatungen annoncieren über ihre eigenen Websites, nutzen aber auch regelmäßig alle anderen Medien. Diejenigen unter ihnen, die möchten, dass Bewerber initiativ auf sie zukommen, haben in der Regel einen Hinweis dazu auf ihrer Website.

Zwei Expertenmeinungen zum Thema

Dr. Stefan Noa, Experte für Jobbörsen: „Wenn ich damals schon gewusst hätte, was ich heute weiß, hätte ich mir viel unnötige Arbeit ersparen können."

Vor fünf Jahren – vor meinem beruflichen Einstieg in die damals noch relativ neue Welt der Online-Stellenmärkte – war ich selbst in der Situation, mich auf Stellensuche begeben zu müssen. Und so machte ich mich, ausgestattet mit einem Internetzugang und einer umfangreichen Liste mit Online-Stellenbörsen vom akademischen Dienst der Arbeitsagentur, auf in den virtuellen Arbeitsmarkt. Derart ins kalte Wasser geworfen, brauchte ich einige Zeit, um mich durch das vielfältige und unüberschaubare Angebot hindurchzuarbeiten. Dabei fehlten mir für eine Beurteilung der Qualität und Effektivität der einzelnen Portale oft schlicht jegliche Maßstäbe und objektive Kriterien.

Was ich aus dieser Zeit mitgenommen habe, war – außer einem neuen Job – dasjenige, was ich dabei an eigenen Suchstrategien entwickelt habe, und – im Nachhinein – das Bewusstsein, wie viel effektiver meine Anstrengungen hätten sein können, wenn mir damals die Funktion und Struktur des Online-Stellenmarktes klarer gewesen wären.

Letztendlich muss jeder Arbeitsuchende seine eigene Strategie entwickeln und optimieren, denn es gibt kein Patentrezept, das für alle gilt. Und jeder, dem ein solches verkauft wird, sollte sich kurz vor Augen führen, welchen Sinn dergleichen überhaupt ergeben kann – in der heutigen fachlich und regional extrem ausdifferenzierten Arbeitswelt. Darum möchte ich zunächst das Terrain abstecken und die Funktion und Struktur der deutschen Online-Stellenmärkte erläutern. In einem zweiten Schritt sollen dann die Bedingungen zur Entwicklung von eigenen, individuellen Suchstrategien aufgeführt werden.

Die Landschaft der Online-Stellenmärkte

Der deutsche Online-Stellenmarkt ist in den letzten Jahren ständig gewachsen und hat sich dabei nicht nur zusehends ausdifferenziert, sondern ist geradezu zersplittert. Immer neue Portale und Vermittlungsmodelle konkurrieren gleichermaßen um die Gunst von Unternehmen und Stellensuchenden. Dabei ist die Lage mittlerweile so komplex, dass selbst Personalfachleute ernsthafte Schwierigkeiten haben, den Überblick zu bewahren. Ich möchte nun versuchen, etwas Licht in die Strukturen der Jobbörsenangebote zu bringen, sodass Sie die Möglichkeiten erhalten, eine eigene Suchstrategie zu konzipieren. Hierzu teile ich den Markt in die folgenden Segmente ein:

- Generalisten
- Fachstellenbörsen
- Meta-Stellenbörsen, Suchmaschinen
- Portale, die Stellenmärkte enthalten
- Social Media
- Karriereseiten von Unternehmen
- Sonstige

Segmente des Online-Stellenmarktes

Stellenbörsen, die keine regionalen bzw. fachlichen Einschränkungen oder Spezialisierungen aufweisen, gehören zu den populärsten Portalen für die Stellensuche im Internet. Zu den größten und beliebtesten zählen etwa Monster, StepStone, stellenanzeigen.de, Jobware und JobScout24. Dabei können Größe und Beliebtheit durchaus ein zweischneidiges Schwert sein, denn entsprechend groß ist jeweils die Konkurrenz bei ausschreibenden Unternehmen und Stellensuchenden. Dies führt vor allem zu einem erhöhten Durchlauf von Positionen und Bewerbungen. Ein Vorteil liegt in erster Linie in der Breite des Angebots an Stellen, die gerade bei schwierigen Berufsfeldern noch Ergebnisse bringen, wo vom Umfang her kleinere Plattformen gar nicht genügend Auswahl vorweisen können.

Generalisten

Daneben ist zu bedenken, dass die Veröffentlichung auf den großen Plattformen auch immer einen Kostenfaktor für den Arbeitgeber darstellt, der schon so manchen kleinen Betrieb abgehalten hat – vor allem wenn er meint, gegen die dort platzierten „großen Namen" wenig Chancen zu haben. Und da „kleiner Betrieb" in keinster Weise „schlechter Arbeitgeber" bedeutet, lohnt es sich oftmals, auch kleinere Generalisten oder sogar die lokale Zeitung zu bemühen.

Mittlerweile existieren eigentlich für fast alle Berufsgruppen spezialisierte Stellenportale – teilweise auch für bestimmte Branchen und Industriesektoren. Diese Portale weisen starke Unterschiede in ihrer Eignung auf, was allerdings nicht mit der bloßen Anzahl von jeweils veröffentlichten Ausschreibungen gleichzusetzen ist. Die Bandbreite reicht von großen Spezialbörsen wie Ingenieurkarriere und Ingenieurweb, Salesjob, Computerwoche oder heise jobs bis hin zu kleinen Foren für Stellenausschreibungen bestimmter Berufe.

Fachstellenbörsen

In der Regel sind Fachportale umso geeigneter, je gesuchter das Personal in diesem Bereich ist – allen voran Ingenieure, IT-Berufe und Vertriebspersonal. Der große Vorteil für Unternehmen liegt in der zielgerichteten

Ansprache von Bewerbern; Stellensuchende finden hier Angebote aus genau dem Bereich, der sie interessiert.

Allerdings geht diese Rechnung abseits der „beliebtesten" Berufsgruppen nur bedingt auf, da Bekanntheitsgrad, Volumen und Qualität stark variieren, sodass die meisten kleineren Fachstellenbörsen nur als Ergänzung bei der Stellensuche zu empfehlen sind.

Meta-Stellen-börsen, Such-maschinen

Darüber hinaus gibt es Meta-Stellenbörsen, d. h. Suchmaschinen, die keinen eigenen Fundus von Ausschreibungen enthalten, sondern Stellenangebote aus anderen Quellen zusammensuchen und über einen meist weniger differenzierten Suchmechanismus zugänglich machen. Dabei werden die jeweiligen Quellen nicht unbedingt angegeben, wie sich auch einige Anbieter kaum die Mühe machen, darauf zu verweisen, dass die so zusammengetragenen Angebote den unterschiedlichsten Kontexten entnommen sind.

Vorteile für den Stellensuchenden ergeben sich zum einen aus der gewaltigen Menge an so zusammengetragenen Angeboten – vor allem allerdings daraus, dass auch kleinere Märkte und Firmenseiten durchsucht werden. Nachteile liegen darin, dass oft nicht klar ist, wo und vor allem wann die so ermittelten Stellenangebote veröffentlicht wurden – vieles ist längst veraltet, ohne dass dies ersichtlich ist. Auch lassen die Suchmechanismen oft zu wünschen übrig oder sind nur bedingt effektiv, da sie die unterschiedlichsten Kategorisierungen ihrer Quellen vereinheitlichen müssen, weshalb sie oft auf eine Textsuche mit Schlagworten beschränkt sind.

Ergebnisse aus Meta-Stellenbörsen wie kimeta, Job-Turbo, JobRobot, JOBworld oder Careerjet sollten unbedingt auf ihre Quelle hin geprüft werden, wenn diese angegeben ist. Falls nicht, sollte man versuchen, interessante Stellenausschreibungen auf anderem Wege zu bestätigen – etwa bei den großen Generalisten oder über eine allgemeine Internetsuche. Denn öfter, als es einem lieb sein kann, findet man falsche Veröffentlichungsdaten oder verfälschte Anzeigen, sodass geprüft werden muss, ob sich eine Bewerbung überhaupt lohnt.

Portale, die Stellenmärkte enthalten

Die unterschiedlichsten Portale im Internet enthalten Stellenmarktsektionen. Viele davon bewegen sich auf dem Niveau von Kleinanzeigensammlungen und verstehen sich auch oft als reine Serviceleistung bzw. Abrundung des Angebots der jeweiligen Seite. Bemerkenswerte Ausnahmen weisen allerdings durchaus ernstzunehmende Stellenmärkte auf, und das zumeist mit regionalem Bezug, wie etwa MeineStadt oder das auf die rheinische Region spezialisierte Kalaydo.

Auch Businessnetzwerke wie XING oder LinkedIn enthalten Stellenmärkte, die ihre Mitgliedern nutzen können und die mittlerweile ein ansehnliches Volumen aufweisen. Hier liegen die Vorteile in den integrierten Matchingfunktionen, die bereits eine Auswahl an möglicherweise interessanten Stellenangeboten vorschlagen. Dabei werden aus den Profildaten der Teilnehmer Kriterien abgeleitet, die bestimmen, welche

Stellenangebote den Mitgliedern vorgeschlagen werden. Dazu kommt noch die Möglichkeit, mit dem Ausschreibenden unmittelbar – auch informell – in Kontakt zu treten.

Weitere Plattformen wie kununu oder JobTV24 bieten in erster Linie Dienste, die die Unternehmermarke stärken sollen und eher nebenbei eine Verbindung zu ausgeschriebenen Stellen der dort präsentierten Unternehmen bieten. Sie eignen sich besser, um Hintergründe und Firmendetails zu bereits anderweitig ermittelten Ausschreibungen zu recherchieren.

Die schöne neue Welt der sozialen Netzwerke ist bislang mehr von den Arbeitgebern als von Stellensuchenden ins Blickfeld von Rekrutierungsanstrengungen genommen worden. Dies ist kaum verwunderlich, denn aufgrund ihrer Natur sind die sozialen Plattformen wie Facebook, die VZ-Gruppe, Lokalisten, Wer-kennt-wen etc. genauso wie diejenigen, die sich dort tummeln, darauf eingestellt, sozialen und Freizeitinteressen nachzugehen. Arbeitgeber und Unternehmen, die hier umtriebig sind, werben in erster Linie für ihre Arbeitgebermarke und profilieren sich allgemein gegenüber potenziellen Bewerbern. Karriere-Sektionen in diesem Kontext entsprechen im Großen und Ganzen denjenigen auf „normalen" Firmenseiten, die auf diese Weise weiteren Nutzern zugänglich gemacht werden sollen.

Social Media

Am vielversprechendsten für die Stellensuche sind dabei noch diejenigen Dienste, die im Businessbereich angesiedelt sind oder dort genutzt werden. Dabei wären in erster Linie Businessnetzwerke wie XING oder LinkedIn zu nennen, die aber von vielen bereits nicht mehr zum Bereich der sozialen Netzwerke im engeren Sinne gezählt werden. Gleiches gilt für den Mikroblogging-Dienst Twitter, der mittlerweile in erster Linie als frei konfigurierbarer Nachrichtendienst genutzt wird, über den sich auch Stellenausschreibungen verbreiten lassen. Um Stellenangebote per Twitter zu erhalten, kann man einerseits Unternehmen folgen, die ihre Vakanzen auf diese Weise veröffentlichen, oder den Twitterdiensten verschiedener Stellenbörsen. Am effektivsten lässt sich diese Quelle jedoch durch spezielle Twitter-Jobsuchmaschinen erschließen wie etwa „jobtweet".

Die besten Aussichten auf Vermittlung auf diesem Weg haben Ausschreibungen, die den sozialen Netzwerken und den dort aktiven Nutzern inhaltlich bereits sehr nahestehen – der Junior-Marketing-Assistent wird hier bessere Chancen haben als der Entwicklungsingenieur.

Was die sozialen Plattformen für den Arbeitsuchenden jedoch am besten leisten können, ist die Einrichtung persönlicher und beruflicher Netzwerke, die als Referenz und Vermittler für die Stellensuche dienen. Beim Aufbau von belastbaren Netzen benötigt man allerdings viel Zeit und Geduld, sodass man damit besser früher als später anfangen sollte, damit sie im Bedarfsfall zur Verfügung stehen.

**Karriere-
seiten von
Unter-
nehmen**

Viele Unternehmen verfügen über eine „Karriere-Sektion" im Rahmen ihres Internetauftritts, wo sie auch ihre jeweils zu besetzenden Stellen ausschreiben. Es kann also nicht schaden, bei den jeweiligen „Traumarbeitgebern" virtuell vorbeizuschauen. Zu beachten ist dabei, dass oft dieselben Stellen über andere Portale ausgeschrieben wurden und dass die Pflege des Firmenstellenmarktes stark variieren kann, sodass oftmals veraltete Angebote noch online sind – vor allem wenn unterschiedliche Abteilungen für die Administration der Online-Präsenz zuständig sind.

Die viel offensichtlichere Schwierigkeit bei diesem Weg der Stellensuche ist allerdings, dass man schlichtweg gar nicht alle potenziellen Arbeitgeber überblicken kann und das kleinschrittige „Flattern von Blüte zu Blüte" sehr arbeits- und zeitintensiv ist. Andererseits ist dies oft die einzige Art, bei Unternehmen unterzukommen, die in der Lage sind, ihren Personalbedarf weitgehend über diesen Kanal zu decken, da sie über einen enormen Bekanntheitsgrad (zumindest in ihrer Branche) verfügen.

Daneben gibt es noch eine Vielzahl sonstiger Online-Stellenmärkte, von denen ich Ihnen drei beispielhaft vorstellen möchte:

Sonstige

Die Konkurrenz der Internet-Stellenmärkte hat auch die vormaligen Monopolisten auf diesem Gebiet – die Printmedien – dazu gebracht, ihre Stellenmarktangebote auf den Online-Bereich auszudehnen. So gibt es mittlerweile eigentlich keine Zeitung mehr ohne Online-Angebot; dort finden sich auch die zuvor nur in gedruckter Form zugänglichen Stellenausschreibungen wieder.

Im Ergebnis kann sich dies allerdings ganz unterschiedlich darstellen. Einige wiederholen hier lediglich die bereits gedruckten Stellenanzeigen, andere ergänzen sie um ausschließlich online abrufbare Ausschreibungen und wieder andere wie FAZjob.net oder Sueddeutsche.de haben sich zu eigenständigen Online-Stellenmärkten entwickelt, die sich mit den Generalisten messen.

Manchmal scheint die Wiedergabe der gedruckt erschienenen Anzeigen bestenfalls schmückendes Beiwerk und zusätzliches Verkaufsargument für Printschaltungen zu sein. Bei vielen Printmedien finden sich auch Kooperationen, die den Stellenmarkt von Generalisten wie Jobware oder stellenanzeigen.de integrieren. Für diese Stellenmärkte spricht der Zugang zu regionalen Angeboten, die sich sonst kaum online finden ließen.

Gerade bei Online-Stellenmärkten von Fachpublikationen haben die Printmedien ihr Know-how und Renommee erfolgreich in das Internet übertragen können, wie die Portale der VDI Nachrichten, der Computerwoche oder von heise jobs belegen. Hier kann man durchaus überdurchschnittliche Qualität feststellen, was sich auf große Teile von Verlagspräsenzen mit Stellenmärkten im Internet ausdehnen lässt, die oft ihren Mitbewerbern ohne diesen Hintergrund überlegen sind.

Verschiedene Anbieter stellen ihre Portale als „Ort der Begegnung" von Stellenanbietern und Arbeitsuchenden dar, wo Unternehmen sich präsentieren und Personalberater und Headhunter interessierte Bewerber ansprechen können. Der Nutzen für Stellensuchende schwankt dabei stark – in der Regel profitieren davon vor allem diejenigen, die ohnehin keine Probleme bei der Stellensuche oder lediglich die „Qual der Wahl" haben. Auch die hier „pirschenden" Headhunter sind natürlich nur an den besten fünf bis zehn Prozent der registrierten Arbeitnehmer interessiert, um ihren Unternehmenskunden Spitzenkandidaten präsentieren zu können. Und wenn der Hauptzweck eines solchen Portals vor allem die Stärkung der Arbeitgebermarke (*employer brand*) ist, dann versteht sich eigentlich von selbst, warum dies für den Stellensuchenden nur eine nachgeordnete Option sein kann.

Arbeitsvermittler und Zeitarbeitsfirmen bieten oft im Internet an, Stellensuchenden, die sich bei ihnen registrieren, Angebote zukommen zu lassen. Damit geht oft einher, dass man dem jeweiligen Dienstleister die eigenen Daten überlässt und oft auch das Einverständnis, dass dieser jene weiterverwenden darf (gerne durch Scrollbalken oder im „Kleingedruckten" von Nutzungsbedingungen versteckt).

Diese Option ist nur sehr eingeschränkt zu empfehlen. Wenn man die Dienste eines Arbeitsvermittlers in Anspruch nimmt, sollte dies auf einem Vertrauensverhältnis basieren, was eine anonyme Internetregistrierung beim besten Willen nicht leisten kann. Und was mit den so zur Verfügung gestellten – oft umfangreichen – Daten zur eigenen Person alles getrieben werden kann, mag sich jeder selbst ausmalen.

Als Variante gibt es sogar kostenpflichtige Dienste, bei denen für die Aufnahme in einen „Bewerberpool" Gebühren erhoben werden. Hier ist äußerste Vorsicht geboten, erst recht, wenn die Übergänge zu „Premium-Mitgliedschaften" und „Jagdgründen" für Headhunter fließend sind. Grundsätzlich gilt: Wenn es zu gut klingt, um wahr zu sein, ist es das wahrscheinlich auch!

Navigation und Strategien

Im vorangegangenen Teil wurde die virtuelle Landschaft der Online-Stellenmärkte skizziert – sie mag vielen als wahrer Dschungel erscheinen, inklusive Raubtiere und Aasfresser. Nun ist es an der Zeit, einige Hilfestellungen zur Navigation durch dieses Dickicht zu geben.

Vielerorts wird vollmundig versprochen, dass man sich als qualifizierter Arbeitnehmer doch bequem finden lassen solle, statt mühsam Stellenangebote zu recherchieren. Dabei scheint der Hauptzweck dieser Unternehmungen darin zu bestehen, Daten zu sammeln. Ob diese dann in Form einer Bewerberdatenbank als zusätzliches Verkaufsargument für Stellenbörsen dienen, als Roh- und Füllmaterial bei Personalberatern herhalten sollen oder bei kostenpflichtigen Diensten gar als Selbstzweck

Suchen oder finden lassen?

existieren, eines sollte jedem Stellensuchenden klar sein: Von Interesse für Unternehmen sind auch hier nur die besten fünf bis zehn Prozent, der Rest gibt seine personenbezogenen Daten für die Interessen Dritter her. Ganz Ähnliches gilt für Stellengesuche, die man bei Stellenbörsen gelegentlich aufgeben kann und denen dazu bestenfalls das Renommee einer Kleinanzeige anhaftet.

Aber gefunden wird man eben auch – denn das Internet stellt schließlich mittlerweile den einfachsten Zugang zu personenbezogenen Daten dar. Es kann sich eigentlich kein Stellensuchender leisten, sich nicht des Bildes der eigenen Person im Internet bewusst zu sein. Kurz zu prüfen, was sich denn auf Anhieb in Netzwerken und über Suchmaschinen finden lässt, ist dabei das Mindeste. Grobe Schnitzer auszumerzen sollte selbstverständlich sein und am einfachsten gestaltet man das eigene Image durch Hinzufügen von positiven Inhalten und Beiträgen, etwa in (Fach-)Foren, Blogs und Netzwerken. Je professioneller und gepflegter diese Internetdarstellung erscheint, desto eher wird sie von einem potenziellen Fallstrick zu einer echten Stütze im Bewerbungsprozess.

Effizient suchen

Jeder Stellensuchende muss sich eine ganz eigene Suchstrategie zusammenstellen, angefangen bei den Stellenmärkten, die er nutzt, bis zu der Art und Weise, wie dies geschieht. Die Faktoren, von denen die Optimierung der eigenen Suchstrategie abhängt, liegen unter anderem in Berufsfeld und Branche und nicht zuletzt der Region, in der man sucht. Während man bei gängigen Berufsfeldern und in wirtschaftlich aktiven Regionen eher damit beschäftigt sein wird, ein breites Angebot zu filtern und zu strukturieren, geht es bei speziellen oder unklar definierten Berufsbildern und in strukturschwachen Regionen darum, überhaupt ausreichend passende Resultate zu erzielen. Um dabei den richtigen Weg zu finden, müssen die passende Auswahl an Portalen und der effiziente Umgang mit den dortigen Suchmechanismen gefunden werden. Im Folgenden sollen die dabei auftretenden Schlüsselfragen so behandelt werden, dass sie der Bandbreite der Möglichkeiten Rechnung tragen und auf eine Vielzahl von individuellen Fällen Anwendung finden können.

Wo?

Bei der Suche sollten Sie sich bewusst für eine Auswahl von Stellenbörsen entscheiden, die Ihren eigenen Bedürfnissen am besten dient. Dazu eignet sich zunächst eine Handvoll Generalisten, ergänzt um passende Fachstellenbörsen. Beachten Sie hierbei, dass nicht alle Stellen bei nur einer Börse ausgeschrieben werden; viele Positionen werden zeitgleich auf mehreren Portalen ausgeschrieben, um möglichst viele Bewerber zu erreichen. Die Angebote der Stellenbörsen weisen somit ein gewisses Maß an Überschneidungen auf.

Auch greifen hier verschiedene Kooperationen und Synergien, die die Suche in grundsätzlich identischen Datenbankbeständen überflüssig machen.

Zu den bedeutendsten „Doppelungen" auf diesem Gebiet zählt etwa das Zweigestirn von Monster und Jobpilot, wo jeweils exakt die gleichen Stellen zu finden sind. Außerdem findet sich im Stellenmarkt von MeineStadt auch der Stellenbestand der Jobbörse der Bundesagentur für Arbeit (allerdings nicht umgekehrt).

Weiterhin verfügt etwa Jobware über sein Zielgruppenkonzept über eine sehr große Zahl an fachspezifischen Kooperationspartnern, die ebenfalls nicht alle einzeln gesichtet werden müssen, und bei den Online-Präsenzen vieler Lokalzeitungen findet man die Angebote von Stellenanzeigen.de. Viele kleine (Fach-)Portale kooperieren in unterschiedlichem Ausmaß mit großen Generalisten und geben hauptsächlich Ausschnitte aus deren Beständen wieder. Hier lohnt es sich, auf die entsprechenden Verweise zu achten, die sich oft in Gestalt von Logos und Bannern mit den Aussagen „powered by ..." oder „in Kooperation mit ..." offenbaren. Auch wenn sich Design und Suchmechanismus bei mehreren Stellenbörsen nur minimal voneinander unterscheiden, lohnt oft ein kurzer Blick ins Impressum, um sich viel unnötige Arbeit zu ersparen.

Um die Tauglichkeit einer Stellenbörse leichter beurteilen zu können, können Sie sich wie folgt orientieren:

- Fachportale, die nicht einmal 100 Stellen im Angebot haben, müssen sich schon an ein sehr spezifisches Publikum richten, um für eine ernsthafte Suche infrage zu kommen – in den Top-Sparten Ingenieurwesen, IT, Sales darf man auch deutlich mehr erwarten.

- Generalisten sollten die Zahl ihrer enthaltenen Stellen in Tausenden messen – genaue Zahlen lassen sich leider oft nicht ermitteln. Eine Suche mit leerem Textfeld (oder einem einzelnen Buchstaben oder einer Zahl) kann hilfreich sein, um diese Zahlen (oder Annäherungen daran) zum Vorschein zu bringen.

- Stutzen sollten Sie auch, wenn das Datum der letzten Aktualisierung des Portals angegeben wird und dabei mehr als sechs Monate zurückliegt.

- Weitere Indizien, die auf deutliche Qualitätsmängel schließen lassen, sind eine umständliche Handhabung und Seitenstruktur, Anzeigen, die nur in Form von Bildern (PDF oder JPEG) vorliegen oder im Kleinanzeigenformat gehalten sind. Spätestens wenn mehrere dieser Faktoren zusammenkommen, sollte man seine Anstrengungen auf andere Portale konzentrieren.

Mehr oder weniger aktuelle Zusammenstellungen von Stellenbörsen aller Art lassen sich leicht im Internet recherchieren oder werden über die Bundesagentur für Arbeit und ihre Zweigstellen zugänglich gemacht.

Die Frage, wie man am effektivsten in den Beständen der ausgewählten Portale sucht, lässt sich angesichts der vielfältigen Möglichkeiten nur annäherungsweise beschreiben. Oft hat man zunächst die Wahl zwischen

Wie?

- einer detaillierten Recherche und

- einer Schlagwortsuche.

Womit man die besseren Resultate erzielt, hängt stark davon ab, wie sich das gesuchte Berufsfeld am besten fassen lässt – am besten sind Schlagwortsuchen, die sich nachträglich gezielt nach detaillierten Kriterien einschränken lassen. Achten Sie bei der Eingabe einer Kombination von Schlagworten darauf, ob dies nun die Treffermenge erweitert oder einschränkt, weil entweder alle Ergebnisse gelistet werden, die eines der Schlagworte enthalten, oder solche, in denen alle gemeinsam enthalten sind.

Oft besteht bereits bei der Auswahl von für die Suche geeigneten Schlagwörtern die erste Schwierigkeit. Dies ist zum einen darin begründet, dass es nicht unbedingt eine eindeutige Eins-zu-eins-Zuordnung der Bezeichnung von angestrebtem oder erlerntem Beruf und ausgeschriebener Tätigkeit gibt, und zum anderen in der oft sehr „innovativen" Bezeichnung von Berufen in Stellenanzeigen mit dem Ziel, diese möglichst attraktiv klingen zu lassen. Hier ist eine gewisse Bandbreite von Schlagwörtern nötig, bei der Sie sich an der Wortwahl von passenden Stellenanzeigen orientieren sollten. Mit ca. zehn passenden Schlagworten, die man ab und zu leicht variiert, sollten Sie dabei gut ausgestattet sein.

Verlassen Sie sich aber grundsätzlich nicht nur auf den oftmals leichteren Zugang der Suche mit Schlagwörtern, sondern durchsuchen Sie parallel dazu die Systematik der Stellenbörse nach Branchen und Berufsfeldern. Hierbei findet man oft ganz unterschiedliche Positionen, die auf eine Art und Weise ausgeschrieben oder eingestellt wurden, mit der man zuvor nicht gerechnet hätte.

Diese Suche können Sie dann je nach Menge der erzielten Ergebnisse nach Arbeitsort und Region einschränken (wozu gegebenenfalls ein zweiter Suchdurchgang nötig ist, wenn Sie sich gleich zu Anfang festlegen müssen). Seien Sie sich dabei Ihrer eigenen Mobilität und der für Sie persönlich infrage kommenden Arbeitsorte bewusst, um möglichst passende Resultate zu erzielen.

Wann und wie oft? Für eine effektive Stellensuche im Internet empfehle ich einen abgestuften Rechercheplan, der Tätigkeiten ordnet, die im täglichen, wöchentlichen oder zwei- bis vierwöchigen Rhythmus sinnvoll durchgeführt werden sollten (s. a. Tabelle rechts). Stellen Sie sich auf jeden Fall erreichbare Etappenziele für die tägliche Suchroutine – wie viele passende Stellenangebote dabei ein gutes Tagespensum ausmachen, variiert stark, lässt sich aber bereits nach kurzer Zeit einschätzen. Die somit erzielten täglichen kleinen Erfolgserlebnisse helfen Ihnen, die notwendige Motivation für die ständige Optimierung Ihrer Suchstrategien aufzubringen.

Das Internet ist und bleibt ein Ort konstanten Wandels – dies gilt genauso für den darin angesiedelten Online-Stellenmarkt. Dieser Umstand lässt alle „Patentrezepte" und detaillierten Empfehlungen oft bereits nach kurzer Zeit hinfällig werden. Aus diesem Grund habe ich mich bemüht, nachhaltige Suchstrategien vorzustellen, die sich ohne großen Aufwand auf die jeweils vorgefundene Situation übertragen lassen.

Wie häufig?	Was?
Täglich	Werfen Sie täglich einen Blick auf die bedeutenden Generalisten, bei denen ein starker Durchlauflauf von Ausschreibungen gegeben ist. Dabei müssen Sie nicht jede der großen Stellenbörsen vollkommen „ausreizen". Es genügt, manche auch in größeren Intervallen zu durchsuchen oder dies mit variierten Suchmustern zu tun – etwa durch die Erprobung neuer Suchbegriffe. Die tägliche Routine schafft Übung und Vertrautheit im Umgang mit Suchmechanismen und einen Überblick über das tatsächliche Angebot des Arbeitsmarktes. Wenn auf diese Weise die Suchmuster für eine Stellenbörse eingespielt sind, lohnt es sich, in der Nutzerverwaltung der Stellenbörsen einen automatisierten Suchagenten einzurichten und nur noch die Variationen „von Hand" durchzuführen. Wenn Sie auch in den Social Media auf Stellensuche sind, sollten Sie ebenfalls sehr regelmäßig am Ball bleiben, da Echtzeitdienste wie Twitter Stellenausschreibungen in diesem Kontext eine enorme Dynamik und Flüchtigkeit verleihen.
Wöchentlich	Bei fachspezifischen Portalen reicht es in der Regel, einmal wöchentlich zu suchen, um aktuelle Angebote nicht zu verpassen, da Volumina und Durchlauf der ausgeschriebenen Stellen nicht unüberschaubar groß sind. Dieselbe Priorität wie den Fachportalen sollten Sie auch kleineren Generalisten einräumen, wobei die Übergänge zu den 14-tägigen Aktivitäten fließend sein können.
14-tägig bis monatlich	Alle zwei bis vier Wochen sollten Sie online hinterlegte Profile und Dokumente prüfen und ergänzen, um die Erfahrungen der Stellensuche direkt in die Optimierung der eigenen Unterlagen umzusetzen. Das Gleiche gilt für eingerichtete Suchagenten, die nicht nur optimiert, sondern auch variiert werden sollten. Dieses Intervall eignet sich auch für den Besuch von integrierten Stellenmärkten auf den Seiten von Unternehmen, Verbänden oder Universitäten. Ebenso sollten Sie in diesem Zeitraum neue Portale, Unternehmensseiten und Foren für die Stellensuche recherchieren und in Ihr Suchraster aufnehmen, wobei auch durchaus Prozesse entfallen können, die sich als nicht effizient genug erwiesen haben.

Interview mit Michael Klotzbier, Autor einer Umfrage unter Personalern: Internet und Web 2.0 – Boom, Krise und was das mit einem selbst zu tun hat!

Sie gehören zu der Generation der jungen Leute, denen man nachsagt, schon im Kinderwagen am PC gespielt zu haben, den „Digital Natives". Sie nutzen das Internet privat, es ist wesentlicher Teil Ihrer beruflichen Tätigkeit und Sie haben sich auch im Studium damit auseinandergesetzt.

Web 2.0, Employer Branding, Social Media im Zusammenhang mit Personalsuche – die Artikel darüber, Print oder im Netz, sind nicht mehr zählbar. Sie haben vor zwei Jahren Ihre Diplomarbeit darüber geschrieben. Warum?

Demografischer Wandel, Fach- und Führungskräftemangel und der sogenannte „War for Talents" waren Schlüsselbegriffe, die die Situation auf dem Arbeitsmarkt passend beschrieben. Bedingt durch den demografischen Wandel wird es für Unternehmen auf der einen Seite immer schwerer, qualifizierte Mitarbeiter zu finden und diese als neues Personal für sich zu gewinnen.

Andererseits werden sie vor die Herausforderung gestellt, aktuelle Mitarbeiter und Führungskräfte stärker an das Unternehmen zu binden und das Abwandern und Abwerben von qualifiziertem Personal zu verhindern. Diese Entwicklung machte es mehr als notwendig, dass sich Unternehmen als attraktive Arbeitgeber auf dem Arbeitsmarkt präsentieren und dass neue Wege und Kanäle zur Personalbeschaffung gefunden werden mussten. Das Internet und die Entwicklung hin zum sogenannten Web 2.0 spielten dabei eine wichtige Rolle. Zum einen wird dies durch die steigenden Nutzerzahlen begründet und zum anderen bietet dieses Medium neben der hohen Reichweite die Möglichkeit einer zielgerichteten Ansprache von potenziellen Mitarbeitern und Führungskräften.

Im Zuge des Web 2.0 registrierten sich immer mehr Menschen in Social bzw. Online-Communitys, um ihr persönliches Netzwerk aufzubauen, zu pflegen und zu vergrößern. Mit Xing und LinkedIn, Facebook, Werkenntwen, Lokalisten, StudiVZ und später MeinVZ sind die Online-Communitys sowohl im privaten als auch im beruflichen Umfeld rasant gewachsen. Basierend auf diesen Tatsachen war das Thema „Personalmarketing und Recruiting im Web 2.0" geboren. In diesem Zusammenhang führte ich mehrere Interviews sowie eine Umfrage bei 126 Personalern durch.

Können Sie die Ergebnisse zusammenfassen?

Im Rahmen der Interviews und mittels der Online-Umfrage wollte ich herausfinden, inwiefern das Internet im Allgemeinen und das Web 2.0 im Speziellen als Personalmarketing- und Recruiting-Tool genutzt werden. Dabei habe ich bewusst zwischen Personalmarketing- und Recruitingmaßnahmen unterschieden, um zu differenzieren, zu welchem Ziel das Web 2.0 genutzt wird.

Sowohl in den Interviews als auch bei der Auswertung der Umfrage wurde sehr deutlich, dass der Trend auch in der Personalarbeit von den klassischen Personalmarketing- und -beschaffungsmaßnahmen, wie zum Beispiel die klassische Jobanzeige in Tageszeitung oder Fachmagazinen, hin zum E-Recruiting geht. Aus Bewerbersicht bedeutet dies, dass er seine Stellen mehr und mehr im Internet findet und dass er seine Bewerbung nicht mehr im klassischen Stil gedruckt per Post, sondern als E-Mail-Bewerbung bzw. über Online-Formulare versendet.

Die Personaler waren sich einig über die Zukunft des Internets und des Web 2.0 in der Personalarbeit. Es wird immer wichtiger, für die Personalabteilung und natürlich auch für den Bewerber. Während die Unternehmen gezielter und kostengünstiger nach potenziellen Mitarbeitern suchen können, bietet es Bewerbern die Möglichkeit, einfacher an die richtigen Ansprechpartner zu kommen, und die Bewerbung ist mit nur einem Mausklick versendet.

Doch hier besteht auch die Gefahr, dass die Bewerber, ohne nachzudenken, ihre Bewerbung und ihre Profile im Netz streuen und bei Bewerbungen nicht die notwendigen Vorarbeiten leisten.

Die Personaler waren 2008 noch gespaltener Meinung, was Web 2.0 als Personalmarketing- und Recruiting-Tool angeht. Einerseits nutzen 50 % der Personaler bereits Online-Communitys zur Personalbeschaffung, andererseits setzen ebenfalls 50 % noch keine Web-2.0-Instrumente als Maßnahmen ein:

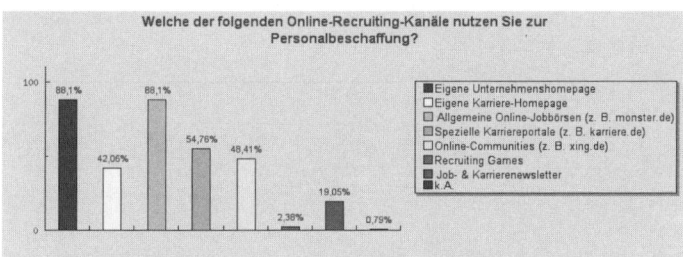

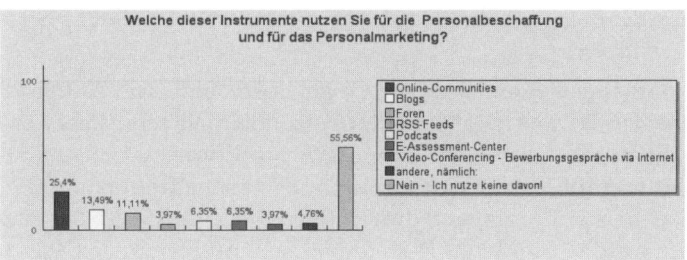

Hier ist auffällig, dass XING als Businessnetzwerk zur Pflege seiner Geschäftskontakte von 95 % schon aktiv eingesetzt wurde. StudiVZ und Facebook wurden dabei kaum eingesetzt.

Außerdem ist es interessant zu betrachten, wofür das Internet eingesetzt wird. Einerseits informieren sich Personaler zusätzlich zur Bewerbung auf folgenden Seiten über den potenziellen Mitarbeiter, andererseits nutzen 60 % das Internet als Möglichkeit zur aktiven Suche von Mitarbeitern.

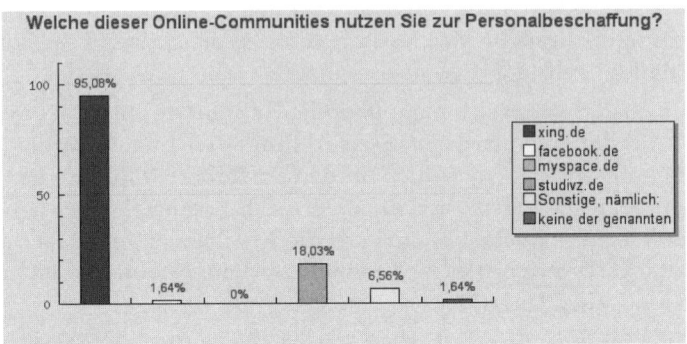

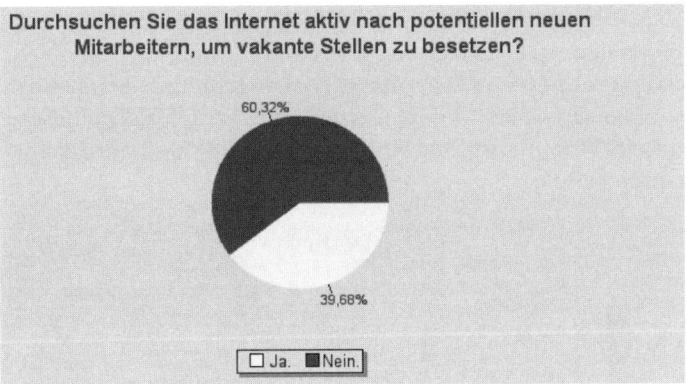

Die Daten zu Ihrer Arbeit haben Sie ja vor der Finanzkrise erhoben. Welche Ihrer Ergebnisse sind Ihrer Meinung nach dem damaligen Boom geschuldet? Würden die Ergebnisse heute anders aussehen? Würden die Befragten heute anders antworten?

Vom damaligen Boom hin zur Finanzkrise sind zwei Entwicklungen entscheidend: Die Aufgaben in der Personalarbeit verschieben sich vom Einstellen neuen Personals hin zu Umstrukturierungsmaßnahmen in Verbindung mit Kosteneinsparung und Personalfreisetzung. Es mussten also nicht händeringend die richtigen Bewerber als Mitarbeiter identifiziert werden, sondern die Unternehmen mussten in der Zeit der Krise sehen, dass Mitarbeiter gehalten werden können, um die Existenz des Unternehmens zu sichern. Trotzdem mussten die Unternehmen daran denken, sich weiterhin als attraktive Arbeitgeber zu präsentieren, obwohl sie keine zu besetzenden Stellen hatten. Denn sie wollten sich ja für den kommenden Aufschwung gut positionieren und somit für geeignete Mitarbeiter interessant bleiben.

Hier bieten die Online-Communitys die Möglichkeit, mit geringem Mitteleinsatz durch Unternehmens- und Mitarbeiterprofile permanent präsent zu sein. Außerdem sind in den letzten beiden Jahren natürlich auch junge Personaler in die Personalabteilungen angekommen, die in ihrer Ausbildung und natürlich im privaten Bereich die neuen Instrumente kennengelernt haben.

Aus diesen Gründen bin ich der Meinung, dass Ergebnisse auf jeden Fall anders ausgefallen wären. Eine Verschiebung vom Recruiting hin zum Personalmarketing mit geringem Budgetaufwand und die Erkenntnis über die Arbeit mit dem Web 2.0 spielen hier eine wichtige Rolle. Während die Personaler bezüglich des Einsatzes dieser modernen Instrumente noch skeptisch waren, haben sie nun Erfahrungen gesammelt, welche sie einsetzen können und welche ihren Zweck nicht erfüllen.

Was erhoffen sich Unternehmen von Rekrutierung im Netz? Vom Auftreten in Communitys?

Das Netz wird sowohl zur Personalbeschaffung als auch für Personalmarketingmaßnahmen eingesetzt. Einerseits nutzen Unternehmen die Communitys, um sich als attraktive Arbeitgeber zu positionieren, andererseits können sie durch die Digitalisierung des kompletten Bewerbungsprozesses die Kosten erheblich senken. Neben der Digitalisierung des Prozesses wird dieser zum größten Teil automatisiert. Die im Online-Formular eingetragenen Daten werden von automatisch ausgewertet, es werden Rankings erstellt und Bewerber, die eine Mindestpunktzahl nicht erreicht haben, bekommen automatisch eine Absage per E-Mail versendet. Zusätzlich werden bereits E-Assessment-Center Tests zur Rekrutierung eingesetzt, die einen herkömmlichen Assessment Center ersetzt und kostengünstiger durchgeführt werden kann. Durch die Online-Communitys als zusätzliche Informationsquelle werden Unternehmen die Möglichkeit geboten, den potentiellen Mitarbeiter in Bezug auf seine Soft Skills zu beleuchten. Hiermit wird das Risiko einer Fehlbesetzung einer Stelle, die mit hohen Kosten verbunden ist, zu minimieren. Ein weiterer Vorteil ist die aktive Suche bzw. die direkte Ansprache von Personen, die sich in den Communitys durch ihre Profile mit ihren Qualifikationen und Erfahrungen präsentieren. Durch die Profile der Unternehmen sowie der der Mitarbeite bekommt ein Jobsuchender die Möglichkeiten, sich direkt und oder auch blind direkt beim einem Ansprechpartner vorzustellen.

Was erhoffen sich Bewerber, speziell junge Leute vom Web 2.0 in Bezug auf ihre Präsenz am Arbeitsmarkt? Gefunden werden statt bewerben?

Im Web 2.0 legen sich User ein Profil an. Sie geben sowohl ihre Ausbildung, Qualifikationen und beruflichen Erfahrungen an als auch ein umfangreiches Bild über private Vorlieben und Hobbys ab. Einige Internetplattformen werben hier mit der Werbebotschaft: „Gefunden werden statt bewerben!", was bedeuten soll, dass sich Jobsuchenden nur ein Profil anlegen müssen und somit von Unternehmen entdeckt werden, die ihnen dann einen Job anbieten. Du suchst dir also keinen Job mehr, sondern der Job kommt zu dir! In der Boomphase der Wirtschaft mochte das für die sogenannten High Potentials vielleicht stimmen, die mit bestimmten Qualifikationen händeringend von den Unternehmen gesucht werden. In den Bereichen Ingenieurswissenschaften und Informatik war dies auch der Fall, da haben potenzielle Mitarbeiter über ihre Profile täglich mehrere Jobangebote bekommen, unter denen sie bei nur auswählen mussten.

Aber was machen Durchschnittsabsolventen, die einen Bereich studiert haben, in dem sich am Studienende mehrere Tausend andere auf eine Stelle bewerben? Meiner Meinung muss der Großteil der Jobsuchenden mehr tun, als nur ein Profil auf einer Internetplattform anzulegen. In Zeiten der Krise kommt noch hinzu, dass die Unternehmen weder aktiv noch passiv nach neuen Mitarbeitern suchen, sondern eher versuchen, Mitarbeiter mit speziellen Qualifikationen zu halten und nicht entlassen zu müssen.

Vorteil des Web 2.0 ist aber natürlich, dass man als Jobsuchender einfacher und gezielter Informationen zum Unternehmen, zu Ansprechpartnern und zur Personalabteilung und deren Arbeit und Vorgehensweise bekommt.

Diesen Vorteil haben selbstverständlich auch die Unternehmen, die sich ausgiebig mit wenig Klicks über den Bewerber informieren können. Dies stellt den Bewerber vor die Herausforderung, seine Profile, die er im Netz hat, immer aktuell zu halten und so anzulegen, dass er positives Gesamtbild abgibt. Die Gefahr, dass Personaler Bilder von Party-Exzessen finden und man somit selbst als geeigneter Kandidat oder gar Favorit eine Absage bekommt, ist nicht zu unterschätzen.

Welche Konsequenzen ziehen Sie für sich persönlich daraus?

Aus den Erfahrungen meiner Diplomarbeit, meiner Umfrage sowie den Interviews habe ich gelernt, dass man vorsichtig sein sollte, was man im Netz über sich veröffentlicht und vor allem in welchem Umfang. Während früher private Fotos Freunden und Familie vorbehalten war, präsentiert man sogenannten „Freunden" auf Facebook in den Communitys einen Einblick in sein intimstes Privatleben. Die Anonymität des Webs ist hier bekannterweise ein Trugschluss. Und wer denkt, dass seine Daten, wenn er sie löscht, nicht mehr gefunden werden können, ist ebenfalls falsch informiert. Internetseiten werden archiviert und sind somit nach der Löschung immer noch auffindbar.

Auch Personaler haben mit den Umgang mit dem Web 2.0 bereits gelernt und perfektioniert. Meiner Meinung nach bietet das Internet viele Chancen, aber auch ähnlich viele Risiken im Bezug auf die Jobsuche und die Präsentation der eigenen Person. Wird man sich dieser Risiken bewusst, ist das Internet mit dem Web 2.0 ein Tool, das man zum Finden eines attraktiven Arbeitsplatzes gezielt einsetzen kann. Trotz allem spielen Empfehlung, Kontakte und klassische Bewerbungen sowie der Besuch von Jobmessen weiterhin eine große Rolle.

Als ich meinem Hund Napoleon ein Profil bei stadthunde.de angelegt habe, habe ich mich aufgrund der Reaktionen entschieden, dass der Web-2.0-Wahnsinn langsam zu weit geht und dass ich mich auf zwei Communitys beschränke: XING zur Pflege meiner Geschäftskontakte und Facebook zur Pflege meiner privaten Kontakte, wobei sich hier die Geschäftskontakte und Freunde aus beiden Netzwerken vermischen.

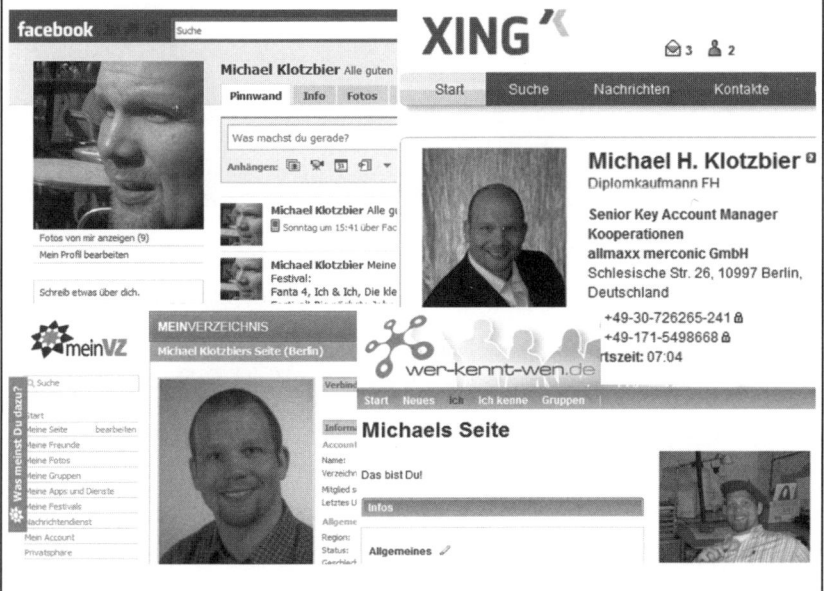

4 Sich präsentieren – Vor- und Nachteile der verschiedenen Medien

Wenn eine bestimmte Form der Bewerbung vorgeben ist („Wir freuen uns auf Ihre schriftliche Bewerbung per Post!"), dann stellt sich die Frage, ob diese klassische Form besser oder schlechter ist als die elektronische Bewerbung, nicht. Man macht es einfach so, wie es das Unternehmen gerne hätte. Aber wenn einem die Wahl gelassen wird? Im Folgenden stelle ich Ihnen verschiedene Formen der Bewerbung vor und was Sie jeweils beachten müssen, um sich auf diese Weise gut zu präsentieren.

4.1 Papierbewerbungen – die klassische Bewerbungsmappe

Die klassische Bewerbungsmappe ist out! Diese Meinung wird jedenfalls von einigen heftig vertreten. Doch Totgesagte leben bekanntlich länger. Anders ist es nicht zu erklären, dass in Zeiten elektronischer Datenübertragung immer noch Farbe und Stil einer Mappe, Dicke des verwendeten Papiers und die Farbe des Umschlags, in dem das alles verschickt werden soll, diskutiert wird.

Natürlich gibt es immer noch Unternehmen und Branchen, die eine Papierbewerbung bevorzugen. Kleine Unternehmen, traditionelle Unternehmen. Und ebenso natürlich favorisieren es manche Bewerber, sich in einer Form zu präsentieren, die man tatsächlich anfassen kann. Zu behaupten, diese Art der Bewerbung sei heute von vornherein zum Scheitern verurteilt, entspricht mit Sicherheit nicht der Wirklichkeit. Dazu ist die Vielfalt der Wünsche und Vorlieben bei den Personalentscheidern in den Unternehmen zu groß.

Was ist wichtig, wenn ich mich mit einer klassischen Mappe auf dem Postweg bewerbe?

- Seien Sie sorgfältig in der Handhabung der Mappe! Im Gegensatz zu elektronisch verschickten Bewerbungsunterlagen sieht man einer Mappe und den dort eingehefteten Blättern an, wenn sie schon einmal verwendet wurden. Wer seine Papierbewerbung mit unsauberen Händen bearbeitet oder gleichzeitig etwas isst oder trinkt, läuft Gefahr, weitreichende Informationen aus seinem Privatleben preiszugeben: Bevorzugt der Bewerber Kaffee oder Tee? Die Flecken verraten es. Welches Duftwasser benutzt er? Ist er starker Raucher? Der vom Papier aufsteigende Geruch gibt Auskunft.

Sorgfältig mit der Mappe umgehen

Welche Art Mappe soll es sein?

- Das Angebot an Bewerbungsmappen im Fachhandel ist gewaltig. Und obwohl fast jeder jemanden kennt, der mit einer dreiteiligen Klappmappe oder mit einer Bewerbung mit Spiralbindung (um nur zwei oft genannte Beispiele zu nennen) erfolgreich war und auch ein positives Feedback vom suchenden Unternehmen dafür erhalten hat, bevorzugen doch die meisten Personaler schlichte Klemmmappen mit durchsichtigem Deckel. Die sind einfach praktischer in der Handhabung, weil der Name des Bewerbers sichtbar bleibt, ohne dass man die Mappe erst aufklappen muss, und weil die Unterlagen zum Kopieren leicht aus der Mappe herausgenommen und ebenso leicht wieder eingeheftet werden können.

Welches Papier?

- Gutes Papier, wie man es allgemein im Drucker benutzt, genügt. Ein höheres Papiergewicht, Papier mit Wasserzeichen oder farbiges Papier fällt zwar auf, entscheidet aber kaum über den Erfolg einer Bewerbung und läuft außerdem Gefahr, im Kopierer hängen zu bleiben.

Vorteile

Die Vorteile einer Papierbewerbung liegen auf der Hand: Ihre Dokumente kommen in dem Layout beim Empfänger an, in dem Sie sie erstellt haben. Wenn Sie mit dieser Form auf einen Personaler stoßen, der als ersten Eindruck es gerne haptisch, also anfassbar, hat, dann haben Sie seine erste Aufmerksamkeit gewonnen, wenn Ihre Unterlagen ansprechend aufbereitet sind.

Nachteile

Leider treten ihre Nachteile ebenso offen zu Tage: Papierbewerbungen verursachen in der Verwaltung mehr Aufwand und sind deshalb teurer – übrigens auch für den Bewerber! Denn die Unterlagen müssen zur Weiterbearbeitung in der Regel eingescannt werden und – nach Beendigung des Bewerbungsverfahrens bei einer Absage zurückgeschickt werden. Bei fünf Bewerbungen keine große Sache, bei 100 jedoch....!

4.2 Die Online-Bewerbung

Der Trend ist eindeutig: Online-Bewerbungen gewinnen immer mehr Anhänger. Wenn also ein Unternehmen in einer Anzeige auf sein Online-Formular verweist oder als Bewerbungsadresse eine E-Mail-Adresse angibt, dann können Sie davon ausgehen, dass eine digitale Bewerbung gewünscht wird.

In diesem Fall schicken Sie Ihre Unterlagen als Mail mit den entsprechenden Anhängen: Anschreiben, Lebenslauf, Arbeits- und Ausbildungszeugnisse und ggf. weitere geforderte Unterlagen. In der Gestaltung sind Sie ebenso frei wie bei einer Papierbewerbung.

Bewerbungsformular

Zahlreiche Unternehmen sehen vor, dass der Bewerber seine Daten in eine vorgegebene Maske eingibt. Dieses Unterfangen kann manchmal sehr mühsam sein, je nachdem wie benutzerfreundlich das Formular ist. Auch ist es eher frustrierend, wenn die Maske den individuellen Werdegang nicht abbilden kann, weil bestimmte Möglichkeiten der Qualifikation beispielsweise gar nicht vorgegeben sind.

Im besten Fall können Anhänge – der eigene Lebenslauf und das Anschreiben – ergänzend hochgeladen werden. Vielleicht helfen ja telefonische Nachfragen in der jeweiligen Personalabteilung weiter. Wo das nicht der Fall ist, hilft oft nur: „Love it or leave it!"

Was ist wichtig, wenn ich mich online bewerbe?

- Fallen Sie nicht auf das Medium herein! Elektronische Datenübermittlung verführt zur Schnelligkeit – und damit gerne zu einem gewissen Maß an Schlamperei. Schreiben, die man auf Papier nie in dieser Form abgeschickt hätte, fliegen als Mail ganz selbstverständlich mal eben in die Welt hinaus. Bringen Sie also dieselbe Sorgfalt auf wie bei einem Schreiben an Ihre Bank, wenn Sie einen Kredit verhandeln, in der äußeren Form und im sprachlichen Stil.   `Sorgfalt`

- Lesen Sie Korrektur – am besten an der ausgedruckten Datei. Sie finden Fehler so leichter! Noch besser ist es natürlich, einen Dritten mit dem Korrekturlesen zu beauftragen, denn vier Augen sehen bekanntlich mehr als zwei.   `Korrektur lesen`

- Word-Dokumente sind virenanfällig und deswegen nicht gerne gesehen. Wandeln Sie Ihre Word-Dokumente (Lebenslauf, Anschreiben) also um.   `Datei-format`

- Verwenden Sie ausschließlich gängige Dateitypen (.pdf, .jpg).

- Drucken Sie probehalber Ihre eingescannten Dateien vor dem Versenden aus und überprüfen Sie, ob sie auch in gedruckter Form gut lesbar sind und Ihren angestrebten Qualitätsstandards entsprechen.   `Scans o. k.?`

- Erleichtern Sie dem Empfänger die Identifizierung Ihrer Anhänge (Attachments), indem Sie Ihnen eindeutige Dateinamen geben.   `Dateinamen`

- Fassen Sie die Unterlagen, die Sie beifügen, in zwei Sammeldateien zusammen: eine für das Anschreiben und den Lebenslauf, die andere für Ihre Zeugnisse. Jede Seite einzeln zu versenden ist eine Zumutung für jeden Leser!   `2 Sammel-dateien`

- Und zu guter Letzt: Schicken Sie Ihre Bewerbung als Testmail an jemanden mit einer eher durchschnittlichen Computerausstattung und fragen Sie nach, ob sich alle Dateien problemlos öffnen lassen. Vor allem Freaks vergessen gerne, dass das, was sie für Minimalstandard halten, nicht überall zur Grundausstattung gehört.   `Testmail`

4.3 Die Bewerbungshomepage

„Clevere Bewerber", so werben speziell Anbieter für die Erstellung solcher Seiten, „sparen sich Zeit und Mühe und senden bei ihren Bewerbungen einfach den Link zu ihrer Bewerbungshomepage mit." Da könne dann das suchende Unternehmen alle Informationen finden, die der Bewerber über sich geben wolle.

Mit einer Bewerbungshomepage erstellt der Suchende eine Präsentation über sich, die alle Daten beinhaltet, die einen Arbeitgeber möglicherweise interessieren könnten und auf die er jederzeit zugreifen kann. Das erscheint auf den ersten Blick als eine attraktive Möglichkeit, auf sich aufmerksam zu machen. Auch auf den zweiten?

Standardisierte Informationen

Auf seiner Website gibt der Bewerber standardisiert Informationen über sich. Damit entfällt die Möglichkeit, seine Unterlagen auf die konkreten Anforderungen des suchenden Unternehmens hin auszurichten. Er macht mit einem Verweis darauf mehr oder minder offen deutlich, dass er sich mit der Stellenanzeige nicht auseinandergesetzt hat – mit Sicherheit ein Minuspunkt für ihn.

Empfänger muss aktiv werden

Die Aufforderung, auf den angegebenen Link zu klicken, verschiebt die Informationspflicht des Bewerbers hin zur Notwendigkeit der Informationsbeschaffung durch den Empfänger. Speziell in Zeiten eines hohen Angebots qualifizierter Bewerber auf dem Arbeitsmarkt mag das der eine oder andere Personalverantwortliche durchaus als Zumutung empfinden. In einem kurzen Anschreiben nur den Link zur Seite zu verschicken wird vermutlich als grobe Unhöflichkeit gewertet.

Was könnte auf einer Website zu finden sein, das sich in „normalen" Bewerbungsunterlagen nicht ebenso gut darstellen lässt? Wenn Sie diese Frage nicht schlüssig und überzeugend beantworten können, dann sollten Sie darauf verzichten. Weder eine Serie von Bildern noch umfangreiche Powerpointpräsentationen zeigen wirklich Neues vom Bewerber.

Letztendlich ist es aber auch eine Frage der Branche und des Berufsbildes, für das man sich bewirbt. Wo die Website selbst Referenz für die eigene Qualifikation ist, wo Arbeitsproben Aufschluss über relevante Erfahrungen geben, kann eine Bewerbungshomepage sinnvoll und daher angebracht sein. In allen anderen Fällen ist sie eher Spielerei – auch und gerade in den Augen vieler Personalverantwortlicher.

Woran sollte ich denken, wenn ich eine Website erstelle?

Zusätzliche Informationen

- Wenn Sie eine Website erstellen, dann achten Sie darauf, dass sie über Ihre Bewerbungsunterlagen hinaus einen zusätzlichen Informationsgewinn für den Leser bringt.

Professionell

- Sie kennen das Zitat? „Das Gegenteil von ‚gut gemacht' ist ‚gut gemeint'!" Eine Homepage sollte also professionell wirken: optisch gut aufbereitet und benutzerfreundlich! Sonst dient sie nicht als Referenz für Ihre Fähigkeiten, sondern wird höchstens als schlechtes Beispiel durchs Unternehmen gereicht.

- Vor allem sollte der Link zu Ihrer Website funktionieren! Wie oben schon geschrieben, hat der Bewerber eine Bringschuld an den potenziellen Arbeitgeber in Bezug auf die gewünschten Informationen. Wenn der Server, über den die Website läuft, eine Störung hat, dann beendet vermutlich der erfolglose Versuch, die Seite zu öffnen, Ihr Bewerbungsverfahren. Ob Sie schuld daran sind oder nicht, spielt keine Rolle!

  Funktionierender Link

- Hinterlegen Sie auf keinen Fall alle Daten (Arbeitszeugnisse etc.) für jeden einsehbar, sondern schützen Sie sensible Bereiche durch ein Passwort.

  Sensible Bereiche schützen

4.4 Das Bewerbervideo

Das AGG (Antidiskriminierungsgesetz) verbietet, in Stellenanzeigen ein Foto zu fordern. Um wegen des Alters oder der ethnischen Herkunft eine Benachteiligung der Bewerber zu verhindern, experimentiert man mit anonymen Bewerbungen. Gleichzeitig jedoch wird eine neue Form der Bewerbung als Trend propagiert: das Bewerbervideo.

Der Gedanke dahinter: In bewegten Bildern zeigt der Kandidat mehr von sich (Köperhaltung, Gestik und Mimik, Stimme) und kann sich damit besser – authentischer, überzeugender – präsentieren als mit einem Foto. Der Bewerbungsempfänger hat somit schon vor einem ersten Gespräch einen Eindruck, ob diese Person ins Team passen könnte oder nicht.

Eine auch noch so kurze Videopräsentation herzustellen erfordert entweder Geld (wenn man auf eine Agentur zurückgreift, die solche Videos erstellt) oder ein sehr gutes Gespür für bewegte Bilder und ein einigermaßen fotogenes Äußeres, dem auch eine schlechte Ausleuchtung nicht schadet, dazu eine gehörige Portion selbstkritischer Wahrnehmung der eigenen Person! Denn der Grat zwischen gekonnter und beeindruckender Selbstdarstellung und dem Abgleiten ist Lächerliche ist schmal, sehr schmal!

Machen wir uns nichts vor: Nicht jeder agiert locker vor einer Kamera, viele haben sogar Angst davor. Dienstleister auf diesem Markt sprechen von Aufnahmezeiten von bis zu drei und vier Stunden, bis so ein Zweiminutenclip „im Kasten" ist. Schließlich sind Bewerber keine Schauspieler.

Wirklich für Sie geeignet?

Ob sich diese Form der Selbstpräsentation in Zukunft durchsetzen wird, bleibt abzuwarten. Für eine Bewertung ist es eindeutig zu früh.

Bevor Sie sich entscheiden, dieses Medium unter diesen Voraussetzungen für sich zu nutzen, sollten Sie folgende Überlegungen anstellen:

- Wie verhalten Sie sich vor der Kamera? Sind Sie so, wie Sie wirklich sind? Oder brauchen Sie Training und Ihr Auftritt wirkt anschließend immer noch einstudiert und künstlich?

- Mit einem Video fallen Sie mit Sicherheit auf. Allerdings bemängeln Personaler auch, dass damit zusätzliche Informationen verarbeitet werden müssen, durch die die fachliche Eignung für eine Stelle nicht klarer wird.

- Passt diese Art der Selbstpräsentation zur Branche und zur angestrebten Stelle?
- Und zu guter Letzt: Ist Ihnen diese Präsentation, deren Akzeptanz sehr ungewiss ist, ein paar Hundert Euro wert?

5 Ihr Vorstellungsgespräch

Sie haben es geschafft! Eine entscheidende Hürde ist genommen: Sie haben einen Termin für ein Vorstellungsgespräch. Und damit beginnt alles von vorn. Sie sollen, können und müssen sich vorbereiten.

Nicht immer löst so eine Einladung uneingeschränkte Begeisterung aus. Die Unsicherheit beginnt bei der Überlegung, wie man sich denn am besten auf das Gespräch einstellen sollte, und endet bei der profanen Frage: „Oh Gott, was ziehe ich nur an?" Erschwerend kommt das fehlende Wissen um den genauen Ablauf und die Gepflogenheiten im jeweiligen Unternehmen hinzu.

Wie gelassen Sie die Vorbereitungen angehen können, hängt davon ab, was Sie in Ihren schriftlichen Unterlagen von sich mitgeteilt haben. Sind Sie bei der Realität, sind Sie authentisch geblieben? Oder haben Sie sich besser dargestellt, als Sie sind? Ein wenig Übertreibung wird jedem Bewerber zugestanden. Schließlich sind Bewerbungsunterlagen nicht nur Information für das Unternehmen, sondern immer auch Selbstmarketing des Bewerbers.

Aber jetzt müssen Sie halten, was Sie versprochen haben. Und natürlich wird die Messlatte umso höher angelegt, je mehr Sie sich bisher als Top-Kandidat dargestellt haben.

Halten, was Sie versprochen haben

Zu welchem Bewerbertyp gehören Sie? Sind Sie eine Person, die auf eine Einladung so reagiert: „Ich hab ein Vorstellungsgespräch – ja!!! Der Job ist meiner!"? Oder finden Sie sich eher in dieser Aussage wieder: „Ich hab ein Vorstellungsgespräch – wenn es bloß schon vorbei wäre!"?

Es gibt Menschen, die allen Prüfungssituationen mit Leichtigkeit begegnen. Für sie ist eine Prüfung (und als so etwas Ähnliches wird ein Vorstellungsgespräch ja oft empfunden) eine Möglichkeit, sich und ihre Fähigkeiten zu präsentieren, zu zeigen, was sie können. Der Adrenalinstoß gibt den nötigen Flow, um zu großer Form aufzulaufen, und verursacht nicht, wie bei nicht so begünstigten Menschen, zitternde und feuchte Hände oder hektische rote Flecken.

Das andere Extrem sind diejenigen, die schon im Vorweg sicher sind, ihre Potenziale nicht zeigen zu können. Sie hassen es, sich präsentieren zu müssen, weil sie die Erfahrung gemacht haben, dass beim Gegenüber sowieso nicht ankommt, was sie mitteilen wollen: Sie sind zu zurückhaltend, sie sind es nicht gewohnt, über sich zu sprechen, ihnen fehlen die Worte, sie mögen sich nicht positiv darstellen und hoffen, dass ihr Gesprächspartner ihre Eignung für die Stelle schon irgendwie herausfinden wird.

Finden Sie sich in der Beschreibung dieser Extreme wieder? Vermutlich eher irgendwo dazwischen.

Bestimmen Sie Ihren emotionalen Standort

1	2	3	4	5	6	7	8	9	10

Wo sehen Sie sich? Die Skala reicht von 1 (ganz entspannt, eher schon begeistert) bis 10 (sehr nervös, um nicht zu sagen ängstlich).

Die folgenden Satzanfänge (die Sie bitte ergänzen), geben grundlegende Stimmungsrichtungen wieder. Je näher Sie in Ihrer Einschätzung des Nervositätsfaktors bei 10 liegen, desto hilfreicher wird es für sie sein herauszufinden, was genau diese Nervosität ausmacht, und desto besser werden Sie wissen, was Sie in der Vorbereitung berücksichtigen sollten.

Auf ein Vorstellungsgespräch freue ich mich, weil …
Am meisten bei der Vorbereitung würde mir helfen, wenn …
Im Gespräch befürchte ich am meisten, dass …
Positiv im Gespräch überraschen würde mich …
Unsicher bin ich, wenn ich daran denke, dass …
Das Gespräch würde sicher gut verlaufen, wenn …
Unterstützung im Vorfeld erhoffe ich mir von …
Diese Unterstützung sollte am besten beinhalten: …
Meine Familie/Freunde sollten in den Tagen vorher auf keinen Fall …

Welche Ihrer Satzergänzungen beschreibt eine Situation, für die Sie Unterstützung brauchen? Für welche dieser Situationen können Sie selbst eine Lösung finden? Wen könnten Sie um Unterstützung bitten, wenn Ihnen nichts einfällt? Welche Befürchtung durch eine entsprechende Vorbereitung entkräften? Was davon ist beim genauen Hinschauen vielleicht gar nicht mehr so schwierig?

Mehrstufiges Verfahren

Das Prozedere der persönlichen Vorstellung des Bewerbers im Unternehmen besteht häufig nicht nur aus einem einzigen Gespräch. Rechnen Sie mit einem mehrstufigen Vorgehen vonseiten des Unternehmens. Mehrstufige Bewerbungsverfahren sind umso üblicher, je anspruchsvoller die zu besetzende Position ist. Es kann durchaus sein, dass Sie im Vorfeld ein Telefoninterview führen müssen. Entweder geschieht das mit Voranmeldung oder einfach so, ganz überraschend und – natürlich – oft im falschen

Augenblick … aus Bewerbersicht! Es kann Ihnen passieren, dass Sie in einem ersten Schritt um schriftliche Stellungnahmen zu einem Thema gebeten werden. Sie können Einladungen zu einem Bewerbertag oder einem Assessment-Center erhalten. Man fordert Sie vielleicht auf, an Tests (Persönlichkeitstests oder auch Wissenstests) teilzunehmen.

Wenn Sie Ihr erstes Gespräch bei einer mit der Personalsuche fürs Unternehmen beauftragten Personalberatung haben, dann durchlaufen Sie auf alle Fälle mindestens zwei Gespräche: eines mit dem Vertreter der Personalberatung und eines mit einem Mitarbeiter des suchenden Unternehmens.

Wenn Sie sich um eine Führungsposition bewerben, dann können Sie ebenfalls davon ausgehen, ein mehrstufiges Bewerbungsverfahren absolvieren zu müssen. Berücksichtigen Sie diese Tatsache bei Ihren Gesprächen! Ihre Aussagen und Ihr Auftreten werden nämlich auch dahin gehend beobachtet und bewertet, wie konsistent Sie in Ihrem Verhalten mit den unterschiedlichen Gesprächspartnern sind!

Ob Ihnen das Vorgehen gefällt oder nicht, ist an dieser Stelle nachrangig. Das Unternehmen gibt den Ablauf vor und Sie können sich nur entscheiden, ob Sie das Spiel mitmachen wollen oder nicht. Sie können im Normalfall niemanden dazu überreden, Ihren Vorstellungen für die persönliche Präsentation im Unternehmen zu folgen.

5.1 Was will das Unternehmen in einem Vorstellungsgespräch erreichen?

Die gute Nachricht zuerst: Wenn Sie zu einem Vorstellungsgespräch eingeladen werden, dann hält man Sie im Normalfall grundsätzlich für geeignet, die ausgeschriebene Stelle auszufüllen. Ihre Papierform hat also den Anforderungen, die man an Sie als Bewerber stellt, genügt.

Vorstellungsgespräche sind dazu da herauszufinden, ob man zueinander passt: der Bewerber zum Job und zum Unternehmen, das Unternehmen zum Bewerber und seinen Vorstellungen und Wünschen vom beruflichen Leben. Trotz des Ungleichgewichts der Kräfte zuungunsten des Bewerbers bleibt diese Aussage gültig.

Passt alles?

Vorstellungsgespräche sind ebenfalls dazu da herauszufinden, ob die schriftliche Performance eines Bewerbers mit der Realität übereinstimmt: jetzt und auch in der Zukunft! Kann er den Job ausfüllen? Besitzt er das Potenzial, zukünftige Veränderungen konstruktiv mitzugestalten, oder wird er eher ein Bremser sein, der am Vertrauten festhalten will? Ist er flexibel genug, auch auf anderen Positionen erfolgreich zu sein? Und so realitätsbezogen, dass er nicht gleich nach der Einarbeitung unzufrieden auf die nächste Karrierestufe schielt? Außer natürlich, man sucht einen High Potential, der für weiterführende Funktionen im Unternehmen vorgesehen ist …

Und schließlich will das Unternehmen nach einem oder mehreren Gesprächen zu einer Entscheidung kommen: einstellen oder absagen.

Alle drei Anliegen machen deutlich, dass es in einem solchen Gespräch nicht um einen unverbindlichen Plausch gehen kann, in dem alle nett zueinander sind und keinerlei kritische Fragen stellen. Es darf (und muss) durchaus ernsthaft zur Sache gehen. Wie das im konkreten Falle aussehen kann, darüber gibt es unterschiedliche Meinungen.

Natürlich hoffen die meisten auf „nette" Gesprächspartner. Aber wann ist jemand nett? Stellen Sie sich so ein Gespräch in angenehmer Atmosphäre vor. Plötzlich wird eine Frage gestellt, die Sie verunsichert: „War Ihr Chef eigentlich zufrieden mit Ihrer Arbeit?" Sie sind irritiert und innerlich läuft ein Film ab: Ist das jetzt eine hinterhältige Fangfrage oder legitimes Interesse? War man vorher nur freundlich zu mir, um mich in Sicherheit zu wiegen? Damit ich jetzt reinfalle? Auf was eigentlich? Und plötzlich wünschen Sie sich, Ihr Gegenüber wäre einfach nur fair, das würde Ihnen völlig genügen.

**Über-
raschungs-
momente**

Provokation in Maßen gehört zum Bewerbungsgespräch, denn der Bewerber soll sein „wahres Gesicht" zeigen. Das tut er aber nicht, solange er in vorbereiteten Bahnen agieren kann. Erst Überraschungsmomente werfen ihn (ein wenig) aus der Bahn und zeigen den Menschen – Sie – hinter der Fassade.

Machen Sie sich also klar: Es ist einerseits eine Anforderung an Personaler, im Gespräch eine angenehme Atmosphäre zu schaffen. Der Bewerber soll sich ja darstellen können und nicht vor lauter Nervosität keinen zusammenhängenden Satz herausbringen. Andererseits will und muss selbst der netteste Gesprächspartner in einem Vorstellungsgespräch relevante Informationen erlangen. Das ist sein Job. So gesehen, ist „nett sein" kein Kriterium zur Beurteilung, „fair" wäre hilfreicher.

5.2 Womit müssen Sie rechnen?

**Menschen
sind
fehlbar**

Sie müssen vielleicht nicht mit dem Schlimmsten rechnen, aber rechnen Sie damit, dass einiges schiefgehen kann. Im Vorstellungsgespräch begegnen sich Menschen. Wie sollte es anders sein, als dass Sie auch auf (in Ihren Augen) seltsame Zeitgenossen treffen?

Kalkulieren Sie ein, dass

- Ihre Gesprächspartner nicht gut vorbereitet sind und Ihren Lebenslauf nicht kennen,

- Sie es mit unerfahrenen Menschen zu tun haben, die weniger Vorstellungsgespräche geführt haben als Sie als Bewerber,

- Sie überhebliche oder unwissende Menschen treffen, unpünktliche Menschen, Gesprächspartner, die Grenzen überschreiten – unhöflich bis zur Unverschämtheit,

- die Stelle, auf die Sie sich beworben hätten, sogar nicht mehr existiert, dass man Ihnen stattdessen eine weniger qualifizierte und auch schlechter dotierte anbietet,

- Sie dort Hobbypsychologen begegnen und gefragt werden, welches Tier Sie gerne wären,

- der jemand mit einem Brain Teaser Ihr Talent testen will, auf den ersten Blick alberne und verwirrende Probleme systematisch anzugehen,

- auch heute immer noch einer mit einem vorbereiteten Fragenkatalog aus dem Lehrbuch kommen kann, der eine Frage nach der anderen abarbeitet, ohne dass ein Dialog entstehen kann,

- Sie nicht nur einem Gesprächspartner gegenübersitzen, sondern manchmal zwei oder drei; dass Sie zur Tür hereinkommen und eine ganze Gruppe vor Ihnen sitzt,

- es den Personaler gibt, die wirklich nett sind, und diejenigen, die wie im amerikanischen Krimiverhör „Good cop – bad cop" spielen.

Die Welt ist bunt und unvollkommen und bei dieser Unvollkommenheit machen auch Mitarbeiter aus dem Umfeld „Personal" keine Ausnahme. Es stellt sich also eher die Frage, was Sie aus solchen Erlebnissen schließen sollen und können und natürlich wie Sie sich auf solche Eventualitäten vorbereiten und somit wissen, wie Sie damit umgehen wollen!

Manche Unvollkommenheiten sind auch gar keine und wirken nur in Ihren Augen so. Denn natürlich hat das einstellende Unternehmen das Recht, die Bewerber zu überprüfen, ihre Fähigkeiten und ihre Schwächen. Der Bewerber tut das doch auch, wann immer er es sich leisten kann!

Hier einige Ansätze dazu:

- Seien Sie gelassen, denn Sie können Ihr Gegenüber sowieso nicht ändern.

  Wiereagieren?

- Nicht alle in Ihren Ohren seltsamen Fragen werden gestellt, um den Bewerber aufs Glatteis zu führen. Manche Frager sind einfach ungeschickt, manche fantasielos. Manche stellen seltsame Fragen auch gezielt, um Ihre Reaktionen zu sehen, Ihre Schlagfertigkeit zu testen, Ihre kommunikative Kompetenz.

- Jeder Mensch ist anders. Jeder Personalverantwortliche auch!

- Was den einen Bewerber provoziert und aus der Bahn wirft, entlockt dem andern vielleicht nur ein amüsiertes Lächeln oder einen flotten Spruch. Zu welcher Kategorie gehören Sie?

- In einem großen Unternehmen muss unkorrektes Verhalten im Vorstellungsgespräch kein Hinweis auf einen allgemein problematischen Umgang mit Mitarbeitern sein. Es kann nur diese spezielle Abteilung betreffen. Bevor Sie im Gespräch aus der Haut fahren oder Ihre Bewerbung zurückziehen, überlegen Sie sich, wie oft Sie diese Person in Ihrem Arbeitsalltag wohl treffen werden.

- Denken Sie vor einem Gespräch darüber nach, was Sie von sich aus Ihrem engeren persönlichen Bereich mitteilen wollen. Dazu gehört auch, die Themen zu identifizieren, bei denen Sie emotional werden und die „Contenance", Ihre gelassene Haltung verlieren. Das macht es leichter, sich in der Gesprächssituation bei entsprechenden Fragen abzugrenzen.

- Höflichkeit macht in gewisser Weise unangreifbar. Legen Sie sich also für alle Fälle einen formvollendeten Satz zurecht, mit dem Sie ein Gespräch beenden können, wenn es Ihnen notwendig erscheint.

5.3 Was können Sie erwarten?

Neben den oben beschriebenen Szenarien gibt es aber auch das ganz normale korrekte Programm und mit ein bisschen Glück werden Sie auch vorwiegend solche Erfahrungen machen, wie sie im Folgenden beschrieben sind:

- Sie erhalten eine ordentliche Einladung. In ihr ist beschrieben, wo das Gespräch stattfindet, wer teilnimmt und wie (gerade bei einer weiteren Anreise wichtig!) die Kosten geregelt werden.

- Das Gespräch beginnt pünktlich.

- Ihre Gesprächspartner sind gut vorbereitet. Sie haben Ihre Bewerbungsunterlagen sorgfältig gelesen.

- Es gibt keine Störungen von außen, kein Handy, das klingelt, kein anderes Gespräch, das mal eben nebenbei geführt werden muss.

- Das Gespräch wird in Ruhe und ohne Zeitdruck geführt.

- Die Fragen, die man Ihnen stellt, sind gut und angemessen. Das schließt nicht aus, dass intensiv und auch mal hart nachgehakt wird! Alle Fragen bewegen sich im gesetzlich erlaubten Rahmen.

- Trotz Härte in der Sache ist die Gesprächsatmosphäre von Höflichkeit und Respekt der Person gegenüber geprägt.

- Es kommt zu einem echten Austausch.

Ideatltypischer Ablauf eines Vorstellungsgesprächs

In einem idealtypischen Ablauf eines Vorstellungsgesprächs finden sich die unten aufgeführten Phasen und Themen wieder, wobei die Reihenfolge variieren kann:

Die Phasen des Vorstellungsgesprächs

- die Phase des Kennenlernens

- fachliche Überprüfung, ob „Papierform" und Realität übereinstimmen

- Ihr Umgang mit Menschen

- Ihre Motivation, Ihre Zielorientierung bezogen auf die ausgeschriebene Stelle

- die Phase der Information über die ausgeschriebene Stelle und das Unternehmen
- Gehalt und sonstige Leistungen des Unternehmens
- abschließende Fragen des Bewerbers und Verabschiedung

Sie können natürlich mit Fug und Recht erwarten, dass Ihr Interviewpartner – ganz gleich, ob es sich um Vertreter eines suchenden Unternehmens handelt, um Personalberater oder um Personalvermittler – über die gegenseitigen Pflichten und Rechte im Bewerbungsprozess Bescheid weiß. Sie können Höflichkeit erwarten, korrektes Verhalten, Professionalität, alles, was man im geschäftlichen Umgang einmal als „Kaufmannstugenden" beschrieben hat. Allein, die Welt ist nicht so! Buchen Sie also Seltsames unter „Erfahrung" und „Wer weiß, wofür es gut ist!" ab und machen Sie sich den Kopf frei für Neues.

5.4 Der Ablauf und wie Sie sich darauf vorbereiten können

Alle grundsätzlichen Überlegungen und Informationen zu Bewerbungsgesprächen in Ehren: Spätestens, wenn es ernst wird und man eine Einladung zu einem Jobinterview vorliegen hat, möchte man wissen, wie man sich konkret auf diese Situation vorbereiten kann.

Wenn Sie bisher alle Kapitel durchgelesen und vielleicht auch schon systematisch bearbeitet haben, dann ist der größte Teil der Arbeit schon erledigt und Sie müssen die erarbeiteten Ergebnisse nur noch auf die Situation im konkreten Unternehmen zuschneiden. Wenn nicht … blättern Sie zurück.

Im Folgenden sind für manchen, der mit solchen Gesprächssituationen eher gelassen umgeht, die einzelnen Abschnitte eventuell zu genau beschrieben. Es sind jedoch die Kleinigkeiten, die in Beratungsgesprächen immer wieder auftauchen und die Kopfzerbrechen bereiten. Der Teufel steckt bekanntlich im Detail!

Allgemeines in der Zeit vor und auf dem Weg zum Gespräch

Wer sowieso leicht nervös wird, der sollte vermeidbarem Stress vor diesem wichtigen Termin aus dem Weg gehen!

Gehen Sie in der Bewerbungsphase regelmäßig zum Friseur und sorgen Sie für einen dauerhaft ordentlichen Haarschnitt. Wer vor einem kurzfristig anberaumten Termin in den Spiegel schaut, findet, dass das so gar nicht geht, und sich noch mal schnell zum Haareschneiden begibt, sieht in den meisten Fällen aus, was er auch ist: frisch geschnitten! Vor allem im Sommer, wenn dann ein heller Rand nicht sonnengebräunter Haut rund um den Haaransatz sichtbar wird, wird man vom Ergebnis nicht begeistert sein!

Friseur

Outfit

Legen Sie sich Ihr Bewerbungsoutfit zurecht und sorgen Sie dafür, dass es gereinigt, gewaschen und gebügelt ist. Was genau Sie anziehen, hängt davon ab, für welche Position Sie sich in welcher Branche bewerben. Grundsätzlich gilt, dass der Kandidat zum Job passen soll. Ob jemand passt, ob jemand verstanden hat, wie Branche und Unternehmen „ticken", das erkennt man auch daran, wie er (oder sie) angezogen ist. Recherchieren Sie also, was „man" üblicherweise so trägt im Zielunternehmen. Ein bisschen „zu fein gemacht" ist im Normalfall besser, als zu leger aufzutreten.

Für den Herrn

Je konservativer die Branche, je anspruchsvoller die Stellenausschreibung, je höher das erwartete Gehalt, desto formvollendeter sollte Ihr Auftritt in Sachen Bekleidung sein: Für den Herrn bietet sich also meist ein dunkler Anzug (wenn Sie sich nicht gerade auf einen Werkstudentenjob in der Produktion bewerben), ggf. auch eine Kombination an. Wählen Sie ein helles Hemd, am besten uni, dann gibt es keine Musterkonfusion mit der Krawatte. Ein bisschen konservativer ist sicherer als edles italienisches Leinen. Das sieht in den meisten Fällen nicht lässig, sondern bloß verknittert aus. Wenn Sie übrigens nicht ständig Anzug tragen, dann probieren Sie regelmäßig, ob Ihre Anzüge noch richtig passen.

Schiefe Absätze und abgetretene Spitzen sind echte Hingucker und damit zu vermeiden. Unpassend zum Anzug: Schuhe mit Gummisohlen. Gönnen Sie sich also ein Paar Schuhe mit Ledersohlen, wenn Sie keine haben.

Für die Dame

Frauen haben es ja – so sagt man – nicht unbedingt leichter im Berufsleben im Vergleich mit ihren männlichen Kollegen, aber bei der Bekleidungsfrage für Vorstellungsgespräche ist das einfach so. Rock oder Hose, dazu eine Bluse oder ein edles, dezent (!) ausgeschnittenes Top, Blazer drüber … das geht eigentlich immer. Man ist weder under- noch overdressed damit (beides gleichermaßen unpassend) und somit nie richtig verkehrt. Oder, positiv ausgedrückt: immer richtig! Schick dürfen Sie sein, auch weiblich, bloß kein Weibchen! Sie wollen doch wegen Ihrer Kompetenz eingestellt werden, oder? Im Zweifelsfall also eher klassisch schlicht! Und die Schuhe? Je höher der Absatz, desto geübter sollte man im Gehen damit sein. Stellen Sie sich nur mal vor, man bietet Ihnen einen Rundgang durchs Firmengelände an!

Auch bei Schmuck und dekorativer Kosmetik aller Art ist Zurückhaltung angebracht. Wenn Sie Parfum benutzen und wenn Sie es selbst riechen können, dann haben Sie auf alle Fälle zu viel davon erwischt. Auch hier ist weniger mehr.

Am Tag vorher

Gelassenheit und Zuversicht sind die besten Voraussetzungen für ein erfolgreiches Gespräch. Am besten erreicht man sie, indem man vorher alles macht, was einem guttut. Normalerweise hilft es, sich am Tag vorher nicht von seiner Umgebung verrückt machen zu lassen, Kleidung zu wählen, in der man sich sicher fühlt, angemessen gekleidet zu sein, sich Zeit zu lassen bei der Anreise … Was davon für Sie zutreffend ist, das wissen Sie selbst am besten.

Man erwartet von Ihnen, dass Sie pünktlich sind. Fünf bis zehn Minuten vor der verabredeten Zeit da zu sein ist in Ordnung, eine halbe Stunde zu früh zu kommen gilt als ebenso unpassend wie eine Verspätung.

Pünktlichkeit

Finden Sie im Vorfeld heraus, wie lange Sie brauchen werden. Rechnen Sie bei großen Unternehmen mit einem gewissen Weg vom Einlass bis zum Ort des Vorstellungsgesprächs. Fragen Sie, wenn Sie den Termin bestätigen, am besten nach, wie viel Zeit Sie dafür einkalkulieren müssen.

Dann – endlich – beginnt das Gespräch. Sie beabsichtigen, dabei alles richtig zu machen und sich bestens zu präsentieren. Leider wird der Vorsatz, im Gespräch den optimalen Bewerber darzustellen (zur Not auch ein wenig vorzuspielen), an zwei Stellen scheitern.

- Sie wissen nicht, welche konkreten Vorstellungen das Unternehmen bzw. seine Vertreter vom optimalen Bewerber haben. Sie kennen bisher nur wenige Variablen, die zur Entscheidung für oder gegen einen Kandidaten herangezogen werden, in der Regel die, die offiziell in der Anzeige und vielleicht in einem kurzen Vorgespräch kommuniziert wurden. Welche Anforderungen und Wünsche es tatsächlich gibt, werden Sie frühestens erfahren bzw. erleben, wenn Sie Ihren neuen Arbeitsplatz angetreten haben. Trotzdem müssen Sie im Gespräch agieren – mit vollem Risiko, unter Umständen das Falsche zu tun.

Sie wissen nicht genau, was erwartet wird

- Sie werden es nicht schaffen, über die Dauer eines Gesprächs von einer Stunde oder mehr hinweg eine Rolle zu spielen, die Ihrem natürlichen Verhalten entgegensteht. Wer eher ruhig und zurückhaltend ist, wird nicht auf Knopfdruck der lebhafte Gesprächspartner werden. Wer zu Offenheit neigt und wem man normalerweise Emotionen wie Freude, Überraschung oder Verwirrung am Gesichtsausdruck ablesen kann, wird nicht über einen längeren Zeitraum das beherrschte Pokerface überzeugend darstellen können.

Eine Rolle spielen geht oft schief

Sie haben nur 100 % Ihrer Aufmerksamkeit zur Verfügung. Entweder verwenden Sie die darauf, sich zu kontrollieren: Körperhaltung, Gestik, Mimik, das, was Sie im Gespräch von sich preisgeben. Oder Sie konzentrieren sich auf Ihre Gesprächspartner, deren Fragen und Erwiderungen, die fachlichen Inhalte, zu denen man von Ihnen etwas wissen will. Beides zugleich wird kaum jemandem überzeugend glücken.

Sich vermeintlich erfolgreiche Rollen zurechtzulegen und die dann zu spielen, wird Sie also nicht zum Erfolg führen. Besinnen Sie sich lieber auf sich selbst und überlegen Sie, wie Sie es mit Ihren speziellen Voraussetzungen schaffen, Menschen von sich und Ihren Fähigkeiten zu überzeugen.

In einem klassischen Gespräch können Sie mit verschiedenen Phasen rechnen. Ihre Reihenfolge ist austauschbar – nur die Anfangs- und die Schlussphase liegen (natürlich) fest

Sie kommen an: der erste Eindruck

Der Moment des ersten Eindrucks kann für alle Beteiligten gleichermaßen überraschend sein, für Ihre Gesprächspartner auf Unternehmensseite ebenso wie für Sie als Bewerber. Denn man hat sich natürlich ein Bild gemacht.

Wird man Sie wiedererkennen?

Wenn Sie sich mit Foto beworben haben, dann dürfen Sie das ganz wörtlich nehmen. Sehen Sie Ihrem Foto ähnlich? Damit sind nicht eine eventuell andere Haarlänge oder eine Brille statt Kontaktlinsen gemeint, mit denen Sie vielleicht abgebildet sind. Es geht vielmehr darum, ob Sie auch im wirklichen Leben der Typ Mensch sind, den Sie in Ihrer fotographischen und schriftlichen Darstellung von sich entworfen haben. Wie also wird die Überraschung ausfallen? Werden Sie Ihre Gesprächsteilnehmer enttäuschen, weil der Fotograf das Bildbearbeitungsprogramm etwas überstrapaziert hat und die Formulierungen in Lebenslauf und Anschreiben von einem Ghostwriter und nicht von Ihnen waren? Oder eher positiv? Weil nämlich genau die Person ins Zimmer tritt, die man erwartet und die man in ihren Unterlagen überzeugend gefunden hat!

Der erste Eindruck von Ihnen stellt Weichen fürs Gespräch. Tun Sie also Ihren Teil dazu, dass der Eindruck ein guter ist:

Freuen Sie sich auf das Gespräch!

- Gehen Sie positiv gestimmt ins Gespräch – freuen Sie sich ganz einfach, dass Sie schon mal so weit gekommen sind.

- Seien Sie neugierig. Nur im Bewerbungsverfahren hat man die Möglichkeit, in so kurzer Zeit mit so vielen Vertretern aus unterschiedlichen Unternehmen ins Gespräch zu kommen.

- Ein altes Sprichwort heißt: „Wie man in den Wald hineinruft, so schallt es zurück." Auf gut Psychologisch nennt man das „self-fullfilling prophecy" („sich selbst erfüllende Vorhersage"): Wenn eine Person von einer bestimmten Sache glaubt, dass sie wahr ist und eintreten wird, trägt sie durch ihre Handlungen und ihr Verhalten dazu bei, dass diese Prophezeiung auch eintritt.

Also: Erwarten Sie einfach ein konstruktives Gespräch!

So können Sie sich auf die verschiedenen Phasen des Gesprächs einstellen und vorbereiten

Ankunft und erste Selbstpräsentation

Die ersten zwei Etappen im Gespräch können Sie gut vorbereiten und auch trainieren.

Sie kommen an	
Sie werden begrüßt.	• Nehmen Sie zu jeder Person Blickkontakt auf, wenn Sie sie begrüßen. • Fragen Sie Freunde und Bekannte, ob Sie zu einem eher kräftigen oder einem zu leichten Händedruck neigen, und probieren Sie im Vorfeld die angemessene Dosierung! Achtung: Nicht jeder ist ein begeisterter Händeschüttler! Achten Sie also auf Signale, ob Ihnen jemand überhaupt die Hand geben will. • Sind Sie nervös und neigen dann zu feuchten Händen? Dann achten Sie darauf, ein Taschentuch dabei zu haben, damit Sie sich kurz vorher noch die Hände trocken reiben können.
Ihnen werden die teilnehmenden Personen vorgestellt. Im Idealfall haben Sie die Namen und die jeweiligen Funktionen im Unternehmen schon in Ihrer Einladung gelesen.	• Eine Möglichkeit, sich den Namen einzuprägen: Begrüßen Sie nach der Vorstellung, die ja in der Regel in der Begrüßungsrunde läuft, die jeweilige Person mit ihrem Namen: „Guten Tag, Frau …" Wenn Sie den Namen nicht verstanden haben, fragen Sie gleich nach!
Sie werden gebeten, Platz zu nehmen.	• Vermutlich wird Ihnen ein konkreter Platz angeboten. • Wenn Sie die Wahl haben, dann nehmen Sie einen Platz, bei dem Sie nicht gegen helles Licht schauen müssen. Das behindert!
Vielleicht bietet man Ihnen ein Getränk an.	• Suchen Sie aus, was Sie mögen. • Wenn Sie nicht an einem Tisch sitzen, sondern z. B. in einer Sitzgruppe, ist ein Glas leichter zum Mund zu führen als eine heiße Tasse Kaffee, die Sie auf einer Untertasse balancieren müssen.
Man betreibt ein wenig Small Talk, damit Sie auch innerlich ankommen können.	• In der Regel geht es ums Wetter, die Anreise – also ganz unverfängliche und problemlose Themen, zu denen man auch ein oder zwei Sätze sagen kann, wenn man etwas nervös ist.

Meistens wird man Sie bitten, etwas über sich zu erzählen. Damit haben Sie die Chance, über etwas Vertrautes zu sprechen – über sich selbst. Sie haben nun fünf bis zehn Minuten die gesamte Aufmerksamkeit. Nutzen Sie sie!

Kurze Selbstpräsentation

Für Ihre Gesprächspartner ist Ihre Selbstdarstellung eine erste diagnostische Möglichkeit festzustellen, wie intensiv Sie sich vorbereitet haben. Das können Sie tun:

• Bereiten Sie in Ihrer Vorbereitung mehrere Varianten vor!

• Falls Sie Ihren Lebenslauf nicht wirklich gut kennen, prägen Sie sich die wichtigen Etappen noch einmal ein!

• Überlegen Sie sich, ob Sie mit der Gegenwart anfangen und Ihre berufliche Entwicklung rückwärts erzählen oder ob Sie mit Ihrer Ausbildung anfangen und Ihre beruflichen Schritte chronologisch weiterentwickeln sollen. Welche Vorteile, welche Nachteile hat das jeweils in Ihrem Fall?

- Wird inhaltlich ein „roter Faden" Ihres Berufslebens deutlich? Was könnte dagegen sprechen, ihn herauszuarbeiten?
- Sollen Sie eine Verbindung zwischen Ihren beruflichen Erfahrungen und den Anforderungen der neuen Stelle schaffen? Welche Vor- und Nachteile hätte das?
- Wollen Sie Privatem Raum geben? Wie viel? Mit welchem Ziel?

Keine der hier vorgestellten Vorgehensweisen ist per se schlechter oder besser als eine andere. Aber sie werfen natürlich ein unterschiedliches Licht auf Sie.

Also: Was wollen Sie in dieser Phase über sich transportieren? Welche Form der Selbstpräsentation unterstützt Ihr Ziel? Welche steht ihm im Wege?

Das eigentliche Gespräch

Konzentrieren Sie sich nun auf das Gespräch und Ihre Gesprächspartner, damit Sie Ihr Gegenüber nicht aus dem aus dem Blick verlieren. Richten Sie Ihre Aufmerksamkeit auf die Inhalte, um die es geht. Denn dann sind Sie so, wie Sie eben sind – ein bisschen beherrschter oder unsicherer vielleicht, aber nicht grundsätzlich anders! Und damit haben Sie die Kapazität, sich auf den Gesprächspartner bezogen fachlich und persönlich zu zeigen.

Fachliche Überprüfung

Eine Phase des Gesprächs ist die fachliche Überprüfung. Dabei möchte man sehen, ob „Papierform" (Ihre schriftliche Bewerbung) und Realität übereinstimmen. Zu folgenden Bereichen könnte fragen:

- Berufswahl
- Gründe für den Arbeitgeberwechsel
- erzielte Leistungen
- Zufriedenheit mit Ihrer beruflichen Entwicklung
- Brüche in Ihrer Vita (schlechte Leistungen, kurzfristige Arbeitgeberwechsel, eventuelle berufliche Rückschritte etc.)
- konkrete Erfahrungen in Bezug auf die ausgeschriebene Stelle
- berufliche Erfolge und Rückschläge

Das können Sie in der Vorbereitung des Vorstellungsgesprächst tun:

- Setzen Sie sich noch einmal gezielt mit den Anforderungen der Stelle auseinander!
- Stellen Sie den in der Anzeige genannten Begriffen Ihre Kenntnisse und Erfahrungen gegenüber – konkret, nachvollziehbar und auch nachprüfbar.

- Rechnen Sie damit, dass man nachhakt!
- Machen Sie sich klar, wie die zu besetzende Stelle im Unternehmens-gefüge angesiedelt ist! Eher High Potential oder „normaler" Sachbe-arbeiter?
- Gehen Sie mit Ihren Rückschlägen selbstkritisch um und schieben Sie nicht die Schuld auf andere!
- Reden Sie nicht schlecht über Ihre alten Arbeitgeber und Vorgesetzten, selbst wenn Sie sich im Unfrieden getrennt haben oder Sie gerade von Personalabbaumaßnahmen betroffen sind. „Sie tun es immer wieder!" ist die allgemeine Einschätzung des Verhaltens solcher Mitarbeiter.

Außerdem interessiert sich das Unternehmen für Ihren Umgang mit Menschen, Ihre Glaubwürdigkeit, Ihre Motivation, Ihre Führungsfähig-keit, Ihre Zielorientierung, alles jeweils bezogen auf die ausgeschriebene Stelle.

Umgang mit Menschen

Daher läuft die Beobachtung Ihres Verhaltens, Ihrer Aussagen zu diesem Themenkomplex immer parallel, egal was Sie tun oder sagen oder auch nicht. Man schließt aus dem, wie Sie etwas sagen, und nicht unbedingt aus dem, was Sie sagen!

Paul Watzlawiks vielleicht berühmtestes Zitat ist: „Man kann nicht nicht kommunizieren." Was immer Sie tun oder lassen, ob Sie schweigen oder reden, Sie sagen damit etwas über sich aus. Mit diesen Beobachtungen will man erfahren: „Passt er/sie zu uns?"

Fragen, die zu diesem Themenkreis passen, zielen darauf ab,

- wie Sie sich Ihre berufliche Entwicklung vorstellen,
- mit welcher Art von Kollegen Sie gut/schlecht zurechtkommen,
- mit welcher Art Vorgesetzten Sie gut arbeiten konnten, mit welcher nicht,
- welche Vorstellungen Sie von dem Arbeitsplatz haben, auf den Sie sich bewerben, etc.
- Außerdem müssen Sie mit Fragen rechnen, die Ihre Motivation, Ihre Bereitschaft zum Engagement, zur persönlichen Anstrengung etc. überprüfen sowie mit Fragen zur Person.

Machen Sie also eine Bestandsaufnahme! Dann wissen Sie,

Im Vorfeld: Bestands-aufnahme

- wie es um Ihre Leistungsbereitschaft bestellt ist,
- wie gut Sie Leistungsdruck aushalten,
- wie ehrgeizig Sie sind – oder auch nicht,
- ob Ihre Selbsteinschätzung bzgl. Ihrer bisher gezeigten Leistungen stimmt,
- wie gut Sie mit anderen zusammenarbeiten können,
- wie Ihr Verhältnis zu Autoritäten ist,
- ob Sie „self-starting" sind oder ob man Sie „zum Jagen tragen" muss,

- ob Sie eher zurückhaltend oder offensiv im Kontakt sind,
- ob Sie ein Bewusstsein für Ihre Schwächen, aber auch für Ihre Stärken haben und
- welche Gedanken Sie sich über Ihre berufliche Zukunft gemacht haben.

Wie viel Sie davon mitteilen, entscheiden Sie vorher, wenn Sie zu diesen Themen eine selbstkritische Bestandsaufnahme machen.

Es gibt keine allgemein gültige Regel, wie viel man über sich mitteilen darf. Die Grenzen, wie weit sich jemand öffnen will, sind für jeden verschieden. Machen Sie sich bei Ihren Vorbereitungen klar, wo die Ihre ist.

Meistens sind es ja nur ein oder zwei Dinge, über die man nicht sprechen möchte. Bis auf die kann man völlig offen sein und bei der Wahrheit bleiben – und vermittelt damit Gelassenheit und Selbstvertrauen. Mark Twain sei an dieser Stelle zitiert: „Das Beste an der Wahrheit ist, dass man sich seine Lügen nicht merken muss."

Was wissen Sie über uns? Ein weiterer Themenbereich ist, was Sie über das Unternehmen wissen. Jeder Arbeitgeber hat gerne motivierte Mitarbeiter, die sich mit dem Unternehmen identifizieren, seine Produkte kennen und schätzen. Ein Indiz dafür ist die Ernsthaftigkeit, mit der Sie sich im Vorfeld Ihres Bewerbungsgesprächs über das Unternehmen informiert haben.

- Lesen Sie die Website des Unternehmens gründlich!
- Informieren Sie sich über seine Produkte, seine Dienstleistungen! Es ist peinlich für Sie, wenn Sie auf ein gängiges Produkt des Hauses angesprochen werden und Sie wissen nicht einmal, dass es existiert.
- Recherchieren Sie auch in der Presse, was man über Ihr Zielunternehmen schreibt.

Frage nach dem Gehalt Und dann ist da noch die Frage nach dem Gehalt. Gehälter hängen ab von verschiedenen Dingen ab: Unternehmensgröße, Branche, Standort, Position, Funktion im Unternehmen und, natürlich, Qualifikation und berufliche Erfahrung des Bewerbers.

Es wird viel übertrieben bei den Angaben, was man denn so verdiene. Die meisten Unternehmen haben klare Gehaltsstrukturen. In der Regel sucht es einen geeigneten Mitarbeiter, der in den Budgetrahmen passt. Der Verhandlungsspielraum ist also überschaubar.

- Recherchieren Sie also ausführlich und in unterschiedlichen Quellen, damit Sie wissen, welchen Gehaltswunsch Sie realistischerweise äußern können!
- Finden Sie Kriterien für Ihre Entscheidung, welchen Stellenwert die Höhe des Gehalts hat, ob die Stelle für Sie infrage kommt oder nicht.
- Legen Sie Ihre „Schmerzgrenze" fest, unter die Sie nicht gehen wollen.
- Beweisen Sie aber auch Realismus, je nachdem, wie lange Sie schon suchen!

Die Schlussphase

Das sollten Sie in der Schlussphase beachten	
Haben Sie noch Fragen an uns?	Ihre Fragen sind vermutlich alle schon beantwortet. Nur nach Parkplatz und nach der Höhe des Essenszuschusses zu fragen ist suboptimal!
So ist das weitere Vorgehen …	Fragen Sie im Zweifelsfall nach: • Bis wann können Sie mit einer Nachricht rechnen? • Wer meldet sich bei wem? • Gibt es unter Umständen eine weitere Gesprächsrunde?
Verabschiedung	Eine gute Möglichkeit, sich für das Gespräch zu bedanken!

Tipps für die Schluss-phase

5.5 Sich auf Problemfragen vorbereiten

Jeder hat sein ganz eigenes Empfinden, welche Frage(n) für ihn ein Problem darstellen. Klären Sie also in Ihrer Vorbereitung als Erstes für sich, was Sie am liebsten auf gar keinen Fall gefragt werden möchten. Konzentrieren Sie darauf Ihre Vorbereitungen, dann haben Sie den wichtigsten Schritt schon gemacht.

Daneben aber gibt es ein paar Fragen, die fast jeden Bewerber zutiefst verunsichern und die er möglichst auch nicht gestellt bekommen möchte. Ihnen gemeinsam ist, dass es – leider – in der Regel keine allgemein „richtigen" Antworten gibt. Im Empfinden viele Bewerber gehören dazu Fragen nach ihrer politischen und/oder religiösen Einstellung, nach ihrer Partnerschaft, nach Situationen, in denen sie keine besonders gute Figur machten. Hier ein paar ganz konkrete Problemfragen:

Keine allgemein „richtigen" Antworten

Die Frage nach dem Kinderwunsch

Frauen und Familiengründung: Dass Frauen nicht nach ihren Plänen zur Familiengründung gefragt werden dürfen, ist in der Zwischenzeit allgemein bekannt. Dass sie bei dieser Frage nicht die Wahrheit sagen müssen, auch. Was aber tun, wenn die Frage trotzdem gestellt wird und man nicht so gut lügen kann?

Als Antwort sind prinzipiell alle Varianten möglich, von „Auf diese Frage habe ich gerade noch gewartet! Sie wissen doch, dass man so etwas gar nicht fragen darf!" bis „Nein, ich möchte keine Kinder. Dazu ist mir meine berufliche Entwicklung viel zu wichtig!" Sie können auch einfach nichts sagen und abwarten, was passiert. Oder Sie können sagen, dass Sie natürlich gerne Kinder möchten und wie Sie sich vorstellen, die Anforderungen aus Familie und Beruf unter einen Hut zu bekommen.

Fakt ist, dass Sie mit jeder Antwort (oder auch Nicht-Antwort) bei Ihrem Gegenüber etwas auslösen: Einschätzungen über den Wahrheitsgehalt Ihre Antwort, über Ihre Schlagfertigkeit, über Ihre Power, über Ihr schauspielerisches Talent. Was Ihre Gesprächspartner wirklich hören wollen, können Sie nicht wissen. Also suchen Sie sich die Möglichkeit heraus, mit der Sie sich am wohlsten fühlen und die Sie damit am besten vertreten können.

Die berühmte Frage nach den persönlichen Schwächen

„Ich kann
Schoko-
lade nicht
wider-
stehen!"

„Ich kann Schokolade nicht widerstehen!" Diese vermeintlich humorvolle Antwort wird immer noch als Tipp gehandelt auf die Frage nach einem Beispiel für persönliche Schwächen. Leider hat diese oder ähnlich „originelle" Antworten jeder Interviewer in einem Bewerbungsgespräch schon gehört und findet sie in der Regel nur mäßig komisch. Und wenn das Zuviel an Schokolade unangemessene Antwort erkannt wurde, dann werden gerne Ungeduld oder Perfektionismus genannt. Das ist zwar auch nicht originell, aber die positiven Auswirkungen dieser Eigenschaften lassen sich so gefahrlos benennen. Seien Sie versichert, auch das hat Ihr Gesprächspartner schon gehört, es wirkt also nicht überzeugend.

Warum werden solche Fragen überhaupt gestellt? Der gesunde Menschenverstand müsste doch jedem sagen, dass niemand sein Alkoholproblem oder seinen Hang, chronisch Termine platzen zu lassen, zugeben wird! Kein Mensch ist fehlerlos und jeder weiß das. Wer sagt, er habe keine Schwächen, entlarvt sich als größter Lügner oder als jemand, der über keine kritische Selbstwahrnehmung verfügt. Mit beidem empfiehlt man sich nicht als guter Mitarbeiter.

Letztendlich verweigert ein Bewerber, der mit solchen vorgefertigten und auswendig gelernten Antworten reagiert, die Auskunft. Wer Erfahrung darin hat, Interviews zu führen, merkt das.

Ihr Um-
gang mit
Schwächen

Also machen Sie sich in der Vorbereitung Ihre Schwächen bewusst, suchen Sie Situationen, in denen sie zum Tragen kommen – und denken Sie dann darüber nach, wie Sie damit umgehen.

- Können Sie sie ausgleichen?
- Was haben Sie durch sie gelernt?
- Haben Sie im Laufe der Jahre Ihren Umgang damit verändert?
- Wie halten Sie diese Schwäche im Zaum?

Wenn Sie das sorgfältig durchführen, dann werden Sie auf diese Frage überzeugend antworten können.

Die richtigen Profis in der Gesprächsführung stellen diese Frage gar nicht. Sie beobachten Ihr Auftreten im Gespräch, Ihre Wortwahl, Ihre Art der Argumentation und schließen daraus auf Ihre Schwächen. Auf Ihre Stärken auch!

Den Wechselwunsch begründen

„De mortius nil nisi bene" soll der griechische Philosoph Chilon gesagt haben. „Über die Toten rede nur gut". Für ehemalige Arbeitgeber und frühere Vorgesetzte gilt das Gleiche, so sagen alle Regeln über Bewerbungsverfahren.

Was aber, wenn das ehemalige Unternehmen wirklich Grenzwertiges von seinen Mitarbeitern verlangt hat? Wenn die korrekte, aber aus Unternehmenssicht zu korrekte Buchführung zu einem Zerwürfnis führte, das mit einem Aufhebungsvertrag endete? Wenn noch in der Probezeit ein Personalbogen ausgefüllt werden soll, der weitreichende Angaben über Familienangehörige verlangt? Wenn der Chef ein Choleriker war?

> Wenn man sich zerstritten hat

Sie können natürlich Ihrem Gesprächspartner nicht Ihr Leid klagen und auch nicht noch mal so richtig Dampf ablassen. Aber es ist gewiss, dass man Ihnen Ihren Ärger, Ihre Frustration oder Ihre Empörung leicht ansehen wird, wenn Sie die Angelegenheit noch nicht verarbeitet haben. Legen Sie sich also eine akzeptable und glaubwürdige Begründung zurecht. Fragen Sie Freunde, ob die nachvollziehbar klingt. Vermeiden Sie im Gespräch tiefer gehende Diskussionen und ziehen Sie sich im Zweifelsfall darauf zurück, über Interna Ihres alten Arbeitgebers nicht sprechen zu wollen.

Wenn Sie Pech haben, geht es Ihnen dann wie der Dame in der folgenden kleinen Geschichte:

Wie sind Sie denn so mit Ihrem Chef ausgekommen?

Im Vorstellungsgespräch wird eine Bewerberin gefragt, wie sie denn so mit ihrem langjährigen Chef ausgekommen sei. Sie antwortet, es habe keine Probleme gegeben und sie habe viel von ihm gelernt. Diese Frage hatte sie gefürchtet, denn dieser Chef ist im Unternehmen bekannt als Choleriker mit grenzwertigen Manieren, fachlich allerdings wirklich brillant. Aber Brillanz hin oder her – sie will weg von ihm, er ist der Grund für ihre aktuelle Bewerbung.

Ihr Gesprächspartner, eben noch ausnehmend freundlich und offen, kühlt merklich ab. „Ach, wirklich? Bisher hatte ich einen anderen Eindruck von Ihnen. Ich kenne Ihren Chef. Wenn der mit Ihnen gut ausgekommen ist und Sie mit ihm, dann werden Sie bei uns im Haus Schwierigkeiten bekommen, denn wir pflegen einen völlig anderen Stil!" Im ersten Augenblick war die Bewerberin sprachlos und saß mit offenem Mund da, brach dann aber in schallendes Gelächter aus. Die Situation war geklärt und den Job hat sie bekommen!

Was lernen wir daraus? Wirklich vorbereiten kann man sich auf diese Art von Fragen kaum. Denn ein Vorstellungsgespräch ist eher eine Ausnahmesituation und unter Anspannung reagieren die meisten Menschen nicht so gelassen und überlegt, wie sie das gerne tun würden.

5.6 Andere schwierige Situationen

Wenn für ein zweites Gespräch erwartet wird, dass Sie sich in einer Kurzpräsentation vorstellen

Nur das Wichtigste

„Kurzpräsentation" heißt „kurze Präsentation"! Man meint also eher fünf bis zehn Minuten Vortrag als 20 bis 30! Legen Sie für sich die drei bis fünf wichtigsten Dinge fest, die Ihr Gegenüber nach dieser Präsentation wissen soll. Denken Sie daran, dass vermutlich Sie im Mittelpunkt des Interesses stehen, nicht Ihre Beherrschung komplizierter Technik oder Ihre Fähigkeit, in zehn Minuten möglichst viele Powerpointfolien unterzubringen. Und erzählen Sie nichts grundsätzlich anderes, vor allem nichts Widersprüchliches über sich als in Ihrem ersten Gespräch!

Wenn Sie im Gespräch mit „seltsamen" Fragen, sog. Brainteasers, konfrontiert werden

Laut über den Lösungsweg nachdenken

Brainteaser sind im Grunde Denksportaufgaben mit manchmal absurdem Inhalt. Getestet werden sollen damit das analytisch-logische Denkvermögen des Bewerbers und seine Fähigkeit zur Problemlösung. Es ist also nicht in erster Linie wichtig, dass Sie die richtige Lösung finden. Interessant ist, wie strukturiert Sie an die Sache herangehen. Wenn Ihnen also die Frage gestellt wird, wie viele Smarties in einen Smart passen, dann erschrecken Sie nicht, sondern fangen Sie an, laut über den Lösungsweg nachzudenken!

Wenn Sie Fragen gestellt bekommen, die Sie als grob unhöflich und herabwürdigend empfinden

Höflichen Satz zurechtlegen

Klären Sie im Vorfeld, ob Sie eventuell nicht extrem sensibel reagieren und als unhöflich empfinden, was nur als ganz normale Frage gemeint war. Dann haben Sie ein Gespür, ob eine Einschätzung der angespannten Situation geschuldet ist oder ob wirklich Unangemessenes passiert. Legen Sie sich weiterhin einen höflichen Satz zurecht, mit dem Sie eine deutliche Grenze ziehen. Und denken Sie daran: Beschimpfungen gehören nicht zum Ablauf eines Vorstellungsgesprächs. Sie können dann auch das Gespräch von sich aus beenden und gehen.

Was tun, wenn Sie sich in einen Diskussion verstricken, in der es nur noch ums Rechthaben geht?

Rechtzeitig aussteigen

Die Kunst ist zu erkennen, wann diese Diskussion beginnt, und rechtzeitig auszusteigen. Gefährlich in dieser Beziehung sind weltanschauliche Fragen, Diskussionen ums „richtige" Vorgehen in bestimmten Situationen oder ob jemand zu alt (wahlweise: zu jung) für eine bestimmte Aufgabe sei. Sie als Bewerber können nur verlieren, wenn Sie sich auf einen Streit einlassen. Entziehen Sie sich lieber solchen Diskussionen!

5.7 Einige Grundregeln in Kürze

Über all das hier Geschriebene hinaus gibt es einige Grundregeln, die Sie fest in sich verankern sollten. So aufgeschrieben wirken sie fast schon lächerlich. Dennoch – es gibt nichts, was es nicht gibt, und deswegen seien sie hier noch einmal aufgezählt

- Jedes Gespräch ist anders. Das ergibt sich schon allein aus den unternehmensspezifischen Anforderungen an den Bewerber. Patentrezepte und einstudierte Standardantworten werden Sie also nicht weiterbringen. Sie können im Gegenteil als Phrasen entlarvt werden und erst zu wirklich unangenehmen Nachfragen animieren.

- Einen allgemeingültigen und feststehenden Katalog an Fragen gibt es nicht. Fragen werden in der Regel nur dann gestellt, wenn Dinge offen bleiben und die der Bewerber in der bisherigen Präsentation nicht schlüssig dargestellt hat. Je mehr an einer Stelle nachgehakt wird, desto bedeutender ist der Hinweis, dass Sie dort Angriffsfläche bieten.

- Kritische Fragen gibt es wie Sand am Meer. Bevor Sie versuchen, alle für sich zu beantworten, fragen Sie sich, welche Themen für Sie wirklich schwierig sind und warum das so ist. Überlegen Sie weiter, was aus Arbeitgebersicht hinter diesen Fragen stecken könnte, wo sein Erkenntnisinteresse liegt. Damit können Sie effektiv Themen vorbereiten.

- Behaupten Sie nichts, was Sie nicht bei intensiverem Nachfragen auch halten können. Wenn Sie z. B. „umfangreiche Projektmanagementerfahrungen" angeben und nach ein bisschen Nachhaken kommt heraus, dass Sie ein Miniprojekt – noch dazu ein völlig unwichtiges! – ein bis zwei Stunden täglich nebenher bearbeitet haben, dann wird man darauf vermutlich ärgerlich reagieren. Das belastet das weitere Gespräch!

- Gespräche aller Art erfolgreich zu führen bedeutet in der Regel, Gesprächssituationen angemessen einschätzen zu können. Das kann man nicht aus Büchern lernen, man kann es aber trainieren. Bereiten Sie also Gespräche nach und arbeiten Sie an Ihren Fähigkeiten zur Kommunikation.

- Ein Vorstellungsgespräch beginnt am Firmentor und endet, wenn Sie das Gelände wieder verlassen haben. Sollten Ihre Gesprächspartner noch sehen können, wie Sie eine lange Straße hinuntergehen, dann endet das Gespräch, sobald Sie um die erste Ecke gebogen sind. In der (vermeintlichen!) Erleichterung, es sei jetzt vorbei, ist schon mancher Fauxpas passiert, der den Bewerber in unvorteilhaftes Licht gerückt hat.

- Jedem Angehörigen des Unternehmens, dem Sie auf Ihrem Weg durchs Haus begegnen, behandeln Sie mit der Höflichkeit, die Sie sich selbst für das Gespräch wünschen. Jeder könnte Ihnen dort in Kürze gegenübersitzen. Jeder könnte auch nach seinen ersten Eindrücken über Sie gefragt werden, bevor die Entscheidung für oder gegen Sie fällt.

- Elektronische Geräte wie Handy oder Blackberry gehören ausgeschaltet (!) in eine Tasche.

- Informieren Sie sich ausführlich über das Unternehmen! Lesen Sie die Website gründlich und schauen Sie sich ggf. die Produkte an.

- In der Regel stehen die Namen Ihrer Gesprächspartner im Einladungsschreiben oder der Einladungsmail, die Sie erhalten haben. Merken Sie sich die Namen!

All diese Hinweise beantworten nicht die Frage, wie man denn auf Fragen konkret und am erfolgversprechendsten antworten sollte.

Es soll hier ausdrücklich darauf verzichtet werden, einen Katalog möglicher Fragen aufzulisten und – um es auf die Spitze zu treiben – dazu passende Antworten zu empfehlen. Das verführt Bewerber dazu, diese Argumentation zu übernehmen. Muss man betonen, dass solche Antworten unglaubwürdig wirken? Wenn Sie die vorhergehenden Kapitel gelesen und die Arbeitsbögen bearbeitet haben, dann kann Sie sowieso keine Frage mehr aus der Bahn werfen!

Welches Auftreten gut ankommt, welche Soft Skills im Gespräch überprüft werden, hängt davon ab, in welcher Branche und um welche Position Sie sich bewerben. Im pädagogischen Bereich wird eine andere Art von Selbstbewusstsein und Reflexionsfähigkeit des eigenen Verhaltens erwartet und gefordert als in einer Position als Vertriebsmitarbeiter oder als Führungskraft in einem Konzern.

Selektive Authentizität

Befassen Sie sich zur Vorbereitung lieber mit dem Begriff „selektive Authentizität". Die Anforderung, authentisch zu sein, kennt jeder. Aber was bedeutet „selektiv authentisch"? Kurz zusammengefasst bedeutet es, dass Sie nicht auf alle Fragen Ihre gesamte Seele offenlegen müssen. Schließlich wollen und sollen Sie mit diesen Menschen nur zusammenarbeiten und nicht für den Rest des Lebens eine Partnerschaft eingehen. Aber das, was Sie mitteilen, soll wahr und ehrlich sein – mit kleinen Auslassungen eben.

Der letzte Eindruck

Von allen Fragen, die Sie am Ende eines Vorstellungsgesprächs stellen können, ist die folgende die ungeschickteste: „Welchen Eindruck haben Sie von mir?" Denn was signalisieren Sie damit? Sie wollen Feedback – jetzt und sofort! Sie verstehen nicht, was sich in einer solchen Situation gehört und was nicht – man will nämlich so ein Gespräch erst mal sacken lassen und sich mit den Kollegen besprechen. Auch der letzte Eindruck, den Sie hinterlassen, sollte ein guter sein. Und damit schließt sich der Kreis!

Mentale Vorbereitung für schwierige Gespräche

- Wann bringen Sie die besten Ergebnisse? Wie muss eine Gesprächssituation gestaltet sein? Ein Blick in die erlebte eigene Vergangenheit hilft oft, das herauszufinden.

- Welche wichtigen Gespräche haben Sie geführt? Was haben Sie getan oder gelassen, um zum Erfolg zu kommen?

- Von welchem Verhalten des Gesprächspartners (Interviewers) hängt es ab, ob Sie angespannt oder entspannt sind?

- Welche Mittel haben Sie als Bewerber in der Hand, um entspannt zu werden? Was können Sie gestaltend im Vorfeld oder im Gespräch tun?

- Welche äußeren Gegebenheiten stehen dem entgegen? Was können Sie beeinflussen? Wie?

- Wann hatten Sie zuletzt ein Gespräch, in dem Sie so waren, wie Sie im Vorstellungsgespräch wirken möchten? Erinnern Sie sich und versuchen Sie, Ihre Stimmung und Ihr persönliches Befinden von damals ins neue Gespräch mitzunehmen.

5.8 Zusagen oder nicht?

Das Unternehmen hat einen Arbeitsplatz zu vergeben und wird sich folglich für oder gegen Sie entscheiden. Vergessen Sie aber nicht, dass Sie auch etwas zu vergeben haben: Ihre Arbeitskraft, Ihr Engagement, Ihre Lebenszeit. Treffen also auch Sie Entscheidungen, ob Sie in diesem Unternehmen arbeiten wollen.

> Passt das Unternehmen?

- Wie stellt sich das Unternehmen selbst dar? Wie hat Ihr potenzieller neuer Chef darüber im Vorstellungsgespräch gesprochen?

- Wie geht man im Unternehmen mit Informationen um? Was wissen Sie? Was vermuten Sie? Welchen Eindruck haben Sie im Gespräch gewonnen? Wo können Sie recherchieren? Wen können Sie fragen?

- Was sagen Unternehmensvertreter, warum man als Unternehmen erfolgreich ist? Warum man Probleme hat?

- Und ganz wichtig zum Schluss: Können Sie in diesem Unternehmen erfolgreich sein? Denn neben der Sicherstellung des Lebensunterhalts für den Moment hängt von der Antwort auf diese Frage ab, wie leicht der nächste Jobwechsel werden wird. Denn welches Unternehmen stellt schon gerne Looser ein, wenn es eine attraktive Position besetzen will? Welche Erklärung wollen Sie ggf. liefern, wenn sich das Unternehmen, bei dem Sie sich jetzt beworben haben, für Sie und Ihre Voraussetzungen als Fehlgriff erweist? „Ich kann nichts dafür! Mein Chef, meine Kollegen, auf alle Fälle die anderen waren schuld!" Sie wissen doch: Schlecht über den alten Arbeitgeber reden ist absolut tabu.

Vielleicht haben Sie ja keine Wahl. Ihnen wird nach einer ganzen Reihe von Vorstellungsgesprächen ein einziger Arbeitsvertrag angeboten und

Vernunft und wirtschaftliche Notwendigkeit überzeugen Sie, den auch anzunehmen.

Vielleicht haben Sie aber auch ein echtes Luxusproblem? Fünf Gespräche und vier Angebote – und nun müssen Sie sich entscheiden? So können Sie vorgehen:

Arbeitsblatt: Eine Entscheidung treffen

Vergeben Sie 1–6 Punkte, je nachdem, wie vorteilhaft ein konkretes Angebot ist – je mehr Punkte, desto besser das Angebot!

	Angebot 1	Angebot 2	Angebot 3	Angebot 4
Mein persönliches Umfeld				
Mein Partner				
Meine Kinder				
Ich selbst				
Meine beruflichen Möglichkeiten				
Bestehende Kompetenzen				
Entwicklungsmöglichkeiten/ Kompetenzzuwachs				
Finanzen				
Gestaltungsrahmen/ Handlungsmöglichkeiten				
Fachliche Entwicklung				
Persönliche Verfassung (Gesundheit, Belastbarkeit, Mobilität etc.)				
Persönliches Wertesystem				
Freizeit/Abhängigkeit				
Was der Bauch sagt …				
Summe				

Markieren Sie nun Ihre vier wichtigsten Entscheidungsparameter und verdoppeln Sie die Punkte, die Sie dort vergeben haben. Das Unternehmen, das nun das höchste Ergebnis hat, sollten Sie als zukünftigen Arbeitgeber ins Auge fassen.

5.9 Vorstellungsgespräche nachbereiten

Sollten Sie nicht nach dem ersten Gespräch eine Zusage erhalten – und das wäre normal –, dann gilt dasselbe wie in jeder Phase des Bewerbungsverfahrens: Reflektieren Sie, was Sie tun. Bei Vorstellungsgesprächen bedeutet das, dass Sie sich zeitnah Notizen zum Gespräch machen. Zeitnah deshalb, weil Gesprächseindrücke schnell verwischen und Einzelheiten damit verloren gehen.

Orientieren Sie sich bei Ihrer Nachbereitung an den oben beschriebenen Phasen des Vorstellungsgesprächs. Notieren Sie, wo Sie sich inhaltlich unsicher gefühlt haben. Auf diese Themen müssen Sie sich intensiver vorbereiten. Haben Sie sich emotional angegriffen gefühlt? Welches Thema liegt dahinter? Oder gibt es unverarbeitete Erlebnisse? Suchen Sie sich Gesprächspartner, die Ihnen zu diesem Bereich Fragen stellen und nachhaken. Probieren Sie Antwortmöglichkeiten aus. Wenn Sie das oft und intensiv genug machen, dann werden Sie gelassener reagieren können.

Aber natürlich bleiben Sie nicht im Negativen hängen. Beschreiben Sie ebenso detailliert die Gesprächssequenzen, die Sie gut gemeistert haben. Schließlich wollen Sie die im Gedächtnis behalten!

6 Zwischenfazit: Darauf sollten Sie achten

Das Äußere einer Bewerbung

Optimieren Sie an der richtigen Stelle und mit angemessenem Aufwand. Zwar isst das Auge bekanntlich mit, Sie sollten also Ihre Bewerbung optisch ansprechend gestalten. Dennoch ist der Inhalt von Lebenslauf und Anschreiben entscheidend, nicht das schöne Äußere!

Wählen Sie ein Layout, das zum angestrebten Berufsziel passt. Spielereien aller Art passen eigentlich nie!

Halten Sie die Gestaltung durch Ihre ganze Bewerbung einheitlich durch. Wählen Sie die gleiche Schriftart für alle selbst erstellten Dokumente. Geben Sie Daten in der gleichen Art an (also entweder April 2004 – Juni 2009 oder 04.2004 – 06.2009 oder 04/04 – 06/09) und mischen Sie nicht. Das gilt für alle anderen wiederkehrenden Elemente der Gestaltung ebenfalls.

> Einheitliche Gestaltung

Vermeiden Sie leere Flächen. Denn zum einen verschenken Sie Platz, den Sie für die Darstellung Ihrer Erfahrungen gut brauchen können, zum andern „kippen" Seiten optisch leicht weg und sind damit schwer lesbar.

Fotos

Fotos dürfen im Rahmen des Antidiskriminierungsgesetzes (AGG) nicht mehr angefordert werden. Dennoch gehören sie immer noch zu einer Bewerbung und werden auch gern gesehen, da sie einen ersten Eindruck vom Bewerber vermitteln.

Wenn Sie also ein Foto mitschicken, dann denken Sie daran: Sie sollten auf Ihrem Foto so aussehen wie jemand, der die Stelle, auf die Sie sich gerade bewerben, schon erfolgreich besetzt. Wenn Sie das beherzigen, dann kann nichts schiefgehen.

> Bild muss zur Stelle passen

Damit scheiden alle privaten Fotos aus: aus dem Urlaub, mit dem Hund, mit der Familie usw. Auch Ganzkörperfotos über eine ganze Seite in lässigen Posen, ganz modisch-aktuell, sind nicht angebracht – außer Sie wollen sich als Model oder als Dressman bewerben.

Überlegenswert, aber nicht immer als angemessen empfunden: originelle Fotos! Stehend mit verschränkten Armen, der Mensch in einer Bewegung festgehalten mit dem ausgestreckten Zeigefinger auf den Betrachter zielend, sitzend am Schreibtisch mit und ohne Telefonhörer in der Hand, den Kopf aufgestützt in Denkerpose, halbe Köpfe (vorzugsweise ohne die obere Hälfte), Gesichtsausschnitte aller Art … Nicht alles, was Ihnen der Fotograf als trendy empfiehlt, ist wirklich zielführend! Ihr Foto muss zu Ihrer Persönlichkeit passen, nicht die Persönlichkeit zum (modischen) Trend. Schließlich wollen Sie wiedererkannt werden!

> Originelles Foto?

Ob Sie sich für ein Schwarz-Weiß- oder ein Farbfoto entscheiden, ist Geschmackssache.

Die Mailadresse

Private Adresse

Zuallererst: Nehmen Sie Ihre eigene und benutzen Sie nicht Ihre geschäftliche Mail-Adresse. Selbst, wenn Ihr Arbeitgeber die private Nutzung des Firmenaccounts gestattet, macht es einfach keinen guten Eindruck.

Nehmen Sie eine Mailadresse wie vorname.name@abc.com Verzichten Sie auf alle privaten Zusätze ebenso wie auf originelle Scherze wie etwa baerchen123@xxx.com oder tollerhecht1987@yyy.com.

Nutzen Sie für die Kommunikation mit einem Unternehmen immer nur eine einzige Adresse. Schreiben Sie einen aussagefähigen Betreff in Ihre Mail, am besten die Bezugsdaten zur ausgeschriebenen Stelle (z. B.: Ihre Ausschreibung in Monster.de Ingenieur/in, Wirtschaftsingenieur/in, Kennziffer: 12345/9).

Sorgfalt

Es gibt nichts, was es nicht gibt: falsche Namen der Ansprechpartner, Unterlagen für Unternehmen A an Unternehmen B geschickt, andere Unternehmen, bei denen man sich auch beworben hat, mit in den Verteiler genommen – kein möglicher Fehler wurde jemals von Bewerbern ausgelassen und alle aufzuzählen erscheint unmöglich.

Checkliste nutzen

Eine Faustregel, wie man solche Schusseligkeiten verhindern könnte, gibt es nicht, außer vielleicht: Misstrauen Sie der Tastenkombination „copy & paste"! Sie ist die Quelle der peinlichsten Fehler. Arbeiten Sie außerdem eine Bewerbung nach der anderen ab mit einer Checkliste neben sich auf dem Schreibtisch, in der Sie Häkchen auf Häkchen setzen für alles, was Sie erledigt haben. Wenn Sie dann noch jemanden haben, der im Vier-Augen-Prinzip einen letzten Blick auf die Bewerbung wirft, bevor sie auf die Reise geht, dann dürften die schlimmsten Katastrophen vermieden sein.

Erreichbarkeit

Seien Sie erreichbar: per Telefon, per Handy, per Mail!

Lassen Sie Ihr Handy eingeschaltet oder hören Sie wenigstens Ihre Mailbox täglich ab. Wenn Sie auf Ihrem Display eine Nummer sehen, die Sie nicht kennen – rufen Sie zurück. Es könnte Ihr zukünftiger Chef angerufen haben.

Auch im Urlaub

Wenn Sie in Urlaub fahren, dann geben Sie in den Unternehmen, in denen Sie Bewerbungen offen haben, Bescheid und verweisen Sie auf die Möglichkeit, per Mail Kontakt aufzunehmen. Das setzt voraus, dass Sie Ihre

Mails regelmäßig abrufen – auch an Ihrem Urlaubsort gibt es ein Internet-café!

Haben Sie die Willkommensnachricht auf Ihrer Mailbox besprochen? Hören Sie noch mal mit kritischem Ohr Ihren Text und entscheiden Sie dann, ob eventuelle Scherze, die im Freundes- und Familienkreis als lustig empfunden werden, wirklich zu einer Bewerbungssituation passen. Mailbox-Ansage

Wenn Sie Ihren Festnetzanschluss angegeben haben, den Ihre gesamte Familie benutzt: Erinnern Sie die jugendlichen Mitglieder Ihres Haushalts an ihre besten Telefonmanieren, was das Melden am Telefon angeht. Und legen Sie einen Block mit Stift neben den Apparat mit der dringenden Aufforderung, Nachrichten mit Name und Telefonnummer des Anrufers zu notieren!

Der Versand per Post oder per Mail

Schicken Sie Ihre Bewerbung so ab, wie Sie sie gerne bekommen würden: korrekt, vollständig und übersichtlich. Was das ausschreibende Unternehmen will, steht in der Regel in der Anzeige. „Vollständige Unterlagen" bedeutet auch heute noch, dass man als erstes Zeugnis das vom höchsten Schulabschluss beilegt. Arbeitszeugnisse gehören vollständig dazu, nicht etwa eine durch den Bewerber vorgenommene Auswahl. Korrekt, vollständig, übersichtlich

Fassen Sie Zeugnisse in einer Datei und Lebenslauf und Anschreiben in einer zweiten zusammen und geben Sie den Dateien aussagekräftige Namen. Denn niemand möchte sich mit zehn verschiedenen Dateien drei Dokumente zusammenpuzzeln, der Empfänger Ihrer Bewerbung mit Sicherheit auch nicht.

Teil 2: Hintergründe

7 Was Sie noch wissen sollten

Alles bisher Beschriebene spielt sich auf der Seite und mit Wissen des Bewerbers ab. Er sieht die Aufgaben, die er zu bearbeiten hat, er kann all dies beeinflussen durch die Art und Weise, wie er damit umgeht.

Aber es gibt noch andere Seiten.

Da ist einmal der Empfänger seiner Bewerbung: das suchende Unternehmen direkt oder der Mittler, also der Personalberater oder der Personaldienstleister.

Dann sind da Regeln, Übereinkünfte, die berühmten „Dos and Don'ts". Die durchschaut man und bezieht sie in das eigene Handeln ein oder man durchschaut sie nicht. Man ahnt vielleicht nicht einmal, dass es sie gibt! Womöglich schätzt man sie völlig falsch ein – und bewegt sich auf einer Straße voller Fettnäpfchen zielsicher von einem zum nächsten. Klar, dass man mit so viel glitschiger Schmiere an den Schuhen kaum ans Ziel kommt!

Und dann sind da noch Überzeugungen und Glaubenssätze in einem selbst. Zum Beispiel dass man alles haben kann, auf einmal natürlich! Dass fest dran glauben hilft. Eine kurze Beschäftigung damit, wovon es abhängig ist, ob Ziele überhaupt erreichbar sind oder nicht, kann beispielsweise helfen, nicht in selbst gelegte Fallen zu tappen. Mit anderen Themen verhält es sich ähnlich.

Im Folgenden finden Sie ganz unterschiedliche Themen behandelt, die mit „Bewerben" erfahrungsgemäß irgendwie zu tun haben. Suchen Sie sich heraus, was Sie brauchen können und was Sie interessiert!

7.1 Regeln im Bewerbungsverfahren

Regeln regeln das Miteinander, im täglichen Leben wie auch in Ausnahmesituationen. Ein Bewerbungsverfahren ist sicher so eine Ausnahmesituation.

Wie dieses Miteinander aussehen soll, gibt das suchende Unternehmen vor: in der Stellenanzeige, auf seiner Website (z. B. durch strukturierte Eingabemasken), durch Terminvorgaben, durch die Anforderung ganz bestimmter Nachweise etc.

Wer erfolgreich sein will, der muss wahrgenommen werden. Wahrgenommen wird, was aus dem Rahmen unserer Erwartungen fällt, was unbekannt ist, mindestens ungewohnt. Das gelingt nur dem, der nicht mit der Herde rennt, dem, der neue Pfade geht, demjenigen also, der bekannte und bewährte Regeln bricht. Über eine Million Autofahrer, die das Rechtsfahrgebot respektieren, redet keiner. Der eine Geisterfahrer ist im Minutentakt im Verkehrsfunk präsent.

Regeln bewusst brechen?

Andererseits: Das Unbekannte macht auch Angst. Angst vor Veränderung, vor Chaos. Und demjenigen, der ausgefallene Bewerbungen auf den Schreibtisch bekommt und sie verwalten und auswerten soll, häufig zusätzliche Arbeit. Das kann in einem Bewerbungsverfahren nicht das Ziel eines Kandidaten sein.

Ein Verhalten außerhalb der Norm bringt Anerkennung – bei manchen. Bei anderen setzt man sich Spott, ja massiver Ablehnung aus. Das muss man erst einmal aushalten!

Wer also Regeln brechen will – im Bewerbungsverfahren und auch anderswo – der braucht Mut. Vor allem und in erster Linie aber braucht er eine Menge Verstand, um herauszufinden, welche Regeln existieren, mit welchem Verhalten er ggf. richtig liegt und wo er mit einem Regelbruch direkt in die Katastrophe schlittert.

Denn Regeln sind nicht nur Verbote und Grenzen, sie bieten auch Sicherheit, Vertrautheit, Berechenbarkeit. Kein vernünftiges Unternehmen, kein Vorgesetzter sucht einen Mitarbeiter, bei dem er täglich damit rechnen muss, dass er zu verabredeten Zeiten nicht da ist oder dass er, statt für die kommende Besprechung die Präsentation vorzubereiten, gerade die Abteilung umstrukturiert, weil andere Abläufe so viel effizienter sind. So genial kann fast niemand sein, dass man ihn mit solch einer Haltung täglich um sich haben möchte.

Was also kann ein Bewerber tun? Nicht alle existierenden Regeln sind allen gleichermaßen bekannt. Vielleicht hat der Bewerber einfach nicht genügend recherchiert. Außerdem sind Regeln von Unternehmen zu Unternehmen unterschiedlich.

Die geheimen Regeln

Und dann gibt es neben den offen kommunizierten Regeln noch diejenigen, über die keiner spricht: die „geheimen" Regeln. Mit diesen Regeln hat es der Bewerber am schwersten.

- Sag die Wahrheit, ist die Forderung, aber sag sie angenehm verpackt!
- Kommuniziere als Bewerber so, dass der Empfänger die Informationen über dich so erhält, wie er es vorgibt – und in dem Umfang, den er wirklich haben will. Diese Regel könnte im Klartext bedeuten: Du bist schon lange auf Jobsuche und suchst händeringend – aber belaste den Bewerbungsempfänger nicht mit deiner Verzweiflung!
- Wir suchen den Besten – aber übertreiben nicht, nur damit du zu einem Vorstellungsgespräch kommst!
- Halte dich an die Regeln, die wir hier fürs Bewerbungsverfahren haben – aber falle auf, damit wir dich als guten Kandidaten identifizieren können.
- Stehe kurzfristig zur Verfügung, wenn wir uns für dich entscheiden – aber wir wollen am liebsten jemanden, der sich aus einem bestehenden Arbeitsverhältnis heraus bewirbt!

- Beschreibe dich so, dass du als sozial kompetent, als „guter" und leicht zu führender Mitarbeiter giltst – aber wir wollen eigentlich jemanden, der durchsetzungsfähig ist, Macht handhaben kann und strategisch denkt. Nach allen Richtungen, aber bitte nicht dem künftigen Chef gegenüber.

- Lies zwischen den Zeilen und erkenne, dass du nicht gemeint bist! Bewirb dich erst gar nicht, dann müssen wir dir auch keine Absage schicken. Denn wir dürfen nicht sagen, dass wir einen Mitarbeiter im Alter von maximal 35 Jahren suchen.

Regelbrüche haben all diejenigen im Sinn, die eine originelle Bewerbung planen. Sie setzen darauf, damit aus dem normalen Rahmen zu fallen, entweder weil sie mit eher klassischen Bewerbungen bisher nicht erfolgreich waren oder weil sie die Norm schlichtweg als langweilig betrachten und sich gleich von Anfang an als kreativer Kopf positionieren möchten.

Beispiel: Ungewöhnliche Bewerbung

Ein Beispiel, das durch die Presse ging: Fünf Mitarbeiterinnen des insolvent gegangenen Unternehmens Quelle suchten per Plakat einen neuen Arbeitsplatz, mit Foto, gemeinsamer Mailadresse und unter der Überschrift „Sekretärinnen suchen neuen Chef". Die Resonanz war gewaltig, alle haben neue Jobs.

So sucht „man" eigentlich nicht! Aber ist es nicht verlockend, diese Idee für sich selbst aufzugreifen? Und auf einmal stehen in jeder Stadt zehn oder zwanzig solcher Plakate … Ganz schnell hält keiner dieses Vorgehen dann mehr für eine originelle Art der Bewerbung. „Sie waren doch derjenige, der es mit der Plakatwerbung versucht hat, oder? Hat wohl nicht geklappt? Und jetzt versuchen Sie es wieder mit der üblichen Methode?"

> Originell ist etwas nur einmal

Überlegen Sie also die Konsequenzen, wenn Sie solche Wege beschreiten wollen. Denn die Adressen, bei denen Sie mit außergewöhnlichen Aktionen in Erscheinung getreten sind, sind mit hoher Wahrscheinlichkeit verbraucht. Wer glaubt denn noch, dass Sie ein ganz konventioneller Mensch sind, wenn Sie in einem zweiten Versuch mit einer üblichen Bewerbung auf eine Stellenausschreibung reagieren, nachdem die erste ein Fehlschlag war?

Der Empfänger der Unterlagen auf Unternehmensseite ist das Maß aller Dinge. Er ist in der glücklichen Lage, seine Regeln aufstellen und auch durchsetzen zu können. Denn im Unternehmen werden die Entscheidungen getroffen, ob Sie eine Zu- oder eine Absage erhalten.

Machen Sie sich die geltenden geschriebenen und ungeschriebenen Regeln vom Unternehmen, bei dem Sie sich bewerben, bewusst. Tun Sie das dann besonders intensiv, wenn Sie mit Ihrem Wechsel ein völlig anderes Umfeld anstreben: vom öffentlichen Dienst in die freie Wirtschaft beispielsweise, von einem kleinen Betrieb in einen Konzern, von einem Start-up in ein inhabergeführtes Traditionsunternehmen, von einem deutschen in ein französisches, amerikanisches oder japanisches Unternehmen.

Regelbruch mit Auswirkungen

Wer Regeln bricht, erfüllt Erwartungen nicht. Wenn man in einer geschäftlichen Beziehung (und das ist ein Bewerbungsverfahren ja) gegen Regeln verstößt, dann ist das nicht nur eine Angelegenheit zwischen zwei Personen. Denn Ihr Gegenüber im Unternehmen ist dort in Abläufe, Regelungen und Strukturen eingebunden. Ihr Regelbruch hat also vermutlich Auswirkungen.

Haben Sie eine Ahnung davon, welche? Wo kommt die Welle an, wenn Sie den Stein ins Wasser werfen? Und wie groß darf Ihr Stein sein, damit das Spritzen der Wassertropfen (noch) als dekorativ und erfrischend empfunden wird und nicht Ihrem Gegenüber die Schuhe durchnässt?

Was wollen Sie mit Ihrem regelwidrigen Verhalten erreichen? Welchen Effekt, welche Art der Veränderung hervorrufen? „Aufmerksamkeit auf mich lenken" kann nicht der einzige Sinn sein, denn mit Ihrem Auftritt wirken Sie nicht nur in der Gegenwart, sondern positionieren sich gleichzeitig für die Zukunft im Unternehmen! Passen also diese Veränderungen zu den Zielen Ihres Gegenübers? Der soll Sie ja erst noch einstellen! Wenn Sie nicht Schiffbruch erleiden wollen, dann seien Sie nicht zu radikal, denn das wird nicht als kreativ oder innovativ respektiert. Das nennt man dann vor allem „unhöflich".

Man kann mit Regeln ganz unterschiedlich umgehen: Man kann sich völlig anpassen, man kann sich teilweise integrieren, man kann sich zeitweise verweigern. Man kann auch totalen Widerstand leisten – in der Rolle des Weltverbesserers, als Genie oder der als „Narr". Jede dieser Rollen hat ihren Preis.

7.2 Chancen und Risiken im Internet

Communitys haben etwas von kleinen Städten. Oder von Vereinen. Man kann sich leicht kennenlernen, man schätzt sich, manchmal kann man sich auch nicht ausstehen. Vor allem Letzteres kann, wenn man dem nachgibt, fatale Folgen haben.

Mahnende Stimmen

In regelmäßigen Abständen tauchen sie auf, die Artikel, in denen berichtet und gewarnt wird: Arbeitgeber würden bei der Auswahl neuer Mitarbeiter systematisch das Internet nach privaten Daten durchforsten. Dabei würden auch Hobbys, Interessen, Meinungsäußerungen oder private Vorlieben abgefragt, heißt es. Viele Bewerber würden nicht zu Vorstellungsgesprächen eingeladen, weil Zweifelhaftes – oder noch schlimmer: Eindeutiges – über sie auftauchen würde: Texte, Fotos, Videos.

Das Bild, das sich hier aufdrängt: Tausende von Menschen aus dem Personalbereich sitzen vor ihren PCs, eingeloggt in allen möglichen Netzwerken, neben sich lange Listen mit Bewerbernamen, die sie verbissen und systematisch eingeben, um dann, fündig geworden, die entsprechenden Kandidaten zu streichen.

„Alles nur Panikmache!" meint wohl so mancher und vertritt das (und damit seine Freiheit, sich im Netz zu bewegen, wie es ihm gefällt) auch vehement. Völlig überzogene Horrorbilder, die da entworfen werden! Denn schließlich gehe es doch hauptsächlich darum, als Mitarbeiter seinen Job erfolgreich zu erledigen. Und wenn der Lebenslauf all das beinhalte, was in der Stellenausschreibung gesucht werde, sei es doch dumm, diese Person nicht zum Vorstellungsgespräch einzuladen. Dann könne es doch egal sein, was man mit wem in seiner Freizeit mache. Wen überhaupt geht das etwas an?

Man hat also nicht den Eindruck, dass Warnungen, wie sie oben beschrieben werden, besonders ernst genommen werden. Denn alberne, fragwürdige oder gar geschmacklose Darstellungen von Personen im Netz gibt es zur Genüge und es werden auch nicht weniger. Fast alle haben diese Daten über sich selbst eingestellt, freiwillig! Dabei sollte es sich inzwischen herumgesprochen haben, dass die Fotos mit Altbierbowleglas in der Hand und 2,5 Promille im Blut bei StudiVZ oder die Bilder vom Oben-ohne-Contest auf Ibiza bei Facebook nicht unbedingt karriereförderlich sind.

Was ist dran an diesen Einschätzungen? Enthalten sie mehr als nur ein Körnchen Wahrheit? Lassen Sie uns das einmal genauer betrachten.

Nicht alle Personalverantwortlichen googeln systematisch zukünftige Mitarbeiter. Und nicht jeder Bewerber wird gegoogelt, interessant sind höchstens solche, die für ein Vorstellungsgespräch überhaupt infrage kommen.

Nicht jeder, der im Bewerbungsverfahren Ihre Unterlagen in die Hände bekommt, geht bewusst auf die Suche nach Verfänglichem über Sie. Manche „Sünden" werden auch ganz zufällig gefunden. So berichtet ein Personalberater von folgendem Fall: „Mein Lieblingsbeispiel ist in dem Zusammenhang ein Mitarbeiter für eine Sales-Position im gehobenen Key-Account-Bereich, bei dem eine ehemalige Kollegin im fortgeschrittenen Besetzungsprozess StudiVZ-Fotos präsentiert bekam, die den Bewerber im volltrunkenen Zustand mit einem T-Shirt mit der Aufschrift ‚Schade, dass man Bier nicht f***n kann!' zeigten. Die Fotos hatte der Praktikant der HR-Abteilung des Kunden aus dem Netz gezogen, weil er seiner Chefin zeigen wollte, ‚was so geht.' Die damalige Kollegin fiel fast vom Stuhl, der Auftrag war geplatzt!"

Es müssen keine Fotos sein, die zum Verhängnis werden. Es gibt weitaus subtilere, aber ebenso effektive Methoden, sich frag- und diskussionswürdig darzustellen. Eine davon ist es, in öffentlichen Foren über aktuelle oder ehemalige Arbeitgeber herzuziehen, Interna aus dem aktuellen oder ehemaligen Unternehmen zu verbreiten, sich lustig zu machen oder sich abfällig über Vorgesetzte und Kollegen zu äußern. Eine weitere Möglichkeit sind alle Verhaltensweisen in Diskussionen, die das menschliche

Alles nur Panik-mache?

Zufällig gefundene Sünden

Kommunikationsverhalten so hergibt: Unhöflichkeit, Arroganz, grobe Fehleinschätzungen von Situationen, ständig allen anderen die Schuld geben, unangemessenes Sprachverhalten, um nur einige aufzuzählen.

Ein Puzzleteil unter vielen

Wenn Hinweise auf eine Person im Netz gefunden werden, sagt das noch nichts darüber aus, wie diese Hinweise gewertet werden. Ein bierseliges Ferienfoto ist sicher für niemanden ein Drama. Für jemanden, der Bewerbungen professionell bearbeitet und beurteilt, sind Funde im Netz ein Puzzleteil unter allen Bestandteilen einer Bewerbung, und nur aus allen Teilen kann ein vollständiges und aussagekräftiges Bild werden. So wenig, wie ein Bewerbungsfoto, die Wahl der Schriftart für den Lebenslauf oder ein Rechtschreibfehler, der sich eingeschlichen hat, der alleinige Grund für eine Zu- oder Absage an jemanden ist, ist es das Vorhandensein eines Urlaubsbildes im Netz.

Im Übrigen muss die Beurteilung von Bewerbern durch solche Einträge im Netz nicht zwangsläufig negativ sein. Manche Kandidaten können dadurch auch interessanter werden!

Stellen Sie sich vor: Ein Personaler hat einen Bewerber, der ihn interessiert. Er klickt also ein bisschen im Netz herum – und findet die Person ganz zufällig (oder auch gesucht) in einer Fachgruppe. Diese Person verhält sich nach seinem Dafürhalten in den Diskussionen besonders konstruktiv, witzig, kenntnisreich. Oder er findet gegenteiliges Verhalten: destruktiv, nörgelig, besserwisserisch. Beide Erkenntnisse werden ihn sicher beeinflussen.

Bleibt die Frage nach den Gründen für solche Nachforschungen. Sind diese Leute alle übermäßig neugierig? Haben sie nichts Besseres zu tun? Nichts Wichtigeres?

Unliebsame Überraschungen vermeiden

In der Regel geht es darum, unliebsame Überraschungen zu vermeiden, nachzuforschen, ob die Person hält, was sie verspricht, oder wer sich hinter der nahezu perfekt gestalteten Bewerberoberfläche verbirgt. Denn natürlich zeigt der sich von seiner besten Seite, er will ja den Job! Aber ist die beste Seite auch die wahre, die ehrliche Seite des Bewerbers? Die, mit der es dann Vorgesetzte und Kollegen im Arbeitsalltag zu tun haben?

Fakt ist, dass offensichtlich im Rahmen von Bewerbungen auf unterschiedlichen Wegen zusätzliche Informationen gesucht werden. Durch Referenzgeber, deren Nennung erbeten wird, durch mehr oder minder legale Nachfragen bei alten Arbeitgebern – und eben auch im Netz. Nicht nur nach Fotos, nicht nur bei jungen Menschen, sondern in allen Altersgruppen. Dieses Verhalten wird künftig sicher noch zunehmen. Es ist nicht hilfreich, darüber zu klagen, dass das arbeitgeberseitig kein förderliches Verhalten für den Vertrauensaufbau sei. Das Netz ist da, die Möglichkeit zur Recherche ebenfalls und damit auch die Chance für jeden Arbeitnehmer, ein kompetentes Bild von sich abzugeben oder ein grenzwertiges. Und natürlich auch alles dazwischen.

Wahrheiten und Empfehlungen, die Sie daraus für sich ableiten sollten

- Dass Kandidaten nicht nur nach fachlichen Gesichtspunkten beurteilt werden, sondern auch danach, was „man" sonst so von ihnen weiß, ist nichts Neues. Jeder, der auf dem Dorf oder in einer Kleinstadt aufgewachsen ist, kann dazu Einschlägiges berichten. Wenn man am Wochenende beim Schützenfest unterm Tisch lag, wusste das am Montagmorgen die ganze Belegschaft im Betrieb. Heute ist das Internet das Dorf, nur größer, und man kann ihm nicht mehr durch den Umzug in die nächstgelegene Großstadt entfliehen.

  > Ein großes Dorf

- Zuverlässiges Löschen von Beiträgen und Fotos gibt es (noch) nicht. Was Google einmal gefunden und in seinen Klauen hat, das lässt es nicht mehr los und gibt es auch preis – bis zum St. Nimmerleinstag.

  > Für die Ewigkeit

- Wie Ihre Auftritte im Netz bewertet werden, das liegt stets im Auge des Betrachters und ist im Zusammenhang mit dem Job zu sehen, auf den Sie sich bewerben. Je repräsentativer Ihre Aufgabe und je zugeknöpfter die Branche, desto weniger Privates in die Öffentlichkeit!

  > Zurückhaltung mit Privatem

- Damit Sie unter allen Umständen die Kontrolle behalten, kleben Sie sich ein Warnschild an Ihren PC: Erst denken, dann posten. Und niemals unter Alkoholeinfluss!

- Es gibt bei uns das Recht der freien und uneingeschränkten Meinungsäußerung. Ein wahrhaft hohes Gut! Es gibt allerdings keinen Zwang, das auch immer und überall auszuüben und die eigene Meinung in alle Welt zu verstreuen.

- Zu guter Letzt: Übertriebene Vorsicht ist in der Regel nicht angesagt, ein kurzes Innehalten und Überlegen, bevor Sie auf „Senden" drücken, aber schon!

7.3 Soft Skills – schmückendes Beiwerk oder zentraler Wettbewerbsvorteil?

Für 88 % der Unternehmen, so meldete das Institut CRF im Rahmen einer veröffentlichten Umfrage bei 105 Unternehmen aus dem Jahr 2009, sei „Persönlichkeit" wichtig bei der Personalauswahl. Danach folgten mit 73 % die Kommunikationsfähigkeit und erst dann, mit 51 %, praktische Erfahrungen. „Kreativität" rangierte dort mit 14 % noch vor guten Noten und einer kurzen Studiendauer. Soft Skills stehen bei Arbeitgebern offenbar hoch im Kurs.

Keine Anzeige, in der sie nicht erwähnt werden! Kein Wunschprofil ohne Fähigkeiten wie Kundenorientierung, Kommunikationsfähigkeit, Selbstständigkeit, Kostenorientierung, Teamfähigkeit, Flexibilität, Mobilität, Lernfähigkeit, Leistungsbereitschaft, Urteilsvermögen, analytisches und logisches Denken, Durchsetzungsvermögen, Selbstbewusstsein, Kreativität, Belastbarkeit, Motivation, Fleiß, Ehrgeiz, Verhandlungsführung, die Fähigkeit, Prioritäten zu setzen, Entscheidungsfähigkeit … Die Liste ließe sich fortsetzen!

Zufällige, aus einigen Anzeigen herausgegriffene Beispiele:

Geforderte
Soft Skills

- Für die Position eines Personalleiters wird „eine gestandene Persönlichkeit mit dem entsprechenden Auftreten, ein Auftreten, das Sie innerhalb des Unternehmens als kompetenten Gesprächspartner auszeichnet […] ausgeprägte soziale Kompetenz wie auch Durchsetzungsstärke" gesucht.

- Für die Besetzung einer Stelle als Key Account Manager im Maschinen- und Anlagenbau wünscht man sich jemanden, der „ein überzeugendes, sicheres, freundliches Auftreten" besitzt sowie „ein hohes Maß an Zielorientierung […] ein unternehmerisch denkender Teamplayer mit einem guten Gespür im Umgang mit unterschiedlichen Mentalitäten".

- Und das alles soll ein promovierter Ingenieur in einem Forschungszentrum mitbringen: „Sie verfügen über eine ausgezeichnete Kommunikationsfähigkeit in Wort und Schrift […] und zeichnen sich darüber hinaus durch eine stark ausgeprägte Fähigkeit zur kooperativen Zusammenarbeit und durch verbindliche Umgangsformen aus […] Eine stark ausgeprägte Integrationsfähigkeit, eine überdurchschnittliche Serviceorientierung sowie ein hohes Maß an Flexibilität und Belastbarkeit […] runden Ihr Profil ab."

Zusammengefasst: Man könnte zur Überzeugung kommen, dass Soft Skills entscheidend für den beruflichen Erfolg sind und dass die fachliche Qualifikation als fünftes Rad am Wagen quasi mitläuft. Man könnte meinen, dass man überall einen attraktiven Arbeitsplatz findet, wenn man nur seine Soft Skills weiterentwickelt. Man müsste sie folglich in den Bewerbungsunterlagen nur als zentralen Wettbewerbsvorteil herausstellen.

Beim genaueren Lesen ergeben sich jedoch durchaus Fragen.

Wider-
sprüchliche
Forde-
rungen

Woran erkennt man denn eine „gestandene Persönlichkeit"? Jeder hat sein eigenes Bild vor Augen! Wie zeigt sich bei so jemandem eine „ausgeprägte soziale Kompetenz"? Und wie passt die wiederum mit „Durchsetzungsstärke" zusammen? Wie kann und darf jemand „freundlich" sein, der im gleichen Atemzug „überzeugend" auftreten soll? Wie denkt man „unternehmerisch" als Teamplayer, wenn der Rest des Teams vielleicht nicht mitspielt? Bedeutet „verbindlich" im Zusammenhang mit „Umgangsformen" etwas anderes als „höflich"? Soll da jemandem nach dem Mund geredet werden? Es taucht der Gedanke auf, dass manche Skills nicht so ganz nahtlos zusammen passen.

Der Begriff „soft" („weich") verführt dazu, sich einen Menschen mit ausgeprägten Soft Skills als „angenehmen" Menschen zu denken, als jemanden, der mit allen gut zurechtkommt, hilfsbereit, kommunikativ ist, das gemeinsame Arbeitsergebnis im Blick hat – so, wie man sich seinen Kollegen wünscht.

Gehen wir einen Schritt zurück und betrachten die Sachlage mit einem kleinen Abstand. Ist es wirklich eine sympathische Persönlichkeit, die gesucht wird? Der Arbeitgeber wird diese Art von Persönlichkeit dann suchen, wenn das den Erfolg der zu bearbeitenden Aufgaben sicherstellt. Wenn er bestimmte Soft Skills will, dann deshalb, weil er davon ausgeht, dass der Mitarbeiter damit am Arbeitsplatz erfolgreich sein wird – erfolgreich im Sinne des Unternehmens.

Soft Skills benennen Verhaltensmöglichkeiten, die ein Mensch mehr oder weniger ausgeprägt hat. Wie er sie nutzt, hängt mit seiner „emotionalen Intelligenz" zusammen und nicht mit seinen intellektuellen Möglichkeiten. Es sind Fähigkeiten, die nicht unmittelbar notwendig sind, um eine Aufgabe zu bearbeiten. Sie beeinflussen aber, wie effektiv und mit welcher Qualität die Aufgabe ausgeführt wird. Dazu zählen vor allen Dingen soziale Kompetenz, kommunikative Kompetenz und methodische Kompetenz.

Emotionale Intelligenz

Eines ist zweifelsfrei klar: Je komplexer die Aufgaben, desto bedeutender die Soft Skills. War zum Beispiel innerhalb einer Montagetätigkeit früher nur die Fähigkeit zur Absprache mit dem direkten Kollegen notwendig, so beinhaltet ein Montagearbeitsplatz heute oft auch die Anforderung, einen komplexen Arbeitsvorgang in der Arbeitsgruppe zu organisieren. Die Anforderungen in der Kommunikation und der Kooperation nehmen damit für jeden einzelnen Mitarbeiter zu. Je weniger weisungsgebunden Tätigkeiten sind, je mehr ein Mitarbeiter seine Arbeitsumgebung mitgestalten muss, desto mehr braucht es die benannten Soft Skills, damit die Abläufe reibungslos funktionieren. Da die Anforderungen der Arbeitwelt komplexer werden, nimmt also konsequenterweise die Bedeutung von Soft Skills zu. Daneben aber bleibt als grundlegende Anforderung, dass der Mitarbeiter seine Tätigkeit – im Ausgangsbeispiel die Montage – verstehen und beherrschen muss.

Aufgaben im Beruf sind unterschiedlich, deshalb werden auch (eigentlich) je nach Branche, Aufgabe, Funktion und hierarchischer Einordnung ganz unterschiedliche Skills benötigt.

Branchen- und funktionsabhängig

- Wer als Berufsanfänger ins Unternehmen einsteigt, für den ist (beispielsweise) die Fähigkeit zur Teamarbeit wichtig. Die eigene Durchsetzungsfähigkeit in dieser Phase seines beruflichen Lebens klar herauszustellen dürfte dagegen nicht auf uneingeschränkte Begeisterung beim zukünftigen Vorgesetzten stoßen.

- Wer eine leitende Position ausüben will, für den gilt genau das Umgekehrte. Im Team zu arbeiten ist auf dieser Stufe eher eine gering zu gewichtende Anforderung. Chefs müssen vielmehr durchsetzungsfähig sein, tough, eindeutig, stringent.

- Für einen Entwicklungsingenieur sind andere Verhaltensweisen erfolgswirksam als für einen Mitarbeiter in der Buchhaltung, einen Mediziner oder einen Vertriebsmitarbeiter. Und beim Vertriebsmitarbeiter ist es entscheidend, ob er Teppiche oder Spezialmaschinen verkauft.

Frage der Nützlichkeit

Eine Fähigkeit ist (wenn man diesen Gedankengang weiterverfolgt) also nicht gut oder schlecht, sie ist höchstens als nützlich, schädlich oder neutral zu bewerten – oder besser: zu einem bestimmten Zeitpunkt der eigenen beruflichen Karriere als nützlich, schädlich oder als neutral zu bewerten. Was sie tatsächlich wert ist, hängt auch vom Umfeld ab, in dem man sich bewegt: kleines Familienunternehmen oder Konzern, soziale Einrichtung oder gewinnorientiertes Unternehmen, gerade gegründetes Start-up mit lauter jungen Leuten als Mitarbeiter oder eine stark hierarchisch gegliederte Organisation wie beispielsweise die Bundeswehr.

Schwierige Begriffsbestimmung

Doch was bedeuten die einzelnen Begriffe, welche die Soft Skills bezeichnen, konkret? Stimmen die eigenen Vorstellungen davon mit denjenigen des Empfängers überein? Und in welcher Ausprägung dürfen, sollen oder müssen sie vorhanden sein? Nehmen wir als Beispiel „Zielorientierung". Was für den einen bedeutet: „Er verfolgt sein Ziel konsequent", heißt für den anderen: „Er geht über Leichen, um sein Ziel zu erreichen." Für den einen gehört dazu, das fachbezogene Wissen für die zu besetzende Position aktuell zu halten, für den anderen ist das lächerliche Zeitverschwendung, da er diese Position sowieso nur als Durchgangsstation auf seinem Weg nach oben auf der Karriereleiter betrachtet.

Begriffe wie „globales, vernetztes Denken" oder „rasche Auffassungsgabe" schreibt sich jeder gerne selbst zu. Sie lösen ein wohliges Gefühl aus, ohne dass man in der Regel sagen könnte, welche konkrete Substanz dahinter steht. Eine rasche Auffassungsgabe über komplexe Zusammenhänge nützt in der Regel nur, wenn eine grundlegende Qualifikation über die einzelnen Bestandteile dessen vorhanden ist, dessen Komplexität man begreifen und beurteilen soll.

Auf die Mischung kommt es an

Die Alternative für das Unternehmen ist es nicht, zwischen einer Person mit guten fachlichen Kenntnissen, die aber ein emotionaler Tollpatsch ist, zu wählen und einer, die über hoch entwickelte Soft Skills verfügt, fachlich jedoch nicht die „Grundrechenarten" ihres Berufs beherrscht. Man geht davon aus, dass beides vorhanden ist, man sucht die Person, die beides in ausreichendem Maß besitzt.

Aufgabe des Bewerbers ist es, die für die eigene Situation relevanten Skills zu identifizieren und selbstkritisch zu überprüfen, was bei einem selbst wie stark ausgeprägt ist. In den seltensten Fällen gibt es die eine, die allein richtige Kombination an Soft Skills, die ein Kandidat mitbringen muss. Die Mischung macht es in einem Team, je nach Sachaufgabe und je nach eigener Rolle und Verantwortung.

Wer Anforderungen dieser Art erfüllen kann, der hat im Vorstellungsgespräch sicher bessere Chancen – wenn er so viel fachliche Kompetenz und einschlägige Erfahrung nachweisen kann, dass er überhaupt eingeladen wird. Die aufgaben- und branchenrelevante Erfahrung, die jemand mitbringen muss, steht im ersten Teil einer Anzeige, die fachliche Qualifikation in Form von Ausbildungs-/Studienrichtungen und Abschlüssen gleich dahinter. Und nicht umsonst sind in den Onlineformularen für die Bewerbung der Unternehmen zuerst eine Reihe von fachlichen Qualifikationen genannt, bei denen man vorhandene Kenntnisse benennen und auch oft in Tiefe und Umfang qualifizieren muss.

Es geht (in der Regel jedenfalls) darum, neue Mitarbeiter zu finden, die der Vielfalt der Anforderungen gerecht werden, die unterschiedliche Rollen leben können, die in ihrer speziellen Ausprägung zum Erfolg eines Teams, einer Abteilung und, im weitesten Sinne, eines Unternehmens beitragen. Soft Skills schlagen nicht fachliche Qualifikation, sie sind der Boden, auf dem Kompetenz wirksam werden kann.

Kann man Soft Skills trainieren, wenn man Schwächen bei sich feststellt? Seminaranbieter behaupten, man könne. Sie versprechen innerhalb von drei Tagen einen Zuwachs an Führungsfähigkeiten, an Durchsetzungskraft, an Charisma. Man könne sich selbst bestens organisieren, wenn man nur dieses eine Seminar buche. Ob solche Versprechen glaubwürdig sind, entscheidet man am besten, wenn man sich die guten Vorsätze vom letzten Silvester durch den Kopf gehen lässt und sich fragt, wie viele davon man umgesetzt hat.

Hilft Training?

Soft Skills entstehen ja nicht aus dem Nichts heraus. Sie sind Merkmale einer Persönlichkeit, die sich im Laufe ihres Lebens entwickelt – durch erlebtes Glück und Kummer, durch Erfolge und Scheitern, durch gute und schlechte Erfahrungen, die ganze eigene Vergangenheit.

7.4 Ziele und Zielkonflikte bei der Jobsuche

Ziele hat jeder. Manchmal auch nur in Form guter Vorsätze. Und die pflastern bekanntlich den Weg zur Hölle.

Ob es gut und sinnvoll ist, sich im Leben konkrete Ziele zu setzen, ist durchaus umstritten, und das aus unterschiedlichen Gründen. Einer davon: Es kommt sowieso anders, als man denkt. Ein anderer: Wer sich feste Ziele setzt, wird nie wirklich erfolgreich sein. Denn unsere Vorstellungen über das, was werden kann, sind begrenzt durch unsere Erfahrungen. Wir können uns (in der Regel) nur vorstellen, was wir so oder in ähnlicher Form schon erlebt oder gesehen haben. Aus dem eigenen System von Erfahrungen auszubrechen, das schaffen nur ganz wenige.

Andererseits: Veränderung braucht Ziele, und die Suche nach einer neuen beruflichen Herausforderung ist eindeutig eine Veränderung, mit der

Sie sich als Leser beschäftigen. Also brauchen Sie eine wie auch immer geartete Zieldefinition.

Volksmund und Dichtung haben zu Zielen einiges zu sagen. Laotse meint: „Nur wer sein Ziel kennt, findet den Weg." Gotthold Ephraim Lessing stellt fest: „Der Langsamste, der sein Ziel nicht aus den Augen verliert, geht immer noch geschwinder als jener, der ohne Ziel umherirrt." Mark Twain wird dagegen wahrhaft philosophisch, wenn er findet: „Kaum verloren wir das Ziel aus den Augen, verdoppelten wir unsere Anstrengungen." Und Herbert von Karajan bemerkt: „Wer alle seine Ziele erreicht, hat sie zu niedrig gewählt."

Setzen wir also Ziele und halten uns dabei an Karajan: Greifen wir ruhig sehr hoch dabei!

Hochgesteckte Ziele Karriere machen und richtig gut verdienen im Job, das wäre prima, so gut verdienen, dass man fast reich wird damit! Und natürlich darf der Spaß an der Arbeit nicht verloren gehen. Am besten wäre das in der Heimatregion, denn da möchte man gerne bleiben. Es ist schön da, man hat Freunde, kennt sich aus. Die große und weite Welt kann man sich ja dann in ausgedehnten Urlauben anschauen.

Ein erster Blick macht deutlich: Das wird vermutlich nichts. Oder nur für eine verschwindend geringe Anzahl von Menschen. Außer man versucht sich als erfolgreicher Bankräuber; allerdings ist bei dieser Berufswahl doch ein erhebliches Risiko dabei, erwischt zu werden und dann nicht irgendwann einmal zufrieden in Rente zu gehen und im Kreise seiner Lieben auf ein bewegtes Berufsleben zurückzuschauen.

Der Grund? Jedes der Ziele für sich ist machbar, in der vorgestellten Kombination schließen sie sich jedoch gegenseitig eher aus.

Karriere machen und dabei gut verdienen kann man mit ein bisschen Glück schaffen, sogar das mit dem „fast reich werden" ist noch machbar. Wer allerdings den Spaß an der Arbeit mit „Karriere machen" und „gut verdienen" in Korrelation setzt, der wird früher oder später mit sich selbst oder seinen Zielen in Konflikt geraten. „Spaß haben" ist bei Entscheidungen für oder gegen einen Karriereschritt kein hilfreiches Kriterium. „Nützlich für mein Ziel" wäre eines.

Die Vorgabe, bei all dem in der Heimatregion zu bleiben, ist abhängig davon, wo sich die befindet. In einer strukturarmen Gegend mit einem einzigen großen Arbeitgeber, bei dem so etwas wie „Karriere" überhaupt möglich ist, hat man entweder ein Berufsleben lang Glück und schafft den Aufstieg bei ebendiesem Arbeitgeber oder ein Umzug irgendwann ist unausweichlich. Dass dieses Glück so wahrscheinlich ist, dass eine ganze Belegschaft ihre berufliche Planung darauf ausrichten kann – urteilen Sie selbst. Denn nicht nur Sie haben Ziele!

Zu guter Letzt: Karriere machen und Zeit für ausgedehnte Urlaube und Freizeitvergnügen haben, das passt zumindest in der „heißen Phase", im Alter zwischen 25 und 40, in der sich Karriere gemeinhin entwickelt, nicht besonders gut zusammen. Und wer bis dahin Karriere gemacht hat, ist in der Regel in eine große Verantwortung eingebunden und hat dann erst recht nicht unbegrenzt freie Zeit.

Ziele müssen also zueinander passen, sollen sie erreichbar sein. Stellen Sie also fest, in welcher Beziehung Ihre verschiedenen Ziele zueinander stehen.

Hamonieren Ihre Ziele miteinander? Entwickeln Sie sie einträchtig? Eines aus dem andern? Wenn das erste Ziel erreicht ist, dann streben Sie das zweite an und anschließend das dritte …?

> **Harmonische Ziele**

$$\text{Ziel 1} \longrightarrow \text{Ziel 2} \longrightarrow \text{Ziel 3}$$

Beispiel: Harmonische Ziele

Nehmen wir an, Ihr Ziel wäre es, in China zu arbeiten und zu leben. Hier alle Zelte abzubrechen, den Koffer zu packen und in den nächsten Flieger zu steigen wäre ein sicherer Weg, dieses Ziel zu verfehlen. Spätestens bei der Einreise am ersten chinesischen Flughafen müssten Sie mangels Visum und Arbeitsgenehmigung umkehren.

Sie müssen also Ihr Ziel in aufeinander folgende Schritte aufteilen:

Ziel 1 könnte sein: Ich entscheide mich erst, wenn ich über ausreichend Informationen verfüge, was man alles braucht, um in China zu leben und zu arbeiten. Sie würden dann daran arbeiten, diese Informationen zu erwerben, zur Vorbereitung die eine oder andere Reise in Ihre Zielregion unternehmen. Vermutlich würden Sie spätestens dann darauf kommen, dass Sprachkenntnisse unabdingbar sind.

Ziel 2 wäre dann folglich, die Sprache so gut zu erlernen, dass Sie im Alltag ohne Dolmetscher zurechtkommen. Würden Sie nach einem Jahr feststellen, dass Sie fürs Chinesische absolut unbegabt sind, weil Ihnen trotz intensiver Anstrengungen lediglich ein paar Sätze im Gedächtnis geblieben sind, würden Sie von China vermutlich Abstand nehmen und überprüfen, welches andere Land für Sie noch infrage käme.

Erst dann, wenn diese beiden Ziele erreicht wären, würden Sie Ziel 3 angehen: Die notwendigen Papiere beschaffen, nach Arbeit und Wohnung suchen, den Umzug planen und das One-way-Ticket buchen.

Ziele stehen neutral nebeneinander, wenn sie sich bei ihrer Erfüllung nicht gegenseitig behindern. In der Grafik ist dies durch die drei Pfeile, die alle parallel nach oben und in eine Richtung zeigen, versinnbildlicht.

> **Neutrale Ziele**

$$\uparrow \qquad\qquad \uparrow \qquad\qquad \uparrow$$
Ziel 1 \qquad\qquad Ziel 2 \qquad\qquad Ziel 3

Sie können also Ihr großes Ziel 1, nämlich in China zu leben und zu arbeiten, verfolgen und gleichzeitig Ihr zweites und drittes Ziel im Auge behalten, nämlich dreimal wöchentlich zum Sport zu gehen und außerdem eine Weiterbildung zum Thema „Projektmanagement" zu besuchen. Gegen diese Pläne spricht höchstens, dass der Tag nur 24 Stunden hat.

Das Scheitern vorprogrammiert ist dann, wenn Ihre Ziele konkurrieren.

Konkurrierende Ziele

$$\text{Ziel 1} \longrightarrow \longleftarrow \text{Ziel 2}$$

„Wasch mich, aber mach mich nicht nass!" – so beschreibt der Volksmund das. Welche Ihrer Ziele in diese Kategorie passen, das wissen Sie selbst vermutlich am besten.

Wie finden Sie bei solchen Zielkonflikten zu einer Lösung? Da gibt es verschiedene Möglichkeiten. Nur eine wird nicht funktionieren, nämlich mit fester Überzeugung bei den ursprünglichen Zielen bleiben und die Welt schlecht finden, weil sie ist, wie sie ist.

Prioritäten setzen

Setzen Sie Prioritäten: Notieren Sie Ihre Ziele und legen Sie fest, welches Ihnen das wichtigste ist, dem Sie alle anderen unterordnen wollen. Nummerieren Sie Ihre weiteren Ziele in absteigender Linie durch und planen Sie dann neu, was Sie tun wollen.

Kompromisse schließen

Schließen Sie Kompromisse: Das kann bedeuten, dass Sie z. B. Ihre Ziele verkleinern (also erst einmal einen Chinaaufenthalt im Rahmen eines Praktikums ins Auge fassen), oder Sie trennen sie zeitlich (erst eins, in zwei Jahren das nächste …).

Nutzen immer neu bestimmen

Auf alle Fälle sollten Sie den Nutzen Ihrer unterschiedlichen Ziele bestimmen bzw. immer wieder neu überdenken: für das, was Sie beruflich vorhaben, ebenso wie für die Dinge, die Sie in Ihrem privaten Leben zufrieden machen.

Ziele formulieren

Wenn Sie Ziele formulieren, beherzigen Sie folgende Ratschläge:

- Beschreiben Sie den Inhalt Ihres Ziels, indem Sie den angestrebten Zustand exakt beschreiben.
- Legen Sie fest, in welcher Zeit das Ziel erreicht werden soll.
- Definieren Sie, in welchem Ausmaß Sie das Ziel erreichen wollen. Müssen es unbedingt 100 Prozent sein? Oder reichen auch 80?
- Und denken Sie daran: „Nichts ist einfach, weder in der Spekulation noch im Leben. Die ganze Existenz beruht auf dieser Wahrheit, wie die Erfahrung zeigt. Man kommt ans Ziel, aber nie auf gerader Linie." Dieses Zitat stammt von André Kostolani, dem inzwischen verstorbenen Börsen-Guru. Er ist 93 Jahre alt geworden, konnte also genügend Erfahrung sammeln und muss es daher wissen.

Mit dieser eher entspannenden Weisheit schließen wir an dieser Stelle das Thema ab.

7.5 Wie Personaler ticken

- Personaler kennen das Leben „draußen" nicht!
- Personaler sollten mal so beurteilt werden, wie sie selber arrogant Leute beurteilen.
- Personaler formulieren wahnwitzige Anforderungen. Wo früher für eine kaufmännische Tätigkeit ein Industriekaufmann eingestellt wurde, muss man heute BWL studiert haben.
- Firmen nutzen das Überangebot an Bewerbern, um sich denjenigen herauszusuchen, der am meisten angepasst ist und dem Personaler nach dem Mund redet.
- Im Gegensatz zu früher haben Personaler keine Menschenkenntnis mehr!
- Personaler sind engstirnig und sehen die Vorteile von Quereinsteigern nicht.

Verbreitete Vorurteile

Finden Sie auch, dass Personaler eine unangemessene Macht im Bewerbungsverfahren haben? Kommen Ihnen diese Einschätzungen bekannt vor? Aus Gesprächen im Bekanntenkreis, aus Internetforen, die sich mit dem Thema „Jobsuche" befassen? Denken Sie vielleicht selbst manchmal so?

Der „Personaler" ist im Rahmen der Neubesetzung einer Stelle häufig der erste und der letzte Ansprechpartner des Bewerbers. Er prägt daher für ihn das Bild des Unternehmens.

Ansprechpartner des Bewerbers

Der Bewerber steckt oft sehr viel Zeit, Energie und auch Hoffnung in eine Bewerbung. Dem sollte – seiner Meinung nach – der Personaler Rechung tragen.

Der Bewerber bewirbt sich alle paar Jahre, für den Personaler ist die Abwicklung von Bewerbungsverfahren Alltag und damit teilweise Routine.

Im Bewerbungverfahren begegnen sich Menschen mit sehr unterschiedlichen Voraussetzungen, Hintergründen, Wünschen und emotionaler Einbindung in den Prozess. Dies ist einerseits eine Möglichkeit spannender Begegnungen, andererseits eine Quelle möglicher Missverständnisse und auch Verärgerungen.

Manchmal allerdings ist der „Personaler" gar kein echter Personaler. Je kleiner ein Unternehmen ist, desto geringer ist die Chance, hier auf spezialisierte Funktionen zu treffen. Da macht die allgemeine Verwaltung „Personal" mal eben neben den übrigen Aufgaben mit und die Rekrutierung neuer Mitarbeiter ist Chefsache. Dort gibt es häufig auch keine festgelegten Abläufe im Umgang mit Bewerbungen, man macht es eben so, wie man es für richtig hält, und es klappt ja auch irgendwie – oft sogar ausgesprochen gut.

**Personal-
abteilung**

Personalabteilungen in Unternehmen, auf Neudeutsch auch „Human Resources" genannt, haben im Gegensatz zur oft geäußerten Meinung nicht nur mit Personalbeschaffung zu tun. Zu ihrem Aufgabenbereich gehören neben dem Management von Neueinstellungen alle organisatorischen, planenden und verwaltenden Aufgaben rund um das Thema Personal. Neue Mitarbeiter zu rekrutieren ist also nur ein Teilbereich eines breiten Spektrums zu bearbeitender Aufgaben.

Folglich haben sie auch nicht den ganzen Arbeitstag Zeit, sich ausschließlich um die eingehenden Bewerbungen zu kümmern. Telefonische Nachfragen von Interessenten beantworten? Gerne, wenn konkret zu Inhalten der Anzeige gefragt wird. Geht es aber um Fragen, die mit dem Lesen der Anzeige leicht selbst herauszufinden wären, lässt die Freude über jeden weiteren Anruf oftmals nach. („Sie schreiben da, dass fließendes Englisch Voraussetzung ist. Reicht es nicht auch, wenn ich einen Kurs mache, sobald ich Ihre Zusage habe?")

Human Resources kennen die internen Prozesse der Personalbeschaffung und sind – natürlich – gehalten, sie bei der organisatorischen und inhaltlichen Abwicklung der Personalbeschaffung sicherzustellen. Als Angestellte, die interner Weisungsbefugnis durch ihre Vorgesetzten unterliegen (wie übrigens jeder Mitarbeiter eines Unternehmens), sind sie gut beraten, sich daran zu halten. Denn Zuwiderhandlungen könnten ernsthafte Personalgespräche, Abmahnungen und schlimmstenfalls Entlassungen nach sich ziehen.

Sie wünschen sich – jedenfalls in der Regel – nichts Besonderes: Bewerber, die mitdenken, die auf die Anforderungen der Anzeige eingehen, die zum Punkt kommen und nicht seitenlange Romane schreiben, deren Unterlagen vollständig sind, ebenso wie die Angaben im Lebenslauf, die bei der Erstellung der Unterlagen Sorgfalt und Engagement erkennen lassen.

Im direkten Kontakt freuen sie sich darüber, wenn ein Bewerber gut erreichbar ist, wenn er höflich ist und die abgesprochenen Termine einhält oder rechtzeitig Bescheid gibt, wenn es zu Verzögerungen kommt.

**Interner
Dienst-
leister**

Wichtig ist es zu wissen, dass Human Resources interner Dienstleister im Unternehmen ist und im Bewerbungsverfahren nicht unabhängig von den Fachabteilungen, die den Personalbedarf haben, agiert. Und natürlich gehören Loyalität und Empathie in erster Linie dem eigenen Unternehmen und damit den Kollegen aus den Fachabteilungen, die man teilweise schon lange kennt und mit denen man regelmäßig auch bei anderen Themen zusammenarbeiten will und muss. Soll man das alles für eine völlig fremde Person aufs Spiel setzen, indem man in den Augen der Fachabteilung völlig ungeeignete Bewerber immer wieder ins Vorstellungsgespräch drückt? Nur um damit der öffentlich in Foren vorgetragenen Anklage zu entgehen: „Die Personaler geben mir ja gar keine Chance!"?

Kurzum: Personaler sind Menschen, die im Unternehmen in den Personalabteilungen sitzen, die in ihrer Mehrzahl gute Arbeit leisten wollen, die aber ebenso reagieren wie jeder andere Mensch auch. Mal gelassen, mal geduldig, hilfsbereit und humorvoll, manchmal auch etwas angestrengt.

Oft beobachtet an dieser Stelle: das Unverständnis vonseiten der Bewerbern. Was im Vertrieb akzeptiert ist (niemand fährt mal eben 200 Kilometer zu einem Interessenten, von dem man noch nicht einmal ansatzweise weiß, ob er jemals Kunde werden wird, geschweige denn ob er nennenswerten Umsatz generieren wird), scheint im Bereich Personal zu den Erwartungen zu gehören, nämlich die berühmte Extrawurst gebraten zu bekommen.

- Unvollständige Unterlagen („Wenn die Interesse an mir haben, dann können sie sich ja melden, dann schicke ich den Rest"),

- wenig aussagefähige Unterlagen („Die können doch nachfragen, wenn sie etwas nicht verstehen, oder die Zeugnisse lesen, da steht doch alles drin!"),

- Nichterreichbarkeit („Sollen sie es eben öfter versuchen, mich zu erreichen") oder

- verpasste Termine („Kann man doch einen neuen machen")

Unangebrachtes Bewerberverhalten

werden nicht unter dem Gesichtspunkt betrachtet, welche Störungen und Mehrarbeit solch ein Verhalten auslöst, sondern vorwiegend unter Berücksichtigung der eigenen Interessen.

Natürlich handelt nicht jeder Bewerber so, aber doch eine erstaunlich große Zahl. Ebenso richtig: Jemand, der dringend eine Stelle sucht, reagiert schon mal sensibel und emotional. Genauso unwidersprochen: Es passieren Fehler in Personalabteilungen und nicht jeder Mitarbeiter dort ist ein Beispiel für vorbildliches Bewerbungsmanagement. Doch leider scheinen die beiden „Problemgruppen" selten aufeinanderzutreffen. Denn dann könnten sie sich gegenseitig aneinander aufreiben und der Rest hätte Zeit und Energie für eine angenehme und zielführende Zusammenarbeit

7.6 Der Entscheidungsprozess – wie läuft er ab?

Wenn ein Unternehmen Personal suchen will, muss es zuerst entscheiden, ob es intern sowohl die Kompetenz als auch die personellen Resourcen hat, diese Suche selbst durchzuführen. Es muss auch entscheiden, ob es mit der Suche nach außen in Erscheinung treten will. Vor allem wenn Führungspositionen besetzt werden müssen, liegt das nicht immer im Unternehmensinteresse.

Selbst suchen, ja oder nein?

Werden diese Fragen verneint, dann fällt die Entscheidung, eine Personalberatung zu beauftragen. Die erhält ein Briefing, welche Voraussetzung der neue Mitarbeiter mitbringen soll, über welche Qualifikationen und Erfahrungen er verfügen soll. Damit kann die Suche durch die Personalberatung dann beginnen.

Personalberatung

Die Personalberatung spricht entweder potenzielle Kandidaten direkt an, schreibt die Stelle aus oder sucht passende Kandidaten in der eigenen Datenbank, führt erste Gespräche – trifft auf alle Fälle eine Vorauswahl aus den Bewerbern, die sie dem suchenden Unternehmen präsentiert.

Dort übernimmt das Unternehmen, führt so umfangreich und so ausführlich, wie man das für notwendig hält, Gespräche, bis eine Entscheidung fällt. Wer an diesen Gesprächen teilnimmt, hängt von der künftigen Rolle des Mitarbeiters im Unternehmen ab. Ganz klar und eindeutig: Die Entscheidung liegt im Unternehmen. Eine Empfehlung des Personalberaters wird dabei, je nachdem wie gut und wie lange man schon erfolgreich zusammenarbeitet, eingeholt.

Eigene Personalbeschaffung

Übernimmt das Unternehmen selbst die Personalbeschaffung, dann passiert das in Abstimmung zwischen Personal- und Fachabteilung. Unterschiedliche Vorgehensweisen finden sich in den nun folgenden Interviews beschrieben.

Neben der Auswertung von Bewerbungsunterlagen und Vorstellungsgesprächen gibt es verschiedene Instrumente, um sich ein umfassendes Bild vom Bewerber zu machen. Das sind z. B. standardisierte Fragebögen, die Ergebnisse aus einem Assessment-Center (live oder online), bearbeitete Fallstudien, Referenzen, Arbeitsproben oder auch Probearbeitstage (an denen der neue Mitarbeiter das Team kennenlernen soll). Nicht alles wird immer genutzt. Relativ unbekannt, deswegen auch häufig mit Misstrauen betrachtet, sind eignungspsychologische Tests.

Warum, Herr Klose, machen Unternehmen eigentlich Eignungspsychologie?

Eckard Klose, Perkado

Bei Bewerbungen geht es um Gehälter, die von Unternehmen gezahlt, und um Leistungen, die von Mitarbeitern erbracht werden sollen. Diese Investitionen wollen Unternehmen schützen.

Prognose der beruflichen Leistung

Sie vertrauen darauf, dass die Eignungspsychologie Methoden bereitstellt, um derartige Entscheidungen sicherer zu machen und mehr Stellen als bisher optimal zu besetzen. Damit ist die Prognose der beruflichen Leistung eine der wesentlichen Funktionen von Eignungspsychologie. Diese Aufgabe wird umso besser erfüllt, je mehr die eingesetzten Methoden wissenschaftlichen Standards entsprechen.

Prognosestärke eignungsdiagnostischer Methoden

Die Methoden sollen Unternehmen Auskunft darüber geben, wie stark diejenigen Persönlichkeitsmerkmale ausgeprägt sind, die für Bewerber der interessierenden Berufsgruppe Relevanz haben. Aus der Ausprägungsstärke wird dann die voraussichtlich zu erwartende Eignung prognostiziert. So kann bei der Besetzung einer Stelle als kaufmännischer Angestellter der Test des Bewerbers Jupp Schmitz hohe Ausprägungen in den Eigenschaften „Leistungsmotivation", „Gewissenhaftigkeit", „kognitive Leistungsfähigkeit" und „Teamverhalten" gezeigt haben. Daraus zieht der Personalverantwortliche den Schluss auf eine zu erwartende hohe Leistung von Herrn Schmitz. Deshalb wird er weiterhin berücksichtigt und vom Unternehmen z. B. zu einem Bewerbungsgespräch eingeladen.

Nicht jede eignungsdiagnostische Methode kann in gleichem Umfang berufliche Leistung prognostizieren. Auch ist die Durchführung der verschiedenen Methoden nicht immer mit dem gleichen Aufwand verbunden. So ist die Sichtung von Bewerbungsunterlagen zwar weniger zeitintensiv als Bewerbungsgespräche oder Assessment-Center. Ihre Prognosestärke ist jedoch eher gering.

Eine gute Wahl sind hier webbasierte Tests, die Eigenschaften wie die oben genannten messen. Sie sind prognosestärker als Unterlagen und lassen sich mit wenig Aufwand durchführen, in vielen Fällen sogar am Internetanschluss der Bewerber zu Hause. Auch lassen sie sich in Bewerbermanagementsysteme integrieren, sodass elektronische Unterlagenverwaltung und Vorauswahl mit Tests im selben System erfolgen.

Web- basierte Tests

Werden Tests, Gespräche und Assessment-Center nach wissenschaftlichen Standards entwickelt und durchgeführt, gehören sie zu den prognosestärksten Messmethoden.

Sind diese Standards nicht gegeben, ist die Prognosestärke deutlich geringer oder unbekannt, die Entscheidungssicherheit und die Anzahl optimal besetzter Arbeits- und Ausbildungsplätze ebenso.

Aschenputteleffekt als Chance: Potenzial erkennen, das Bewerbungsunterlagen übersehen

Als „Aschenputteleffekt" wird in der Praxis manchmal das Phänomen bezeichnet, dass geeignete Bewerber nicht als geeignet erkannt und irrtümlich abgelehnt werden. Auf der Stufe der Bewerbungsunterlagen tritt dieser Entscheidungsfehler aus drei Gründen in besonders großem Umfang auf:

Potenzial nicht erkannt

- Bewerbungsunterlagen sind prognoseschwach.
- Sie stehen an erster Stelle des Bewerbungsablaufs.
- Auf dieser Stufe werden mit 80–90 % mehr Bewerber abgelehnt als auf jeder anderen.

So gehen Unternehmen viele geeignete Bewerber bereits am Anfang des Auswahlprozesses verloren. Damit mindert sich die Anzahl von Top-Performern, die am Schluss zur Verfügung stehen.

Der Aschenputteleffekt kann auf späteren Stufen des Bewerbungsverfahrens nicht mehr korrigiert werden, weil es für abgelehnte Bewerber keine späteren Stufen gibt. Darüber hinaus fällt er nicht auf, weil der Berufsweg abgelehnter Bewerber von den Unternehmen nicht mehr verfolgt wird.

Die Produktivität der meisten zufriedenstellenden oder weniger leistungsstarken Bewerber liegt immer noch über ihrem Gehalt, sodass sich viele Unternehmen bezüglich des verschenkten Produktivitätsgewinns täuschen.

Gemessen an ihrer geringen Prognosekraft erhalten deutlich zu viele und damit auch zu viele geeignete Bewerber eine Absage. In Zeiten rückläufiger Bewerberzahlen wiegt die fälschliche Ablehnung geeigneter Bewerber noch schwerer.

Berufsbezogenheit von modernen Tests

Psychologische Tests werden von nicht ganz einem Drittel der Unternehmen eingesetzt. Leistungstests kommen dabei häufiger zum Einsatz als Persönlichkeitstests. Erstgenannte haben ihren Schwerpunkt bei der Auswahl von Ausbildungsplatzbewerbern. Persönlichkeitstests werden bei der Auswahl von Führungskräften und deren Trainee-Nachwuchs stärker eingesetzt.

Leistungs- und Persönlichkeitstests

Im internationalen Vergleich setzen deutsche Unternehmen selten Tests ein, weil sie die Akzeptanz durch Bewerber als gering einschätzen.

Für Bewerber sind wissenschaftliche Tests aus verschiedenen Gründen interessant:

- Sie messen nur die Bereiche der Persönlichkeit, die für die Prognose beruflicher Leistung wichtig sind. Die Privatsphäre bleibt geschützt. Wird ein und derselbe Test bei allen Berufsgruppen gleichermaßen eingesetzt, ist dies ein Hinweis, dass hier nicht auf Relevanz für die jeweilige Berufsgruppe geachtet wird.

- Moderne Tests sind prognosestärker als Bewerbungsunterlagen, d. h. sie erkennen mehr geeignete Bewerber auch als geeignet. Verborgene Talente werden besser sichtbar. Die Anzahl verkannter Top-Performer geht deutlich zurück. Dies ist ein Gebot sozialer Fairness.

- Tests, insbesondere wenn sie als Internet-Tests durchgeführt werden, sind objektiver als Unterlagen, Zeugnisse, Gespräche und Assessment-Center. Sie stellen in hohem Maße Chancengleichheit her.

- Bei internetbasierten Tests, die der Bewerber am Internetanschluss zu Hause bearbeitet, erhält er zeitnah Auskunft, ob er im Verfahren bleibt. Damit wird ihm ein unter Umständen mühsamer Bewerbungsmarathon erspart.

Ist der Test seriös?

Für Bewerber ist es nicht leicht zu erkennen, ob sie es mit einem seriösen Test zu tun haben oder nicht. Dennoch gibt es einige Hinweise.

Wie gerade schon erwähnt, sind Tests, die bei unterschiedlichen Berufsgruppen die gleichen Eigenschaften messen, mit Vorsicht zu genießen.

Eine Eier legende Wollmichsau gibt es nicht. Dies gilt insbesondere, wenn nur wenige Eigenschaften gemessen werden.

Tests, die auf der Theorie von Carl Gustav Jung basieren, sind nicht zu empfehlen. Die Arbeiten von Jung haben historischen Wert, sind aber als Grundlage für Auswahltests ungeeignet.

Müssen sich Bewerber nach dem Prinzip „Ich habe eher die Eigenschaft x als die Eigenschaft y" (es können auch mehr als zwei Eigenschaften sein) entscheiden, handelt es sich um sogenannte Typentests. Sie erfüllen wesentliche Anforderungen an zeitgemäße Auswahltests nicht.

Erhalten Bewerber nach einem 10- bis 20-minütigen Test einen 20- bis 30-seitigen Report zu ihrer Persönlichkeit, so ist dies kein Hinweis auf einen seriösen Test. Die Dauer eines Tests ist kein Anhaltspunkt für die Tauglichkeit in der Auswahl, wohl aber in Kombination mit einem derart umfangreichen Report.

Bewerber sollten nach der sogenannten „Kriteriumsvalidität" von Tests fragen. Sie ist die wichtigste Kennzahl für die Prognosestärke. Liegt sie über 0,7, ist Vorsicht geboten. Das ist unrealistisch hoch. Liegt sie angeblich über 1, ist dies mathematisch nicht möglich. Beträgt sie maximal 0,2, entspricht die Prognosestärke nicht den Standards. Achtung: Die Bestimmung der Kriteriumsvalidität bei den oben erwähnten Typentests ist kaum möglich. Wird sie dennoch angegeben, ist dies ebenfalls ein Hinweis auf geringe wissenschaftliche Standards bei der Bewerberauswahl.

Kriteriumsvalidität

Kann ein Unternehmen nichts zur Kriteriumsvalidität sagen oder ggf. auch nach Rücksprache mit dem Testhersteller keine Angaben machen, fehlen wesentliche Informationen zur Testqualität. Angabe zu „face validity" – „Augenscheinvalidität" – sind für die Beurteilung der Leistungsfähigkeit von Tests nicht von Belang.

Auch sollte ein Test mit sogenannten Normen für die jeweilige Berufsgruppe auf einem angemessenen Niveau agieren. Die Werte, die ein Ausbildungsplatzbewerber in „Leistungsmotivation" erzielt, sollten mit den Normen anderer Ausbildungsplatzbewerber verglichen werden und nicht etwa mit Führungskräftenormen. Auch eine Vergleichsgruppe, die repräsentativ für die gesamte Bevölkerung statt für eine spezifischen Berufsgruppe ist, ist nicht mehr „state of the art", mag sie auch noch so groß sein.

Normen für Berufsgruppe

Auch wenn ein Unternehmen sagt, es habe den Test selbst entwickelt, ist Vorsicht geboten. Die wenigsten Unternehmen haben die Kompetenzen, einen wissenschaftlichen Test zu konstruieren.

Letztendlich stellt sich für den Bewerber die Frage, ob er an einem Test teilnehmen will, wenn er im Vorfeld den Eindruck hat, dass hier nicht nach wissenschaftlichen Standards gearbeitet wird. Meist erhalten Bewerber eine Absage, wenn sie sich weigern, an einem Test teilzunehmen. Hat ein Bewerber viele Einladungen erhalten, so kann er sich aussuchen, bei welchem Unternehmen er im Auswahlprozess bleiben will.

Ist ein Bewerber auf ein oder einige wenige Unternehmen angewiesen, wird es schwieriger. Hier kommt es auf die persönliche Gewichtung an, die ein Bewerber weniger seriösen Tests gegenüber der Möglichkeit einer Arbeitsstelle beimisst.

Wie die Entscheidungsfindung dann ganz konkret aussieht, hängt von vielen Faktoren ab und ist von Unternehmen zu Unternehmen unterschiedlich. Denn neben objektiv eingermaßen nachprüfbaren Kenntnissen und Erfahrungen muss der Kandidat ja „passen" – ins Unternehmensumfeld, zu den vorhandenen Mitarbeitern und zum zukünftigen Chef. Denn bei dem liegt die letzte Entscheidung. Gehen Sie aber grundsätzlich von dem ernsthaften Bemühen aus, den passenden und (fürs vorhandene Budget) besten Mitarbeiter zu finden. Denn Auswahlprozesse kosten das Unternehmen viel Geld!

Wie so ein Rekrutierungsverfahren in der Praxis aus Sicht einer Mitarbeiterin aus dem Personalbereich und zwei Fachvorgesetzten aussieht, können Sie hier nachlesen.

Der normale Ablauf ...

Andrea Hartenfeller, HR Manager, Computerspielbranche

Sie sind Mitarbeiterin im Personalbereich in einer eher speziellen Branche. Glauben Sie, dass sich Ihre Arbeit im Rekrutierungsprozess sehr von dem „nomaler" Unternehmen unterscheidet? Wenn ja, worin? Wenn nein, warum nicht?

Der grundsätzliche Rekrutierungsprozess unterscheidet sich meiner Ansicht nach nicht besonders von dem anderer Unternehmen. Unser Ziel ist ja wie bei allen anderen, die passenden Mitarbeiter für unsere offenen Positionen zu finden. Wir haben möglicherweise andere Rekrutierungswege bzw. nutzen Suchkanäle, die andere eher nicht nutzen würden. Zum Beispiel achten unsere Community Manager darauf, wer ihnen in den Fachforen zu unseren Produkten positiv auffällt. Da ergibt sich schon mal der ein oder andere Kontakt. Wir rekrutieren auch stark auf Fachmessen im In- und Ausland und sind fürs Employer Branding dort präsent.

Gestalten Sie die Mitarbeitersuche selbst oder arbeiten Sie teilweise mit Personalberatungen zusammen?

Im Bereich der Führungskräfte arbeiten wir teilweise mit Personalberatungen zusammen, andere Positionen besetzen wir selbst. Da wir ein Mitarbeiterempfehlungsprogramm haben, kommen einige Stelleninhaber auch über diesen Weg.

Zum Auswahlverfahren: Können Sie kurz skizzieren, wie das bei Ihnen abläuft? Vom Schreiben der Anzeige bis zur Zu- oder Absage? Unterscheiden sich Ihrer Erfahrung nach die grundlegenden Prozesse je nach Größe des Unternehmens?

Die Ausschreibung wird gemeinsam mit der Fachabteilung formuliert. Eingehende Bewerbungen werden sowohl von den Teamleitern als auch vom HR-Team gesichtet. Die Einladung zu Gesprächen erfolgt durch das HR-Team. Das Gespräch selbst wird zu etwa einem Viertel von einem HR-Mitarbeiter geführt, drei Viertel übernehmen der Teamleiter und das Team selbst. Wir legen großen Wert darauf, dass die Personen, die später mit dem Bewerber zusammenarbeiten werden, an der Entscheidung beteiligt sind. Die Zu- oder Absage wird in Absprache mit den Teams durch HR kommuniziert.

> In Kooperation mit dem Fachteam

Die grundlegenden Prozesse sind meiner Erfahrung nach in größeren Unternehmen oft stärker normiert als in kleineren Unternehmen. Es ist immer auch davon abhängig, wie groß die Personalabteilung ist und wie die Aufgaben dort verteilt sind.

Wenn wir die Entscheidungsprozesse anschauen, die ja unter Einbeziehung von Fach- und Personalabteilung ablaufen, wer hat welches Gewicht ...

- *bei der Sichtung der Unterlagen?*
- *bei der Entscheidung, wer zum Gespräch eingeladen wird?*
- *beim Gespräch, der Gesprächsführung, was gefragt wird etc.?*
- *bei der Entscheidung für oder gegen einen Kandidaten?*

In erster Linie obliegt die Entscheidung, wer zum Gespräch eingeladen wird, den Teamleitern der Fachabteilungen. Das HR-Team spricht Empfehlungen aus oder gibt Hinweise, aber trifft die Entscheidung über eine Zu- oder Absage nicht allein. Die Gespräche finden im Allgemeinen nicht nach einem festen Gesprächsleitfaden statt, aber es gibt eine Art Gesprächsfahrplan, der von den Beteiligten genutzt und gemeinsam vom HR-Team und den Fachteams weiterentwickelt wird. Die Entscheidung für oder gegen einen Kandidaten wird innerhalb des Fachteams getroffen. Die Besonderheit ist, dass ein Kandidat während seines Gesprächs im Unternehmen alle Kollegen seines künftigen Teams kennenlernt und dass sich diese dann nach dem Gespräch für oder gegen den Kandidaten aussprechen und eine Mehrheit gefunden wird.

> Gesprächsfahrplan

Eine heiß diskutiertes Thema bei Bewerbern: Seiteneinsteigern eine Chance geben! Kann ein Mitarbeiter aus der Personalabteilung das überhaupt?

Unsere Branche ist grundsätzlich seiteneinsteigerfreundlich, da es für viele Bereiche keine klaren Ausbildungswege gibt, die man unbedingt beschritten haben sollte. Viele unserer Mitarbeiter sind Praktiker, die über jahrelange Erfahrung in dem Bereich verfügen, in dem sie tätig sind. Dennoch muss eine solide Basis an Wissen und Können vorhanden sein, da wir hohe Anforderungen an unsere Mitarbeiter stellen. Wie gut jemand tatsächlich programmieren kann oder ob ein 3D Artist von der Qualität seiner Arbeit zu uns passt, ist für uns im HR-Team in der Tat schwierig zu beurteilen; aber wir treffen diese Entscheidungen auch nicht alleine. Wir arbeiten in der Rekrutierung eng mit den Fachteams zusammen. Jede eingehende Bewerbung wird immer auch von mindestens einem Teamleiter gelesen, der die fachliche Seite gut beurteilen kann. Wenn also ein Bewerber die nötigen Kenntnisse vorweisen kann, hat er auch ohne passende Ausbildung eine faire Chance, zum Gespräch eingeladen zu werden. Dann muss er sich natürlich beweisen. Es reicht nicht, unsere Produkte toll zu finden.

Eine Unterstellung: Ohne „Vitamin B" läuft wenig. Wie viel Prozent der Stellen gehen nach Ihrer Schätzung ganz normal über Ausschreibungen und Initiativbewerbungen, wie viele über Empfehlungen?

Da wir ein Mitarbeiterempfehlungsprogramm haben und viele unserer Mitarbeiter gute Branchenkontakte haben und pflegen, kommen bis zu 30 % der Neueinstellungen über Empfehlungen zustande. Diese Mitarbeiter durchlaufen dennoch den normalen Prozess und bekommen keine Vorschusslorbeeren.

Das berühmte Feedback nach einer Absage: Geben Sie es den Bewerbern?

Feedback nach Gespräch

Wenn ein Bewerber ein Telefoninterview oder ein persönliches Gespräch bei uns hatte, geben wir Feedback, wenn es nicht geklappt hat. Manchmal liegt es an technischen Dingen, z. B. dass ein Programmierer einfach noch nicht so weit ist. Wir schlagen durchaus auch einmal vor, es zu einem späteren Zeitpunkt noch einmal zu versuchen. Für Bewerber, die nicht zum Gespräch eingeladen werden, geben wir keine individuellen Absagegründe bekannt.

Der Weg zum neuen Mitabeiter in Konzernstrukturen

Christoph Blümer, Apotheker, tätig als QA-Manager

Ab wann schalten Sie bei Personalbedarf die Personalabteilung ein?

In Großunternehmen sind die Prozesse vom Startpunkt „Wir brauchen Unterstützung!" bis zu „Herzlich willkommen an Ihrem neuen Arbeitsplatz!" oftmals sehr verschachtelt, vielstufig und damit komplex. HR kommt immer dann in diesem Verfahren ins Spiel, wenn es um eher administrative Fragen wie die tarifliche Einstufung, die öffentliche Lancierung der Ausschreibung und, je nach Bedarf der Abteilung, die Vorauswahl der Bewerbungen geht.

Bei öffentlicher Ausschreibung

Konkret schalte ich die Personalabteilung bei einer bereits bestehenden Stelle oder bei einer neu geschaffenen, die von allen zuständigen Personen in der Linie abschließend genehmigt wurde, ein, wenn die Stelle öffentlich ausgeschrieben werden soll, u. U. zunächst innerbetrieblich. Das Profil der Stelle formuliere ich jedoch selbst vor, da Übermittlungs- und Darstellungsfehler nicht ausgeschlossen sind, wenn ich diesen Vorgang weitgehend an HR abgebe und so leider bisweilen unvollständige oder irreführende Angaben in der Stellenanzeige landen. Die daraus resultierende Mehrarbeit aufgrund völlig ungeeigneter Bewerbungen ist jedoch höher als die einmalige präzise Formulierung meiner Anforderungen und Wünsche.

In Fällen kurzfristigen, stark erhöhten Personalbedarfs in unternehmerischen Ausnahmesituationen (spezielle Kampagnen mit starker Kapazitätsausweitung o. Ä.) spielt HR über das dafür gebildete Recruiting-Team jedoch auch bei Facharbeitern oder gewerblichen Mitarbeitern eine deutlich aktiver unterstützende und stärker steuernde Rolle bei der Personalfindung, weil derartige Leistungen nicht mehr von der Fachabteilung allein gestemmt werden können.

Wenn Bewerbungen eingehen, ab wann wollen Sie dabei sein? Wollen Sie z. B. alle eingehenden Bewerbungen sehen oder nur eine Auswahl? Machen Sie dazu Vorgaben?

Wie die meisten meiner Kollegen in ähnlicher Position, mit denen ich im Austausch stehe, möchte ich gerne alle eingehenden Bewerbungen direkt weitergeleitet bekommen, damit keine potenziell interessante Bewerbung bereits durch das eher grobe HR-Raster fällt. In unserem Haus ist die elektronische Bewerbung über ein Internetportal der bevorzugte Bewerbungsweg. Das hat den großen Vorteil für mich als Fachvorgesetzten, dass ich mir recht schnell ein Bild über die Mehrzahl der eingehenden Bewerbungen verschaffen kann, weil HR mir bei einer offenen Ausschreibung regelmäßig per Mail die Links zu den auf den Stellencode eingegangenen Profilen schickt. HR hat in diesem Stadium also keine inhaltlich aktive Funktion, daher sind keine weiter gehenden Vorgaben erforderlich. Letztlich muss ich ja auch als zukünftiger Fachvorgesetzter entscheiden, ob ein Kandidat zu den Vorstellungen passt, die ich mir in meinem Kopf zurechtgelegt habe, die nicht immer für HR eindeutig zu Papier zu bringen sind.

> Alle Bewerbungen sichten

Sind die Prozesse im Haus festgelegt oder macht das eher jeder Fachvorgesetzte so, wie er es für richtig hält?

Es gibt in unserem Haus aus Sicht der Fachvorgesetzten eine Reihe von „Prozessbausteinen", jedoch keinen exakt festgeschrieben Prozess. Ob ich die Auswahl allein treffe, einen Fachkollegen hinzuziehe oder HR um Begleitung des Gesprächs bitte, ist nicht festgeschrieben, gleichwohl es Empfehlungen gibt. (Natürlich würde ich auch von mir aus genau wie alle mir bekannten Fachvorgesetzten immer ein „6-Augen-Gespräch" führen, allein schon der Zweitmeinung des mehr oder weniger passiven Beobachters wegen.) Wie viele Gespräche in welcher Reihenfolge geführt werden, ist genauso wenig festgeschrieben wie die genauen Aufgaben von HR. Das bietet einerseits Freiheit von starren Korsetten und einige Flexibilität, andererseits führt es manchmal zu gewissen Abstimmungsschwierigkeiten zwischen Fachabteilung, HR und Bewer-

> Prozessbausteine

ber, z. B. hinsichtlich Einladungen. Insofern ist der Weg einer Einstellung bei allen Fachvorgesetzten zwar vom Grunde her ähnlich, aber nicht immer identisch.

Welches Gewicht hat HR im Entscheidungsverfahren, wer eingeladen und wer genommen wird?

HR spielt aus meiner Sicht im Einstellungsprozess vorrangig die Rolle des ausführenden und verwaltenden Organs. Dabei ist allerdings anzumerken, dass sich meine Erfahrungen bislang ausschließlich auf die Einstellung nicht akademischer Mitarbeiter (Laboranten und Laborwerker in Festanstellung und als Leiharbeitnehmer) beziehen, die sich von Einstellungen in Ebenen höherer Gehälter und Verantwortungen in ihrer Komplexität etwas unterscheidet. In meinem Abteilungsumfeld ist es in diesen Fällen nicht üblich, dass automatisch ein Kollege aus HR an den Gesprächen teilnimmt oder Vorauswahlen trifft, wobei HR-Unterstützung explizit angefordert werden kann und im Rahmen der zur Verfügung stehenden Ressourcen auch gegeben wird.

Abweichende Gehaltsvorstellungen

HR tritt vor allem dann beratend bzw. empfehlend in Aktion, wenn die im Zweitgespräch mit HR geäußerten Gehaltsvorstellungen vom ursprünglich für die Stelle angepeilten Gehaltsrahmen stark abweichen. In diesem Fall nimmt HR Rücksprache mit mir, um auszuloten, was ich als Fachvorgesetzter hinsichtlich meines Budgets und des Vergleichs in der bestehenden Gruppe für akzeptabel halte und ob ich einen Kandidaten mit völlig überzogenen Vorstellungen tatsächlich noch einstellen möchte.

Ein Tipp ist ja immer, dass man sich möglichst direkt beim Fachvorgesetzten bewerben und sich damit an HR vorbeimogeln soll. Was halten Sie von solch einem Tipp?

Direkt beim Fachvorgesetzten bewerben?

Die Frage ist schwerlich pauschal mit „viel" oder „wenig" zu beantworten. Sofern eine Stelle offen ausgeschrieben ist und ein Interessent mit etwas Geschick oder Kontakten seine Unterlagen direkt auf meinen Schreibtisch bzw. in mein Mail-Postfach lanciert, besteht für mich fachlich kein Unterschied zu den anderen, über HR eintreffenden Bewerbungen. Der Nachteil für mich ist jedoch, dass ich die Bewerbung bei näherem Interesse meinerseits an HR weiterleiten muss, da die Einladungen zu Gesprächen stets von HR angestoßen werden, und ich nicht nur einfach signalisieren muss: „Bitte laden Sie die Kandidaten 1, 3 und 4 ein!"

Ein cleverer Weg aus Sicht des Bewerbers ist hingegen die „doppelte" Bewerbung an HR und an den (aber bitte auch richtig!) ausgekundschafteten Fachvorgesetzten, was bei elektronischer Bewerbung einen vertretbaren Mehraufwand darstellt. Das Risiko für den Bewerber bei dieser Taktik besteht darin, dass sich sehr viele andere auch auf die Stelle bewerben und alle die gleiche Idee haben, sodass ich als Fachvorgesetzter nur noch auf das schaue, was mir HR kanalisiert über die Systeme anliefert, weil es sonst etwas unübersichtlich wird.

Bei alleiniger Versendung an eine stark belastete Fachabteilung besteht das Risiko, dass die Bewerbung nicht den Weg nimmt, den sie nehmen soll, und auch mal in einem Papierberg auf dem Schreibtisch oder in einem überquellenden und nicht gut organisierten E-Mail-Eingangsordner „versandet".

Als allgemeingültiger Königsweg zur Optimierung der Erfolgschancen einer Bewerbung taugt dieser Tipp daher nicht unbedingt.

Als Vorgesetzter mit dabei

Frank Wacker, verantwortliche Position im mittleren Management eines amerikanischen Unternehmens

Mit der Rolle der Personalabteilung im Rahmen eines Bewerbungsverfahrens beschäftigen sich viele. Dabei ist doch der Fachvorgesetzte derjenige, mit dem man es als Mitarbeiter zu tun haben wird. Und auch der Erste, bei dem der Personalbedarf sichtbar wird. Herr Wacker, ab wann schalten Sie bei Personalbedarf die Personalabteilung ein?

Sehr früh! Um jemanden einzustellen, benötige ich ein Budget. Mit der Personalabteilung lege ich das Budget fest. Die Personalabteilung verfügt in der Regel über das Wissen, was das gewünschte Personal momentan am Markt kostet, zuzüglich der Recruitingkosten natürlich. Hierbei gehen wir bereits auf das Stellenprofil ein und legen ein Zeitfenster fest, in dem die Personalrekrutierung erfolgen soll. Auch das Wissen, wie lange man momentan braucht, um die Stelle zu besetzen, liegt in der Personalabteilung. Wenn das Budget genehmigt wurde, arbeiten wir zusammen am Stellenprofil und legen die Medien fest, in denen wir ausschreiben.

Festlegung des Budgets

Wenn Bewerbungen eingehen, ab wann wollen Sie dabei sein? Wollen Sie z. B. alle eingehenden Bewerbungen sehen oder nur eine Auswahl? Machen Sie dazu Vorgaben?

Nein, ich will nicht alle Bewerbungen sehen – es sei denn, wir bekommen nicht mehr als 10 oder 15. Die Vorgaben stimmen wir gemeinsam ab, hier nehme ich auch die Beratungsleistung der Personaler an.

Ich möchte gern ab der ersten Runde dabei sein. Die Einladung von fünf Personen in der ersten Runde betrachte ich als optimal.

Sind die Prozesse im Haus festgelegt oder macht das eher jeder Fachvorgesetzte so, wie er es für richtig hält?

Die Vorgabe ist: Budget haben, Personalabteilung Bescheid sagen. Wie gut man sich mit der Personalabteilung abspricht, ist von Abteilung zu Abteilung verschieden. Allerdings gibt es keine Alleingänge an der Personalabteilung vorbei.

Keine Alleingänge

Welches Gewicht hat Human Resources im Entscheidungsverfahren, wer eingeladen und wer genommen wird?

HR hat beratende Funktion

Ich habe in verschiedenen Unternehmen die Erfahrung gemacht, dass Human Resources kein Interesse daran hat, irgendeinen Lieblingskandidaten vorzuschreiben oder einzuladen. Human Resources glänzt eher durch Beratung. Durch ihre Beratung haben die jeweiligen Kollegen m. E. ein hohes Gewicht. Auch wenn Human Resources die Entscheidung der Fachabteilung nicht ablehnen kann, sollte der Bewerber deren Einfluss nicht unterschätzen. Wobei ich hinzufügen muss, dass auch mein disziplinarischer (und ggf. fachlicher) Vorgesetzter informiert ist, nach welchen Kriterien ich einstelle. Im Mittelstand war es der Geschäftsführer, heute in einem amerikanischen Konzern ist es der Standort-Manager. Bei mehreren Ebenen an einem Standort trifft ein Bewerber auch gerne mal auf den Fachvorgesetzten und den Bereichsleiter.

Ein Tipp ist ja immer, dass man sich möglichst direkt beim Fachvorgesetzten bewerben und sich damit an HR vorbeimogeln soll. Was halten Sie von solch einem Tipp?

Kontakt aufnehmen

Wenn man sich auf eine Anzeige bewirbt, bei der ein Ansprechpartner angegeben ist, erwarte ich persönlich, dass man auch diesen Ansprechpartner anschreibt. Wenn möglich, kann man ja zu dem Fachvorgesetzten Kontakt aufnehmen und sich einfach mal nach etwas erkundigen, was mit der Stelle zu tun hat, und sich vielleicht mit ein paar intelligenten Fragen an den anderen Bewerbern vorbeimogeln. Aber nicht HR einfach ignorieren, das kann nach hinten losgehen. Die Beratung des Fachvorgesetzten über diesen Kandidaten kann dann evtl. negativ werden. Es mag Fälle geben, wo der Fachvorgesetzte nur das Profil prüft und sich dann für diesen „erstbesten" Kandidaten entscheidet. Er hat dann auch noch die Macht, dessen Einstellung durchzusetzen. Der neue Mitarbeiter wird aber im HR nicht sehr beliebt sein.

Eine ordentliche Bewerbung flankiert von einer geschickten Kontaktaufnahme, die zu einer internen Empfehlung an HR (und / oder) den Fachvorgesetzten führt, das würde ich als Tipp fürs Vorgehen geben.

Wer ist noch involviert?

Interessant für Bewerber ist übrigens noch die Frage: Wer außer HR und Fachvorgesetztem ist noch involviert? Das ist, je nach Position, häufig der Chef des Fachvorgesetzten. Und damit stellt sich dann nicht nur die Frage: Wie sieht der optimale Kandidat für HR und für den Fachvorgesetzten aus?, sondern auch: Wie sieht er für die Leitungsebene darüber aus?

Nach der Entscheidung bleibt der Personalabteilung dann die Aufgabe, einem Bewerber zuzusagen und für die anderen eine Absage zu formulieren. Sollte die Entscheidung knapp ausgefallen und ein weiterer Bewerber ebenfalls in der engeren Wahl gewesen sein, so werden dessen Unterlagen gerne noch etwas zurückbehalten, bis der Wunschkandidat den Arbeitsvertrag unterzeichnet hat.

Alle anderen erhalten eine Absage, eine eher unangenehme Aufgabe der Personalabteilung. Denn – natürlich menschlich verständlich – der Überbringer der schlechten Nachricht wird gerne mit der Ursache für diese Nachricht verwechselt: Der Personaler ist schuld, dass man die Stelle nicht bekommen hat. Dennoch gehört es zu den Aufgaben der Mitarbeiter dort.

Absagen können sehr lapidar oder auch sehr freundlich formuliert sein, die Botschaft ist immer dieselbe: „Sie sind nicht unsere Wahl, wir haben uns für einen anderen Kandidaten entschieden." Und mehr erfährt man als Bewerber in der Regel auch nicht. Denn individuelles Feedback gehört nicht zu den Aufgaben der Mitarbeiter, ist ihnen in vielen Unternehmen auch ausdrücklich untersagt. Das war vor dem Antidiskriminierungsgesetz schon so, ist es jetzt aber verstärkt, weil Sorge herrscht, der abgelehnte Bewerber könne wegen eines Verstoßes Klage auf Schadensersatz einreichen. Dass dieser Verstoß eventuell gar nicht stattgefunden hat und nur in die Worte des Personalmitarbeiters hineininterpretiert wird, spielt keine Rolle.

Der Bewerber ist gut daran beraten, das zu akzeptieren, die Sache abzuhaken und sich nach vorne auf ein neues Bewerbungsverfahren hin zu orientieren.

Absagen

7.7 Kopfjäger und andere

Ein Bewerber sieht sich einer Vielzahl an Professionen gegenüber, die sich alle mit Personal befassen, wenn er beginnt, sich auf dem Arbeitsmarkt zu bewegen. Als Laie weiß er natürlich nicht Bescheid, was er von wem zu erwarten hat. Er ist also ratlos bis verwirrt – und damit potenziell auch in der Gefahr, dem Falschen zu vertrauen, andererseits aber seriösen Personaldienstleistern mit Misstrauen zu begegnen und sich somit Chancen zu verbauen. Dieses Kapitel ist ein Ansatz, Licht ins Dunkel zu bringen.

Die Agentur für Arbeit

Wer arbeitslos wird, der kommt an der Agentur für Arbeit, dem früheren Arbeitsamt nicht vorbei. Das beginnt bei der Meldepflicht, die jeder von Arbeitslosigkeit Bedrohte hat, wenn er übergangslos nach seinem Ausscheiden aus seinem Unternehmen Arbeitslosengeld beziehen will. Dazu gehört auch der Nachweis, sich aktiv um Arbeit zu bemühen und Stellenangebote über die Agentur angemessen sorgfältig zu bearbeiten und die vorgeschlagenen Termine zu Vorstellungsgesprächen wahrzunehmen. Ganz klar und eindeutig: Wer sich ausschließlich darauf verlässt (oder sich gar auf die Pflicht der Agentur für Arbeit beruft!), von seinem Sachbearbeiter passende Anzeigen übermittelt zu bekommen, auf die er sich bewerben kann, der wird Probleme haben, schnell ein passendes und zu-

Nicht auf die Agenur verlassen

friedenstellendes neues Beschäftigungsverhältnis zu finden. Das kann und muss die Agentur nicht leisten.

Personalvermittler

Vermittlungsgutschein

Der Begriff „Personalvermittler" hat sich für solche Personaldienstleister eingebürgert, die Beschäftigungsverhältnisse aus einer Arbeitslosigkeit heraus vermitteln. In der Regel werden Pesonalvermittler für Arbeitsuchende tätig, die über die Arbeitsagentur einen Vermittlungsgutschein erhalten haben. Bei Vermittlungserfolg rechnet dann der Vermittler mit der Agentur ab, indem der Vermittlungsgutschein dort eingereicht wird. Der Arbeitsuchende kann mit einem oder mehreren privaten Arbeitsvermittlern einen Vermittlungsvertrag schließen. Alternativ kann er diese Kosten auch selbst übernehmen, wenn er einen Vermittler beauftragt. Dann ist es dringend angeraten, eine vertragliche Regelung zu treffen.

Auf der Website der Agentur für Arbeit findet sich zur Vergütung dieser Leistung Folgendes:

> „Von Arbeitsuchenden kann eine Vermittlungsvergütung verlangt werden. Dazu muss ein schriftlicher Vermittlungsvertrag geschlossen werden, aus dem insbesondere die Vermittlungsvergütung hervorgeht, die der Arbeitsuchende an den Vermittler zahlen soll (§ 296 Absatz 1 SGB III).
>
> Seit dem 1.1.2008 gelten folgende Höchstsätze (einschließlich der gesetzlichen Umsatzsteuer):
>
> • grundsätzlich 2.000 Euro. Langzeitarbeitslose und behinderte Menschen i. S. d. § 2 Abs. 1 SGB IX können jedoch einen um bis zu 500 Euro höher dotierten Vermittlungsgutschein erhalten.
> • Ausnahme: Bei Künstlern, Fotomodellen, Berufssportlern etc. gelten weiterhin die durch Rechtsverordnung festgelegten Vergütungen.
> • weiterhin 150 Euro bei der Vermittlung von Au-pairs.
>
> Mit der Vergütung sind auch alle Leistungen abgegolten, die zur Vorbereitung und Durchführung der Vermittlung erforderlich sind (§ 296 Absatz 1 Satz 3 SGB III). Vereinbarungen, die gegen vorstehende Regelungen verstoßen, und mündliche Vereinbarungen sind unwirksam (§ 297 Nummer 1 SGB III)."

Die Beauftragung eines solchen Personalvermittlers macht das Bewerben vielleicht leichter, sie nimmt aber dem Bewerber natürlich nicht die Aufgabe ab, sich beim potenziellen Arbeitgeber selbst als interessanter und leistungsfähiger Mitarbeiter zu präsentieren.

Personalberater/Headhunter/Executive Search

Vorauswahl

Personalberatungen suchen klassischerweise Fach- und Führungskräfte für Unternehmen. Die Personalberatung übernimmt die Vorauswahl der Bewerber auf der Basis der Vorgaben des suchenden Unternehmens und präsentiert nach diesem Selektionsprozess die infrage kommenden Kandidaten. Die Entscheidung für oder gegen den Bewerber liegt natürlich beim Auftraggeber. Der Personalberater berät das Unternehmen, nicht den Bewerber!

Dabei gibt es unterschiedliche Geschäftsmodelle.

Die einen Personalberatungen arbeiten mit einem Exklusivauftrag. Das bedeutet, dass das suchende Unternehmen sie beauftragt, passende Kandidaten für sie zu suchen. Damit wird der Suchauftrag als solcher vergütet.

Exklusiv-auftrag

Andere Personalberatungen arbeiten erfolgsabhängig. Sie erhalten vom suchenden Unternehmen quasi die „Erlaubnis", ihm Kandidaten vorzustellen. Es können durchaus verschiedene Personalberatungen sein, die dem Unternehmen Vorschläge unterbreiten. Das Honorar für sie fließt erst nach der Unterschrift unter den Arbeitsvertrag.

Erfolgs-abhängig

Direct Search definiert den Weg, auf dem der „Headhunter" sucht. Es handelt sich um die direkte, zielgerichtete Suche nach Kandidaten für eine Position mittels Direktansprache. Der kurze Anruf eines Personalberaters am Arbeitsplatz ist laut einem Grundsatzurteil des Bundesgerichtshofs erlaubt (Bundesgerichtshof, Urteil vom 4. März 2004, Az. I ZR 221/01, Direktansprache am Arbeitsplatz). Es wurde 2006 in einer weiteren Entscheidung bekräftigt (BGH, Urteil vom 9. Februar 2006, Az. I ZR 73/02, Direktansprache am Arbeitsplatz II).

Direct Search

Für den Erstkontakt mit einem Kandidaten sind oft (freiberuflich tätige oder bei der Personalberatung angestellte) Researcher zuständig. Da sich aber niemand bei Ihnen mit den Worten melden wird: „Guten Tag, ich bin Researcher und im Auftrag von XXX tätig!", sondern sich als Personalberater vorstellt, ist diese Personengruppe nur eine weitere Station im Bewerbungsmarathon, mit der Sie zu tun haben.

Coach/Bewerberberater

Der Vollständigkeit halber sei noch eine Personengruppe erwähnt, die mit dem direkten Rekrutierungsprozess nur mittelbar zu tun hat: der Coach. Er begleitet Sie durchs Bewerbungsverfahren, berät und unterstützt Sie also und ist somit die Person, die ganz auf Ihrer Seite steht. Allerdings müssen Sie als Auftraggeber auch die Kosten tragen, die durch diese Beratung entstehen. Wichtig: Schließen Sie vor Beginn des Coachings einen Beratungsvertrag ab, der die gewünschten Leistungen fixiert!

Ganz auf Ihrer Seite

Mischformen

Es gibt Anbieter, die mehrere der genannten Dienstleistungen in ihrem Angebotsportfolio haben, die also Suche und Coaching anbieten oder auch Maßnahmen zur Diagnostik, um die Eignung des Bewerbers für eine bestimmte Stelle zu überprüfen.

Seien Sie sich darüber im Klaren, dass der Anbieter in solch einem Fall leicht in einen Loyalitäts- und Interessenkonflikt geraten kann, denn es treffen ja nicht immer optimaler Kandidat und optimales Unternehmen aufeinander. Einem Coach werden während des Beratungsprozesses Dinge anvertraut, die im Vorstellungsgespräch beim Unternehmen manchmal besser nicht allzu sichtbar werden.

Wer zahlt?

Die Frage, die sich letztendlich immer stellt: Wer bezahlt die erbrachte Dienstleistung einer Vermittlung? Das Unternehmen? Der Bewerber? „Wes Brot ich ess, des Lied ich sing!", sagt der Volksmund. Es liegt auf der Hand, dass sich im Rahmen der Existenzsicherung des Anbieters auch bei ihm seine Loyalität danach richtet.

Antworten aus dem realen Leben von Personaldienstleistern

Falsche Vorstellungen

Über Personalberatungen und ihre Arbeitsweise kursieren bei Bewerbern Meinungen, Überzeugungen, Unterstellungen, Hoffnungen. All das begründet sich in der Regel darin, dass dieser Form der Personalbeschaffung etwas Undurchschaubares anhaftet.

Eine Meinung: Wenn mich ein Personalberater/ein Headhunter anruft, dann habe ich „gewonnen", dann bin ich in der Position, Forderungen stellen zu können, denn dann wollen die mich für den Job.

Eine Hoffnung: Personalberater beraten mich, den Bewerber, wie er sich am erfolgversprechendsten dem suchenden Unternehmen präsentieren kann. Eine weitere: Ich beauftrage also einen Personalberater, damit er mir eine Stelle sucht. Der Personalberater ist dann praktisch in meinem Auftrag tätig und „verkauft" meinen Lebenslauf an ein suchendes Unternehmen.

Dass so etwas nicht nur ein paar Hundert Euro kosten würde, sondern (je nach Position und damit Umfang des Suchauftrags) mehrere Tausend, darüber macht sich kaum jemand Gedanken!

Und eine oft grundsätzliche Überzeugung: Die Personalsuche von Unternehmen über Personalberatungen ist eigentlich unmoralisch, denn derjenige, der eine Stelle sucht, liefert sich einer völlig ungewissen Situation aus, in der dem Bewerber alle wichtigen Informationen fehlen.

Mit Definitionen, Erklärungen und Beschreibungen der Abläufe aus der Feder von Profis soll Licht ins Dunkel gebracht und eine Dienstleistung entmystifiziert werden.

Der Charme der Kleinen

Bernd Clausius, selbstständiger Personalberater

Sie sind Inhaber einer kleinen Personalberatung und seit Jahren am Markt. Womit muss ein Bewerber rechnen, wenn er sich über eine kleine Personalberatung bewirbt? Ist es für ihn eher ein Vorteil oder ein Nachteil, mit einer kleinen Personalberatung zusammenzuarbeiten?

Es hat weder Vor- noch Nachteile. Entscheidend ist, dass der Berater (der Gesprächspartner des Bewerbers) sein Metier beherrscht. Dann ist lediglich die zu besetzende Position von Bedeutung.

Arbeiten kleine Personalberatungen grundsätzlich anders als große?

Die Methoden sind prinzipiell die gleichen. Kleinere Beratungen ist jedoch i. d. R. weniger durchorganisiert. Die daraus resultierende Flexibilität ist für Bewerber meist sehr angenehm.

Sind kleine Personalberatungen normalerweise eher spezialisiert oder bearbeiten sie das ganze Spektrum von Branchen und Berufsbildern?

Sehr oft – aber keineswegs immer! – finden Sie bei kleinen Beratungen Branchen- oder Funktionsspezialisierungen.

> Oft spezialisiert

Gibt es irgendwelche Spezifika, welche Art von Unternehmen mit kleinen Personalberatungen zusammenarbeiten und warum sie es tun?

Wenn Großunternehmen sich kleinerer Beratungen bedienen, dann sind es i. d. R. die oben genannten Spezialisten. KMU (kleine und mittelständische Unternehmen; Anmerkung des Verfassers) hingegen beauftragen des Öfteren kleine Beratungen, da man sich mehr Flexibilität erhofft. Dann wird heute der Mediziner, morgen der IT-Experte und übermorgen der Buchhaltungsleiter von ein und demselben Berater gesucht.

Vertrauenswürdigkeit in Bezug auf diese Form des Recruiting ist ein großes Thema für Bewerber. Gerade bei kleinen Personalberatungen gibt es ja viele, die kurz auf den Markt kommen, sich einen interessanten Namen geben und eine beeindruckende Internetseite erstellen. Behauptungen über Branchenkontakte und Branchenwissen sind schnell gemacht. Kann ein Bewerber solche Angaben überhaupt nachzuvollziehen oder gar kontrollieren? Wie vertrauenswürdig sind solch kleine Personalberatungen? Woran kann ein Bewerber sich orientieren? Sind große Personalberatungen grundsätzlich seriöser als kleine?

> Vertrauen haben?

Die Größe ist nicht entscheidend für Qualität und Seriosität. Bedenklich ist allerdings die „Halbwertzeit" mancher Beratungen. Speziell bei „Kleinen" würde ich als Bewerber darauf achten, wie lange der Berater bereits am Markt ist. Kontrollieren können Sie nur bedingt, denn kaum ein Berater wird einem Bewerber auf Wunsch Referenzen vorlegen.

Achten Sie auf darauf, was Ihr Gesprächspartner gemacht hat, bevor er Berater wurde. Wenn das schwammig formuliert wird, hat es meist einen (für Sie un-)guten Grund! Ich persönlich bedaure außerordentlich, dass die Berufsbezeichnung nicht geschützt ist.

Personalberatungen beraten ja nicht das Personal, den Kandidaten, sondern das suchende Unternehmen. Dennoch haben viele Bewerber die Hoffnung, dass der Berater ihnen „hilft", sich zu präsentieren.

Es wird nichts mit meiner Hilfe korrigiert oder verbessert! Wenn z. B. in der Unterlage eine missverständliche Formulierung zu finden ist bzw. wenn auch nur ein Komma fehlt, soll mein Kunde dies sehen.

Mancher Bewerber fühlt sich ja enorm aufgewertet und geschmeichelt, wenn er von einem Headhunter angerufen wird, und denkt, jetzt habe er gewonnen …

Nur einer unter vielen

Gewonnen? Nein! Der Headhunter ruft an, weil er einen Tipp bekam, oder weil „man Sie kennt". Dann steht es gut, mehr aber zunächst nicht, denn der Headhunter ist immer bemüht, seinem Kunden mehrere Kandidaten vorzustellen. Der Bewerber ist dann u. U. einer davon, nicht mehr, nicht weniger! Vielleicht ist der Headhunter aber auch noch in der ersten Orientierungsphase, dann weiß er beim ersten Kontakt zunächst noch gar nichts über den potenziellen Kandidaten

Inwieweit fühlen sich Personalberatungen – fühlen Sie sich – dem Bewerber verpflichtet? Können Sie es sich überhaupt leisten, sich dem Bewerber gegenüber verpflichtet zu fühlen?

Ziel: Zufriedenheit auf beiden Seiten

Ein seriöser Berater lebt nicht von Erst-, sondern von Folgeaufträgen. Die erhält er nur, wenn Arbeitgeber und der neu eingestellte Mitarbeiter auf Dauer zufrieden sind, also auch über die Probezeit hinaus. Dies ist die Motivation, einen Bewerber fair zu behandeln. Alles andere wäre Politik der verbrannten Erde.

Exklusiver Suchauftrag versus „Sie zahlen nur im Erfolgsfall!": Sollte sich ein Bewerber auf Personalberatungen einlassen, die nicht exklusiv suchen?

Exklusivität?

Der Bewerber sollte den Wunsch äußern, dass seine Unterlage nur für diesen Einzelauftrag genutzt wird und für Alternativen nur nach vorheriger Absprache. Wenn Sie auf diese Weise verhindert haben, dass Sie wie Sauerbier am Markt angeboten werden, kann Ihnen die Exklusivität egal sein.

Hier bleibt ein Restrisiko für den Bewerber. Dies gehört zu den Fährnissen des Lebens, die leider mitunter nichts mit Fairness zu tun haben.

Warum arbeiten Unternehmen überhaupt mit Personalberatungen?

Das Unternehmen kann, falls gewünscht, zunächst einmal anonym bleiben. Bei größeren Unternehmen ist es typisches Outsourcing; bei kleineren Firmen u. U. auch Einkauf von Know-how, das man selbst nicht hat.

Können Sie kurz den Prozess schildern, wie bei Ihnen ein Bewerber und eine zu besetzende Position zueinander finden?

Ich definiere gemeinsam mit dem Kunden das typische „Wir sind, wir suchen, wir bieten". Daraus resultiert ein Anforderungskatalog, der sachliche und persönliche Kriterien beschreibt. Die Marktansprache erfolgt mit oder ohne Anzeige: Printmedien, die keineswegs, wie oft behauptet, „tot" sind, Internet, Schwarze Bretter der Universitäten u. a. m.). Die Vorselektion (Unterlagenauswertung und Erstgespräch) führe ich alleine durch. Das zweite und ggf. dritte Gespräch erfolgt dann in meiner Gegenwart beim Kunden.

Sie sind ja schon eine Weile auf dem Markt – wagen Sie eine Prognose? Wohin geht die Entwicklung bei der Personalberatung? Worauf müssen sich Kandidaten einstellen? Oder wird sich gar nicht so viel ändern?

Diesbezüglich muss ich erst einmal Paul, den Kraken, befragen.

> Der Such-
> prozess

Spezialisierung als Geschäftsmodell

Clemens Nau, Inhaber einer auf Vertrieb spezialisierten Personalberatung und Jobbörse

Sie sind Inhaber einer Stellenbörse und einer Personalberatung, die sich ausschließlich auf den Bereich „Vertrieb" spezialisiert hat. Warum haben Sie sich für eine Spezialisierung entschieden?

Der Grundgedanke war, dass nur ein Vertriebler einen guten Vertriebler erkennt. In der Regel können sich Vertriebler in Gesprächen selbst ganz gut darstellen/verkaufen. Doch ob sie wirklich erfolgreich im Vertrieb sind, Umsatzziele, individuelle Ziele erreichen, wie sie methodisch vorgehen, wo warum sie erfolgreich waren, wen sie im Markt kennen etc., das alles kann man besser beurteilen, wenn man selbst im Vertrieb tätig und erfolgreich war. So sind alle unsere Personalberater fachlich im Bereich Human Resources ausgebildet (Betriebswirte, Psychologen etc.) und haben selbst aktiv im Vertrieb/Verkauf gearbeitet.

> Nur ein
> Vertriebler
> erkennt
> gute Ver-
> triebler

Weitere Gründe sind natürlich die sehr große Zielgruppe, die hohe Fluktuation innerhalb der Zielgruppe, die massiven Probleme der Unternehmen, gute Vertriebler ansprechen und rekrutieren zu können, etc.

Gibt es in Unternehmen eine Vorliebe für die Spezialisten unter den Personaldienstleistern?

Das kann man so pauschal nicht beantworten. Ich denke, die Gesamtdienstleistung muss stimmen, die Konditionen müssen passen, die Referenzen relevant sein, der Kunde muss Vertrauen und den nötigen Bedarf haben. Generell ist es erfolgversprechender, einen Fachmann zu beauftragen, als irgendjemanden oder es selbst zu machen. Ein Kunde sagte mal zu mir: „Ich schneide mir ja auch die Haare nicht selbst." Ich denke, das beschreibt es ganz schön.

Was hat ein Kandidat davon, wenn er sich über eine spezialisierte Personalberatung bewirbt? Oder gibt es für ihn eher Nachteile?

Kompetenter Ansprechpartner

Der Kandidat, so er nicht sein Metier wechseln will, hat einen kompetenten Ansprechpartner, der mit ihm sehr in die Details seiner täglichen Arbeit, seiner Wünsche und Ziele gehen kann. Wenn der Weg definiert ist, kann der Bewerber bei einer spezialisierten Personalberatung natürlich mit mehr und passenderen Angeboten rechnen respektive bekommt er Alternativen aufgezeigt.

Man kann sich bei vielen Personalberatungen initiativ bewerben – auch bei Ihnen?

Initiativbewerbung?

Absolut, so man mindestens erste Erfahrungen im Vertrieb mitbringt und weiterhin in diesem tätig sein will.

Initiativbewerbungen haben aber den Nachteil, dass der Bewerber nicht auf spezielle Anforderungen in Anzeigen reagieren kann. Hat jemand dann überhaupt eine Chance, im Pool gefunden zu werden? Oder sollte er sich bei passenden Anzeigen in Erinnerung bringen? Mit einem aktualisierten Profil?

Da sind die Abläufe bei Dienstleistern im Markt recht unterschiedlich. Wenn wir einen neuen Auftrag akquirieren, schauen wir zuerst in unserer eigenen Datenbank. Dazu haben wir sehr ausgefeilte Suchmechanismen und finden den Kandidaten sicher. In der Regel können wir so auch besser beurteilen, wer passen könnte, als ein Kandidat, der eine Stellenanzeige liest, in der oft nicht alle Kriterien genannt werden (können). Die wichtigsten Kriterien sind immer Ausbildung, Berufserfahrungen, aktuelle Position, Gehalt, Mobilität etc. Danach folgt ein persönliches Gespräch, in dem herausgefunden wird, was ein Bewerber kann, was er will, was der Auftraggeber erwartet etc. Die hier genannte Reaktion auf Anforderungen in Anzeigen halte ich nur bedingt für realisierbar. In der ersten Auswahl vor dem Interview zählen erst mal nur Fakten.

Woher kommen die Kandidaten?

Wo finden Sie Ihre Kandidaten? Per Direktansprache? Per Annonce? Aus Ihrem Pool?

Wir gehen grundsätzlich mehrere Wege. Zum einen schalten wir Stellenanzeigen unter unserem Namen in den gängigsten Medien (natürlich auf salesjob.de), zum anderen identifizieren wir Kandidaten in unserem eigenen Bewerberpool, in den Datenbanken anderer Anbieter etc. Wir schalten grundsätzlich kein Print – die Zeiten sind endgültig vorbei, und wir machen keine Direktansprache/Headhunting.

Werden eigentlich alle Bewerber dem suchenden Unternehmen vorgestellt? Wie ist der klassische Ablauf?

Drei Vorschläge

Die Vorauswahl treffen wir, es werden zunächst nur drei passende Kandidaten vorgestellt. Hier versuchen wir, möglichst dicht an 100 % des mit dem Kunden gemeinsam erarbeiteten Profils zu kommen. Sollte es noch nicht zu einer Vermittlung kommen, suchen wir entsprechend weiter.

Bewerber wissen ja häufig nicht, wie der Prozess der Einstellung über eine Personalberatung aussieht. Nachdem Sie ein erstes Gespräch mit dem Kandidaten geführt haben, wie geht es dann weiter?

Zunächst gibt es ein kurzes Telefonat, um die wichtigsten Eckdaten abzusprechen. Passt es, folgt ein ausführliches Gespräch (plus evtl. eine kleine Fallübung) mit dem Bewerber, in dem wir herausfinden, ob der Kandidat ein guter/erfolgreicher Verkäufer ist, ob er zum Kunden, zum Markt bzw. zu den Kunden des suchenden Unternehmens passt etc. Dann sprechen wir mit dem Bewerber über die Aufgabe und unseren Auftraggeber. Wenn am Schluss des Gesprächs beide der Meinung sind, das könnte passen, dann bringen wir den Kandidaten bei unserem Auftraggeber ins Gespräch. Das ist also die Chance des Bewerbers, aber keine Garantie. Beim Kunden folgen in der Regel noch ein bis drei Gespräche, evtl. noch ein Assessment-Center (AC), Probearbeitstag etc.

Immer wieder die Frage nach den Möglichkeiten zum Quereinstieg: Ist der Personalberater schuld, wenn der Bewerber nicht bis zum Unternehmen durchdringt, wenn er nicht vorgestellt wird? Akzeptieren Ihre Kunden normalerweise überhaupt Kandidaten, die nicht das passende Profil mit den adäquaten Vorerfahrungen vorweisen?

> Quer-einsteiger?

Für einen Quereinsteiger in den Vertrieb werden wir nicht beauftragt. Wechselt ein Vertriebler von einer Branche in einer andere, kann das sehr wohl über uns passieren, da wir dem Kunden darstellen können, dass der Kandidat von der Methodik, Vertriebsart etc. passen kann. Von Schuld würde ich hier nicht sprechen, sehr wohl ist es aber die Aufgabe des Personalberaters, die Kandidaten zu selektieren.

Das eigentliche Vorstellungsgespräch im Unternehmen – findet das gemeinsam mit dem Personalberater statt?

Das ist unterschiedlich, je nach Wunsch des Auftraggebers.

Die Entscheidung fällt irgendwann im Unternehmen. Ich nehme an, Ihnen wird mitgeteilt, warum man sich für einen bestimmten Kandidaten entschieden hat. Bekommen diejenigen, die sich auch im Unternehmen vorgestellt haben und denen Sie absagen müssen, ein Feedback, warum es nicht geklappt hat?

> Feedback?

Wir begleiten die Prozesse vom Erstgespräch beim Unternehmen über die Gespräche mit den Kandidaten bis hin zur Einstellung und darüber hinaus. Wir haben engen Kontakt zu beiden Parteien, so können wir moderieren und den Prozess positiv beeinflussen. Natürlich kennen wir die Gründe, warum ein Kandidat den Job nicht bekommt resp. nicht an dem Job/Unternehmen interessiert ist.

Sie sind ja sowohl als Jobbörse als auch als Personalberatung schon einige Jahre auf dem Markt – wagen Sie eine Prognose? Wohin geht die Entwicklung bei der Rekrutierung? Worauf müssen sich Kandidaten einstellen? Oder wird sich im Grunde gar nicht so viel verändern?

Es gibt ein paar Fakten, mit denen müssen wir uns auseinandersetzen: Der demografische Wandel, der zunehmende Fachkräftemangel, die Veränderung der Kommunikation. Parallel beobachten wir seit ein paar Jahren, dass die Ansprüche der Unternehmen steigen und bei neuen Mitarbeitern immer weniger Kompromisse gemacht werden. Das wirkt natürlich kontraproduktiv auf Geschwindigkeit und Erfolg von Rekrutierungen.

Arbeitnehmerüberlassung, Zeitarbeit, Leiharbeit, Personalleasing

In dieser Überschrift finden sich viele Begriffe für eine Art der Beschäftigung, die manch einer in der Nähe von Sklavenhaltung ansiedelt und von daher ebenso scheut wie der Vampir den Knoblauch.

Dennoch gehören auch diese Formen von Beschäftigungsverhältnissen zu den Möglichkeiten, über die man Bescheid wissen sollte bei der Suche nach einem Arbeitsplatz. Denn Arbeitnehmerüberlassung ist heute keineswegs mehr auf Berufe mit eher geringer Qualifizierung beschränkt.

Arbeitsvertrag mit Zeitarbeitsunternehmen

Der Arbeitnehmer geht mit dem Zeitarbeitsunternehmen einen Arbeitsvertrag ein. Im Rahmen der Arbeitnehmerüberlassung „verleiht" es seinen Mitarbeiter an unterschiedliche Unternehmen. Wie lange ein Einsatz an einem Arbeitsplatz dauert, richtet sich nach dem Bedarf des entleihenden Unternehmens. Er kann von wenigen Tagen bis hin zu mehreren Monaten dauern.

Während in den Anfängen der Zeitarbeit eher Hilfskräfte und Menschen mit gewerblicher Qualifikation Zielgruppe für Zeitarbeit waren, deckt diese Beschäftigungsform heute auch Arbeitsfelder mit hohem Qualifikationsgrad ab. Wichtig zu wissen: Der Arbeitnehmer bleibt immer Mitarbeiter des Zeitarbeitsunternehmens, das demnach auch für alle organisatorischen und verwaltenden Abläufe (z. B. Gehaltszahlungen, Anmeldung bei den Sozialversicherungen, Krankmeldungen und beim Ausscheiden für die Zeugniserteilung) alleiniger Vertragspartner ist!

Daneben gibt es Unternehmen (speziell im IT-Bereich), die schwerpunktmäßig Freiberufler für Projekte vermitteln.

Neben den großen Anbietern finden sich viele kleine und Kleinstunternehmen auf dem Markt und machen ihn entsprechend unübersichtlich. Deshalb gilt auch hier: Informieren Sie sich umfassend, bevor Sie sich vertraglich binden.

Risiken und Nebenwirkungen

Janet Maria Richter, Goetzfried AG

Frau Richter, Ihr Unternehmen vermittelt vornehmlich Freiberufler im Bereich IT in Projekte. Für wen ist denn solch eine Art des Beschäftigungsverhältnisses eine gute Sache?

Nun, für all diejenigen, die freiberuflich tätig sind und das auch gerne bleiben möchten. Dieser Personenkreis schätzt es, sein eigener Chef zu sein und das auch zu bleiben. So erhält er sich zum Beispiel den Einfluss, wann er in ein Projekt geht, er kann seinen Marktwert bestimmen – das alles ist für diesen Personenkreis sehr attraktiv.

Sein eigener Chef sein

Eine weitere Personengruppe nutzt diese Form der Beschäftigung auch in der Übergangszeit von einer Festanstellung in die andere. Und wiederum andere sind eine Zeit lang durch uns tätig und finden durch ein Projekt eine neue Festanstellung.

Und das sind dann alles junge Leute?

Nein, überhaupt nicht. Das Gros der Freelancer, die wir vermitteln, ist zwischen 35 und 58 Jahre alt. Aber es gibt auch Leute, die altersmäßig darunter oder auch darüber liegen. Es hängt sehr von der Qualifikation und den gesuchten Erfahrungen ab.

Aber es gibt doch bestimmt auch Risiken? Für wen ist solch eine Arbeitsweise eher nichts?

Natürlich gibt es auch Risiken. So können wir zum Beispiel nicht garantieren, dass es zwischen verschiedenen Projekten keinen Leerlauf gibt. Ebenso können wir keine bestimmten Laufzeiten zusagen. Außerdem trägt jemand schon ein hohes menschliches Risiko. Die Chemie muss stimmen in so einem zeitlich befristeten Projekt. Man muss miteinander können, denn zum langen Herumprobieren, ob man sich nicht vielleicht zusammenraufen könnte, ist in der Regel keine Zeit.

Chemie muss stimmen

Wie muss so ein Freelancer sein, um auf diesem doch eher besonderen Arbeitsmarkt bestehen zu können?

Er muss vor allem bereit sein, die Projektaufgabe in den Mittelpunkt seiner Anstrengungen zu stellen. Die Arbeitsanforderungen des Kunden sind das A und O, das muss man akzeptieren. Der Projektleiter – der Mitarbeiter des Unternehmens – verteilt die Aufgaben, und die muss man diszipliniert abarbeiten. Natürlich hilft es, wenn dann der ITler kommunikationsstark ist und nicht dem Bild des völlig in sich versunkenen Menschen entspricht, der ohne Blick nach links und rechts Zahlen in die Tastatur kloppt.

Anforderungen

Nicht dass wir uns falsch verstehen: Gerade die Senior Consultants müssen schon auch Leute mit Standfestigkeit sein, die die Projektinteressen, für die sie schließlich engagiert sind, auf allen Ebenen im Unternehmen mit Nachdruck vertreten können.

Und es müssen Menschen sein, die bereit sind, aus ihren verschiedenen Einsätzen zu lernen: welche Qualifikationen zum Beispiel am Markt gefordert werden, wie sie sich nachhaltig qualifizieren können. An der Stelle nehmen wir aus dem Bereich Personal auch so etwas wie die Funktion einer Personalentwicklung wahr – auf beratender Ebene.

Und was tun Sie sonst noch für Ihre Freelancer?

Marketing für den Freelancer

Wir sind sozusagen das Marketing, wir sorgen für Folgeprojekte. Der Kunde hat ein Projekt, für das er Mitarbeiter sucht, wir suchen nach den vorgegebenen Kriterien in unserer Datenbank oder bemühen uns, am Markt die Person mit der passenden Qualifikation zu finden.

Im besten Fall besteht eine Partnerschaft zwischen den Freelancern und uns. Wir bekommen von ihm ein gutes Profil (das ist in dem Geschäft ganz wichtig!), aus dem seine Kenntnisse und Erfahrungen eindeutig hervorgehen. Er hält auch von sich aus Kontakt, er arbeitet möglichst so, dass er Referenzen aus vergangenen Projekten vorweisen kann. Dann können wir auch einiges für ihn tun.

Im Grunde ist es gar nicht so viel anders als in einem normalen Arbeitsverhältnis.

Im Folgenden ein paar ganz grundsätzliche Überlegungen, Aussagen und sachdienliche Hinweise – mit einem Augenzwinkern erzählt, aber durchaus ernst gemeint!

Personalberater, Zitronenfalter und der Yeti

Sonja Hild, Pesonalberaterin

Ein Personalberater hat einiges gemein mit dem Yeti. Beide erzeugen in den Köpfen der Menschen ganz klare Bilder dessen, was ein Personalberater – oder Yeti – sein müsste. Inwieweit das mit der Realität übereinstimmt, steht auf einem anderen Blatt.

Personalberater sind allem voran Zitronenfalter: Fehlinterpretationen, ausgelöst durch Begrifflichkeiten. Denn über Zitronenfalter sind wir doch informiert! „Wer glaubt, ein Abteilungsleiter leite eine Abteilung, glaubt auch, dass ein Zitronenfalter Zitronen faltet." (Unbekannt)

Nicht Bewerber-, sondern Unternehmensberater

Personalberater nennen kann sich jeder, geschützt ist der Begriff nicht. Und in der Regel ist der Personalberater kein Bewerberberater, sondern im Wortsinn eigentlich ein Unternehmensberater. Er berät Unternehmen bei deren Suche nach neuen Mitarbeitern.

Sie erahnen das Problem!

Die „Personalberatung" umfasst heutzutage jedwede Form der Personalbeschaffung, angefangen von Arbeitnehmerüberlassung über Vermittlung von freiberuflichen Projektkräften bis hin zu Executive Search Consultants, umgangssprachlich auch Headhunter genannt. Gemeinsam ist ihnen, dass sie im Auftrag eines Unternehmens und – wichtiger – auf Rechnung eben dieses Unternehmens Personal suchen, finden, verleihen, vermitteln oder verwalten.

Sie erkennen einen Personalberater im Sinne des Unternehmensberaters in der Rekrutierung im Zweifelsfall daran, dass er Sie nicht weitgreifend berät. Dafür will er allerdings auch kein Geld von Ihnen.

Noch einmal zur Orientierung: Im allgemeinen Sinne sind alle hier aufgeführten Spezialisten Personaldienstleister. Allerdings werde ich den Begriff nutzen, um eine bestimmte Sparte näher zu beschreiben: diejenigen, die mehrere der genannten Bereiche abdecken. Es handelt sich hier meist um große, international agierende Unternehmen, deren Arbeit zu einem Gutteil auf Datenbanksuchen basiert.

Der Begriff „Datenbank" ist im Bereich der Bewerbung mittlerweile sehr negativ besetzt und wird häufig in Zusammenhang mit sogenannten „Lebenslaufsammlern" gebracht. Ich werde auf diesen Punkt später eingehen. (Insbesondere wenn Sie in einem Business-Netzwerk aktiv sind oder Ihren Lebenslauf in einer entsprechenden Börse hochladen, kontaktiert Sie ein Dienstleister bei Interesse eigeninitiativ. Ansonsten können Sie ihrerseits initiativ oder Bezug nehmend auf für Sie interessante Stellenausschreibungen mit der Beratung in Kontakt treten.)

Seriöse Unternehmen, die mit Datenbanken arbeiten, funktionieren im Grunde wie aktive Stellenbörsen mit Kundenservice. Sie als Wechselwilliger überlassen der Personalberatung Ihre aktuellen Unterlagen und einige Rahmendaten (zum Beispiel Ihre zeitliche Verfügbarkeit oder Ihre Gehaltsvorstellung) und der Dienstleister kontaktiert Sie seinerseits, sobald eine passende Vakanz durch einen Kunden zur Besetzung kommt.

Aktive Stellenbörsen mit Kundenservice

Personaldienstleister, die so arbeiten, können Sie in Ihrer Karriereentwicklung maßgeblich unterstützen. Aufgrund der Vielzahl an unseriösen Anbietern ist hier allerdings besondere Besonnenheit Ihrerseits gefordert.

Anhand der folgenden Kriterien können Sie erkennen, ob ein Dienstleister seriös ist oder ob Sie besser davonlaufen:

- Kann Ihnen Ihr Ansprechpartner konkret und verständlich die Vorgehensweise nach Speicherung Ihrer Daten erläutern? Versichert er Ihnen explizit, dass Ihre Unterlagen nicht ohne erneute vorherige Rücksprache an Unternehmen weitergegeben werden? Oder erklärt er Ihnen, das sei zu umständlich oder zeitraubend, bzw. gibt Ihnen anderweitig zu verstehen, dass er Ihre Unterlagen streuen wird? In diesem Fall laufen Sie (vgl. „Lebenslaufsammler")!

Seriös oder nicht?

- Führt man bei Vorliegen einer Vakanz ein konkretes (Telefon-)Interview mit Ihnen, um abzugleichen, ob Sie zur vakanten Stelle passen?

Oder teilt man Ihnen nur kurz mit, zu welchem Unternehmen man Sie schicken möchte, ganz ohne direktes Interview? In diesem Fall laufen Sie!

- Werden Sie über die relevanten Datenschutzrichtlinien informiert, insbesondere darüber, dass Sie Ihre Daten jederzeit vollständig löschen lassen können? Falls nein, laufen Sie!

- Kann Ihnen Ihr Ansprechpartner erste maßgebliche Fragen zum Zielunternehmen (bei einer konkreten Position) und der offenen Aufgabe beantworten? Bitte unterscheiden Sie: Informationen, die Sie benötigen sind die Unternehmensgröße, der Standort, die Branche und ggf. das Produktportfolio, ebenso die Mentalität (Wo sitzt die Mutterfirma bzw. aus welchem Land stammt sie?), Fluktuation und Umsatzzahlen der letzten Jahre. Angaben wie den angedachten Gehaltsrahmen der Position, den Kündigungsgrund des Vorgängers oder sonstige Interna darf der Berater nicht ausplaudern. Verstrickt sich Ihr Ansprechpartner hier in schwammige Andeutungen oder kann Fragen nicht beantworten, bietet auch nicht an, die Information vom Zielunternehmen zu erfragen, dann laufen Sie!

- Der Dienstleister arbeitet auf Rechnung beauftragender Unternehmen. Möchte Ihnen der Dienstleister irgendetwas in Rechnung stellen oder wahlweise kostenpflichtige Zusatzdienstleistungen verkaufen, dann laufen Sie!

- Fordert man Sie ohne für Sie nachvollziehbare Begründung oder vorangehendes Gespräch dazu auf, Fragebögen mit hochsensiblen Daten zu bestücken (z. B. Erkrankungen, Vorstrafen, Kontoinformationen etc.), dann laufen Sie!

- Möchte man Ihre Unterlagen an einen Kunden versenden, aber partout nicht verraten, wer dieser Kunde ist, dann laufen Sie!

- Sollten Sie bezüglich der Seriosität ernsthafte Zweifel hegen, fragen Sie direkt, ob dem Dienstleister ein Suchauftrag vom Zielunternehmen vorliegt. Ihre Unterlagen initiativ an ein Unternehmen zu senden ist ausschließlich dann für einen seriösen Dienstleister vertretbar, wenn mit diesem Unternehmen eine solide Kundenbeziehung besteht und man daher die Anforderungen dort explizit kennt. Wird diese Frage schwammig beantwortet, lautet die Antwort Nein oder windet man sich, dann laufen Sie!

- Hören Sie auf Ihr Bauchgefühl. Wenn Sie das Gefühl beschleicht, Ihre Daten und Ihr Anliegen seien nicht gut aufgehoben, dann laufen Sie! Zu einem anderen, seriösen Dienstleister zum Beispiel.

Personaldienstleister: Wie Sie sich verhalten sollten

- Lassen Sie sich genau erklären, welche Daten gespeichert und unter welchen Umständen und in welchem Umfang sie an welche Personen/Unternehmen weitergegeben werden. Fragen Sie nach, ob ein

Suchauftrag dieses Unternehmens vorliegt oder eine stabile Kunden-beziehung dorthin besteht.

- Lassen Sie sich nicht auf kostenpflichtige Angebote ein. Vermittler und Coachs arbeiten auf Ihre Rechnung, Personaldienstleister arbeiten auf Rechnung ihrer Kundenunternehmen.

- Bestehen Sie auf Rücksprache vor jeder einzelnen Weitergabe Ihrer Unterlagen.

- Gestatten Sie eine Weitergabe Ihrer Unterlagen nur dann, wenn Ihnen zuvor Name und Standort des empfangenden Unternehmens genannt werden.

Headhunter/Executive Search Consultants

Executive Search ist ein höchst nebulöser Bereich der Personaldienstleistung. Im Grunde weiß niemand so recht, was Headhunter genau tun, und mancher fühlte sich schon in einen Krimi versetzt, wenn das Telefon am Arbeitsplatz klingelte. „Woher haben Sie diese Nummer?"

Er oder sie wird es Ihnen nicht verraten. Das wäre gegen die Berufsethik. Headhunter sind hoch bezahlte Spezialisten, die auf kreativsten Wegen etwas suchen. Und schon sind wir bei einem großen Irrtum. Der Headhunter sucht nicht Sie. Er sucht einen „Skill", ein Know-how, eine Fähigkeit oder Erfahrung. Meist eine Kombination aus Erfahrungen und Fähigkeiten.

Gesucht: Know-how und Skills

Von einem Unternehmen beauftragt, sucht er gezielt den perfekten Kandidaten für eine bestimmte Position. Es gibt vielfältige Gründe, wieso Betriebe Headhunter einschalten. Vakanzen sind mitunter höchst diskret zu behandeln, weil sie aktuell noch gar nicht wirklich frei sind. Oder die offene Stelle ist im Unternehmen ein Politikum und muss ohne viel Aufsehen besetzt werden. Meist aber wird der Headhunter dann aktiv, wenn ein Know-how auf dem freien Bewerbermarkt nicht oder kaum zu bekommen ist. Spezialisten mit besonderen Kenntnissen, exotischen Fachschwerpunkten oder seltenen Erfahrungskombinationen sind Ziele von Headhuntern, aber auch Geschäftsführungen, nationale und internationale Führungskräfte.

Ein massiver Fachkräftemangel auf einzelnen Gebieten (z. B. der Ingenieurmangel insbesondere im Bereich der Motorenentwicklung, als der Siegeszug der Hybridautos absehbar wurde) führte vor einigen Jahren zu einer Öffnung der Zielgruppen. Seither sind auch Absolventen und Berufseinsteiger bestimmter Fachrichtungen für Headhunter und deren Kunden interessant.

Den Executive Search Consultant unterscheidet von einem Personaldienstleister vor allen Dingen die Art der Suche. Ein Headhunter ruft Sie direkt an Ihrem Arbeitsplatz an, ohne dass Sie sich erklären können, woher er diese Nummer hat. Wenn man Sie empfohlen hat (ehemalige Arbeitskollegen, Studienkollegen, womöglich hat das Zielunternehmen Gutes von Ihnen gehört), kann der Anruf Sie auch zu Hause oder auf Ihrem Privathandy erreichen. Ein Personaldienstleister wird Sie unter der Nummer kontaktieren, die Sie selbst ihm einmal überlassen haben. Ein Headhunter wird Sie in jedem Fall zu einem persönlichen Treffen bitten.

So können Sie einen seriösen Headhunter erkennen:

Seriös oder nicht?

- Man kontaktiert Sie mit größter Wahrscheinlichkeit über Ihren Telefonanschluss am Arbeitsplatz, bietet Ihnen bei Interesse jedoch umgehend an, das Gespräch außerhalb der Arbeitszeit fortzusetzen. Werden Sie gar nicht erst gefragt, ob Sie im Augenblick über ein so sensibles Thema sprechen können, dann laufen Sie!

- Der Headhunter nennt Ihnen spätestens auf Nachfrage seinen Namen und den seines Arbeitgebers – also des Executive-Search-Unternehmens, das den Auftrag abwickelt – sowie eine Rufnummer, unter der Sie ihn Ihrerseits zurückrufen können. Zögert Ihr Ansprechpartner hierbei oder wiegelt einen Rückruf Ihrerseits kategorisch ab, dann laufen Sie!

- Im weiteren Verlauf des Kontakts stellt Ihnen der Consultant alle relevanten Informationen zur Verfügung, die es Ihnen ermöglichen zu entscheiden, ob die Position für Sie infrage kommt. Achtung: Das beauftragende Unternehmen muss an dieser Stelle nicht zwingend genannt werden! Insbesondere bei hochsensiblen Vakanzen fließt diese Information meist erst nach einer grundsätzlichen Interessensbekundung Ihrerseits. Sie kann in seltenen Fällen auch erst bei einem persönlichen Treffen gegeben werden. Kann Ihr Ansprechpartner die Vakanz nicht klar darstellen oder verkauft er Ihnen die Position, statt sie Ihnen vorzustellen, dann laufen Sie!

- Kommt das persönliche Treffen mit dem Headhunter zustande, kommt er zu Ihnen – nicht umgekehrt. Sie treffen sich in der Regel in der Lobby eines Sternehotels in der Ihnen nächstgelegenen Großstadt oder in einer ähnlichen Umgebung. Fordert man Sie auf, quer durch Deutschland zu fahren, um den Berater in seinem Büro zu treffen, lehnt man die Übernahme Ihrer Fahrtkosten von vornherein ab oder finden Sie sich in drittklassigen büroähnlichen Gefilden in einem Wohnhaus wieder, dann laufen Sie!

- Man versichert Ihnen umfassende Diskretion bezüglich des Vorgangs. Insbesondere bei politisch schwierigen Kombinationen aus aktuellem Arbeitgeber und potenziellem zukünftigen Arbeitgeber erfragt man explizit, welchen Personen im Zielunternehmen Ihre Unterlagen nicht vorgelegt werden dürfen. Taucht diese Frage gar nicht erst auf, obwohl geschäftliche Beziehungen zwischen Ihrem Arbeitgeber und dem Zielunternehmen bestehen, dann laufen Sie!

Headhunter/Executive Search Consultants: Wie Sie sich verhalten sollten

- Halten Sie den Erstkontakt am Arbeitsplatz so kurz wie möglich.
- Lassen Sie sich den Namen und den Arbeitgeber des Headhunters nennen, ebenso eine Rückrufnummer.
- Bestehen Sie auf Diskretion.
- Gestatten Sie eine Weitergabe Ihrer Unterlagen nur dann, wenn Ihnen zuvor Name und Standort des empfangenden Unternehmens genannt werden.

Schwarze Schafe – dass es sie gibt, ist bekannt. Teils so bekannt, dass in Vergessenheit gerät, dass viele seriöse Unternehmen in der Personalbranche tagtäglich Menschen in Positionen bringen, die deren Karriere maßgeblich beschleunigen. Personaldienstleister und Headhunter sind nicht in der Mehrzahl unseriös, allerdings ist ein unseriöses Unternehmen durchaus in der Lage, großen Schaden für Sie anzurichten.

Die wohl bekannteste Spezies unseriöser Personaldienstleister sind sogenannte „Lebenslaufsammler". Gemeint sind Unternehmen, die willkürlich Daten, Lebensläufe – also Bewerber – horten, um sie dann relativ ungefiltert und nicht selten ohne einen konkreten Auftrag im Schrotflintenverfahren an Wirtschafts- und Industrieunternehmen zu verschicken, im Fachjargon auch „Streuen" genannt.

Lebenslauf-sammler

Die Vorteile dieser Methode für den Personaldienstleister liegen auf der Hand; es kostet wenig Arbeitszeit, ist von nicht fachkompetentem und somit günstigem Personal durchführbar und bringt in der Masse früher oder später Erträge. Quantität statt Qualität auf Kosten der Bewerber. Die nämlich werden auf diese Weise regelrecht am Markt verbrannt und wissen oft nicht einmal, wohin genau ihre Bewerbung versendet wurde. Das erfahren sie, wenn überhaupt, nur auf Nachfrage. Somit verliert der Bewerber jede Kontrolle über sensible Daten und weiß weder, wo er bereits vorgestellt wurde, noch was darüber hinaus mit Adresse und Telefonnummern geschieht.

Insgesamt ist der Prozess für den Bewerber mit einer schlecht gemachten Welle an Initiativbewerbungen zu vergleichen, wenn das immerzu gleiche Anschreiben und der immerzu gleiche Lebenslauf Verwendung finden.

So erkennen Sie einen Lebenslaufsammler

- Der Kontakt kommt durch eine Bewerbung Ihrerseits auf eine ausgeschriebene Stelle zustande. Lebenslaufsammler kontaktieren nahezu nie eigeninitiativ ihre „Kandidaten".
- Sobald der Personaldienstleister sich zurückmeldet, ist von dieser konkreten Stelle keine Rede mehr, sie ist besetzt, doch nicht offen oder aus sonstigen Gründen nicht mehr verfügbar. Auch im weiteren

Verlauf geht es nie um konkrete Stellen, sondern um diverse potenziell unter Umständen beizeiten zu besetzende Möglichkeiten.

- Man nennt äußerst ungern konkrete Kunden, mit denen erfolgreich zusammengearbeitet wird.

- Man ist erpicht darauf, Ihre Erlaubnis zum blinden Versenden Ihrer Unterlagen zu erhalten, womöglich sogar über den Aufbau von Druck.

Warum Personaldienstleister?

In Anbetracht dieser Abgründe mag man sich fragen: Wozu das Risiko eingehen? Doch die Zusammenarbeit mit einem Personaldienstleister oder Personalberater kann den entscheidenden Karriereschritt für einen Bewerber bedeuten. Der Dienstleister fungiert als Multiplikator Ihrer Bewerbungsbemühungen. Ob Sie mit einem kleineren oder mit einem größeren Unternehmen arbeiten, ist dabei unerheblich, solange Sie die Seriosität prüfen und auf Ihr Bauchgefühl hören. Während kleinere Beratungen häufig mehr Zeit in Ihre Betreuung investieren und individueller auf Sie eingehen können, pflegen große Unternehmen Kontakte zu internationalen Konzernen, die für kleinere Beratungen unerreichbar bleiben.

Ein seriöser Dienstleister wird Ihre Unterlagen nicht im Posteingang der Personalabteilung versumpfen lassen. Mit etwas Glück gelangt Ihre Bewerbung direkt zum Fachvorgesetzten oder sogar direkt auf den Tisch der Geschäftsleitung. Damit überspringen Sie mehrere Runden in der Filterung, die eine Eigenbewerbung hätte durchlaufen müssen. Das spart Zeit und minimiert die Chance auf Fehlfilterung durch nicht fachkompetente Mitarbeiter im Zielunternehmen. Der Dienstleister fungiert als Ihre erste Referenz, kann direkt noch einmal Ihre Stärken und Fähigkeiten hervorheben oder auch Unklarheiten beseitigen.

Mitunter hat das Urteil des Dienstleisters – insbesondere im Executive Search – großes Gewicht für die Entscheidung des Unternehmens, wer letztlich die begehrte Position bekleiden darf.

Und nicht zuletzt wird ein guter Dienstleister den gesamten Bewerbungsprozess für Sie zumindest mitkoordinieren, Ihnen Termine bestätigen und Informationen bereitstellen, Ihnen helfen, sich auf Gespräche vorzubereiten. Er tritt durchgehend als praktisch neutrale Kommunikationseinheit zwischen den Parteien auf. So können Konfliktpunkte, zum Beispiel bei der Gehaltsfrage, durch den Dienstleister als Mittler gelöst werden.

Initiativbewerbung?

Die Frage, ob man sich denn auch eigeninitiativ bei einem Personaldienstleister bewerben kann, ist offenbar ein Zombie. Immer, wenn tot geglaubt, taucht sie wieder an anderer Stelle wieder auf. Grundsätzlich gibt es vier Möglichkeiten.

- Viele Dienstleister, Headhunter und Konsorten bieten inzwischen eigene Portale an, in denen Lebensläufe hochgeladen werden können. Die Unterlagen verbleiben dann im Netzwerk des jeweiligen Dienstleisters oder Personalberaters und man kontaktiert Sie, wenn Ihr Profil zu einem hereingekommenen Suchauftrag passt.

- Die Mehrheit derjenigen Personalberatungen, die kein solches Portal betreiben, erklären auf Ihren Websites, ob Initiativbewerbungen erwünscht sind und, falls ja, wie genau sie einzubringen sind.

- Und da inzwischen auch der letzte Lonesome Headhunter von der Verunsicherung der Bewerber in dieser Sache gehört hat, wird man sogar auf der ein oder anderen Homepage einen Hinweis finden, dass Initiativbewerbungen explizit nicht erwünscht sind.

- Findet sich gar kein Hinweis, kann davon ausgegangen werden, dass eine Initiativbewerbung möglich ist. Achten Sie jedoch darauf, nicht willkürlich Beratungen anzuschreiben. Selektieren Sie in einem solchen Fall diejenigen Unternehmen, deren Schwerpunkt in Ihrem Kompetenzbereich liegen.

Bedenken Sie in jedem Fall, wenn Sie sich selbst bei einem Personaldienstleister bewerben: Er kann nichts mit Ihnen anfangen kann, solange keine passende Suchanfrage von einem Unternehmen vorliegt. Beweisen Sie also Geduld, studieren Sie zudem die Stellenanzeigen, die der Dienstleister schaltet. Bringen Sie sich gegebenenfalls noch einmal aktiv ins Gespräch, wenn Sie überzeugt sind, der richtige Kandidat für eine ausgeschriebene Stelle zu sein. Vermeiden Sie klassische „Bewerbungsirrtümer" wie den obligatorischen Anruf, ob Ihre Bewerbung auch angekommen sei. Sympathie seitens des Beraters nutzt Ihnen ohnehin nichts, fachlich abklopfen kann er Sie ohne zugehörige Stelle auch nicht, also führt ein solcher Anruf bei Dienstleistern in der Regel zu nichts.

Dieses kleine Sammelsurium an Informationen wäre nicht vollständig, wenn ich Ihnen eine Anzahl ausgewählter Kniffe vorenthalten würde, mit denen Sie zuverlässig und nachhaltig jeden Personaldienstleister loswerden können, der etwas auf sich hält. Befolgen Sie diese Ratschläge konzentriert und nutzen Sie mindestens drei verschiedene Vorgehensweisen, um sicherzugehen, dass der Dienstleister Sie nie wieder kontaktieren wird.

Wie Sie einen seriösen Personalberater mit Sicherheit in die Flucht schlagen

- Bestehen Sie darauf, dass der Personalberater Ihnen den geplanten Gehaltsrahmen des Unternehmens für die Position nennt und verraten Sie unter keinen Umständen, in welchem Bereich sich Ihr aktuelles Gehalt bewegt. Alternativ nennen Sie als Zielgehalt einen Betrag, der Ihr aktuelles Gehalt – das Sie zuvor genannt haben – um mindestens 20 % übersteigt, den variablen Anteil nicht eingerechnet.

- Sichern Sie dem Personalberater die Übersendung Ihrer vollständigen Unterlagen zu einem bestimmten Datum zu, lassen Sie diesen Tag verstreichen, schicken Sie ihm dann ca. sieben bis zehn Tage später lediglich die Hälfte Ihrer Unterlagen und kündigen Sie an, die übrigen Dokumente noch nachzureichen, sofern das Zielunternehmen auf Sie besteht. Strafen Sie Formulare, die Ihnen der Berater zusendet, mit Nichtachtung und verweisen Sie darauf, dass alle dort erfragten Informationen in Ihren Unterlagen zu finden seien. Sie hätten für diesen Unsinn keine Zeit.

- Seien Sie möglichst nicht erreichbar. Hierzu bietet sich an, eine Mobilnummer als Kontaktnummer zu hinterlassen, die zu einem Handy gehört, das Ihre Sporttasche seit drei Monaten nicht verlassen hat. Alternativ teilen Sie dem Personalberater mit, dass Sie jederzeit zu erreichen sind – vor 7:30 Uhr morgens oder nach 20:30 Uhr abends. Dazwischen sei es leider ganz schlecht. In Ihrer Mittagspause könnten Sie nicht telefonieren, da seien Sie mit Essen beschäftigt.

- Sollte sich der Berater erdreisten, Sie um etwas mehr Mitwirkung zu bitten, erklären Sie ihm in selbstbewusster Formulierung, dass er es doch sei, der etwas von Ihnen wolle, und Sie im Grunde ja nur aus Gutmenschentum überhaupt mitspielten. Die Wirkung lässt sich noch verstärken, indem Sie andeuten, dass Sie keine Not haben zu einem Jobwechsel und eigentlich nur mal sehen wollen, was der Markt so hergibt.

Nun nähern wir uns der Königsklasse des Dienstleister-Vergraulens. Üben Sie die nachfolgend benannten Methoden einige Male trocken, bevor Sie sie zur Anwendung bringen.

- Unterstellen Sie dem Personalberater Unfähigkeit, wenn er Sie nicht für eine Position vorstellen möchte, die Sie auf seiner Website entdeckt haben. Ignorieren Sie die sachliche Argumentation Ihres Gegenübers, verweisen Sie gegebenenfalls auf Alter oder Geschlecht Ihres Ansprechpartners und bestehen Sie auf einem Gespräch mit seinem Vorgesetzten oder – besser noch – mit dem Zielunternehmen.

- Unterhalten Sie sich mit dem Personalberater, bis er Ihnen Unternehmen und Standort nennt. Versichern Sie ihm Ihr Interesse und erbitten Sie sich Bedenkzeit. Rufen Sie dann umgehend im Zielunternehmen an, lassen Sie sich mit der Personalabteilung verbinden und erklären Sie dem Ansprechpartner dort in verschwörerisch-spitzbübischer Begeisterung, dass Sie beide das doch auch ohne den Dienstleister regeln können mit der Bewerbung. Ignorieren Sie dabei die dezent irritierte Reaktion Ihres Gesprächspartners. Er ist nur sprachlos vor Glück.

Fair und professionell bleiben

Mit den Zitronenfaltern ist es wie mit Wäldern: Wie man hineinruft, so ruft es auch zurück. Und so ruft dann der Personalberater Sie an, wenn eine wirklich interessante Vakanz vorliegt. Bleiben Sie fair, ehrlich und professionell. Dann können Sie – zu Recht – mit fairer, ehrlicher und professioneller Betreuung durch den Dienstleister rechnen. Vergessen Sie nicht, dass auch Dienstleister Menschen sind, die Fehler machen. Seien Sie wachsam, aber nicht argwöhnisch, bedacht, aber nicht paranoid.

So eröffnet sich Ihnen ein weiterer Kanal zur Karriereentwicklung, der für Sie Brücken zu unerreichbaren Inseln schlagen kann.

Die kleine Zitronenfalterbedienungsanleitung für Einsteiger

- Arbeiten Sie nur mit einer überschaubaren Anzahl an Dienstleistern zusammen.
- Wenn Sie sich initiativ bei einem Personaldienstleister bewerben möchten, studieren Sie die Homepage des Unternehmens nach entsprechenden Hinweisen und achten Sie ggf. auf dessen Spezialisierung.
- Behalten Sie stets die Kontrolle über Ihre Daten und Unterlagen.
- Fragen Sie einen Headhunter nicht, woher er Ihre Nummer hat.
- Reagieren Sie nicht allergisch auf das Wort „Datenbank".
- Reagieren Sie allergisch auf das Wort „Streuen".
- Arbeiten Sie aktiv mit dem Dienstleister Ihrer Wahl zusammen.
- Seien Sie zuverlässig und ehrlich.
- Verlangen Sie Zuverlässigkeit und Ehrlichkeit.
- Versuchen Sie nicht, sich hinter dem Rücken des Beraters selbst beim suchenden Unternehmen zu bewerben, nachdem er Ihnen die Vakanz vorgestellt hat.
- Vertrauen Sie auf Ihr Bauchgefühl.

7.8 Zeugnisse und warum manche Wert auf Vollständigkeit legen

Die Bedeutung von Arbeitszeugnissen hat in den letzten Jahren abgenommen. Dieser Aussage stimmen die meisten Personalverantwortlichen zu. Denn immer mehr Mitarbeiter würden ihre Arbeitszeugnisse selbst schreiben oder zumindest entwerfen. Diese Entwürfe würden dann mehr oder weniger vom Unternehmen abgenickt. Gute Bewertungen klage man in Arbeitsgerichtsverfahren ein bzw. man einige sich schon im Vorfeld mit dem Mitarbeiter, denn wer wolle das Ausscheiden durch Ärger mühsamer machen? Gar nicht zu reden von Personalabteilungen, die teilweise die Standards für ein angemessenes Zeugnis nicht kennen oder nur auf nichtssagende Bausteine zurückgreifen würden. Arbeitszeugnisse hätten also nicht mehr die Aussagekraft, die man sich einmal von ihnen versprochen habe.

An Wert verloren?

Kann man daraus schließen, sie seien unwichtig und man müsse sie den Bewerbungsunterlagen nicht vollständig beilegen? Der Gedanke, einfach eine Auswahl zu treffen, ist reizvoll. Man legt ausgewählte Zeugnisse bei: die aktuellsten, diejenigen, die man für die angestrebte Stelle für relevant hält. Zeugnisse, die einen längeren Zeitraum belegen. Das neueste Zeugnis. Die guten Zeugnisse natürlich, die vor allem! Das Zeugnis über den

Nur ausgewählte Zeugnisse beilegen?

höchsten schulischen Abschluss wird weggelassen, vielleicht auch das Ausbildungszeugnis. Das alles liegt doch mehr als zehn Jahre zurück. Wen interessiert das noch? Genügt die Diplomurkunde als Nachweis für den Universitätsabschluss oder muss es wirklich das Blatt mit den Noten sein?

Welche Meinung auch immer der Bewerber selbst zu dem Thema hat: Wenn in einer Anzeige „vollständige Bewerbungsunterlagen" gefordert sind, dann erwartet der zukünftige Arbeitgeber, dass das gesamte Berufsleben mit Zeugnissen belegt ist. Und was immer man davon hält, es ist pragmatisch und zielführend, sie einfach beizulegen.

Je mehr Zeugnisse, desto mehr Aussagekraft

Geübte Personaler und Personalberater lesen Zeugnisse und verstehen in der Regel, was sie aussagen sollen. Schlüsse daraus sind einfacher und zutreffender zu ziehen, wenn alle Zeugnisse vorliegen. Da werden Tendenzen sichtbar, Entwicklungen der Person und ihrer Arbeitshaltung etc. Ein einziges Zeugnis sagt eher nichts (oder wenig); mehrere Zeugnisse sagen in der Regel eine ganze Menge. Zeugnisse sind ein Baustein, um den Bewerber einschätzen zu können. Warum ohne Not darauf verzichten?

Allein der Umgang mit der Anforderung in der Stellenanzeige, „aussagefähige und vollständige" Bewerbungsunterlagen einzusenden, hat für manchen schon diagnostischen Wert. Fragt der Bewerber nach? Legt er alle Zeugnisse bei? Trifft er eine Auswahl und, wenn ja, nach welchen Kriterien? Welche Gedanken entwickeln sich bei jemandem, wenn die Informationen, die er einfordert, nicht vollständig sind? In der Regel wird er denken: Da hat einer etwas zu verbergen!

Zeugnissprache

In Deutschland hat sich eine spezielle Zeugnisprache herausgebildet. Der Grund liegt in der Forderung des Gesetzgebers, dass ein Arbeitszeugnis „wohlwollend" und gleichzeitig „wahr" zu sein habe. Diese Anforderungen erscheinen auf den ersten Blick ein kaum zu bewältigender Spagat zu sein. Aber „wohlwollend" bedeutet nicht, dass der Arbeitnehmer einen Anspruch auf ein durchgängig sehr gutes Zeugnis hat. Es bedeutet lediglich, dass das weitere Fortkommen auf dem Arbeitsmarkt nicht unnötig erschwert werden soll.

Wohlwollenspfllicht

> „Die Informationsfunktion (eines Arbeitszeugnisses) bedeutet keine Pflicht zu schonungsloser und vernichtender Offenheit. Es geht um Beurteilung, nicht um Verurteilung. Der Arbeitgeber ist wegen seiner Fürsorgepflicht gehalten, das Zeugnis mit ‚verständigem Wohlwollen' auszustellen, um dem Arbeitnehmer das weitere berufliche Fortkommen nicht unnötig zu erschweren [...] So sollen atypische Fehlhaltungen, kleine Schwächen oder kurze Zeiten labiler Leistung nicht im Zeugnis verewigt werden [...]" (Weuster/Scheer: Arbeitszeugnisse in Textbausteinen, S. 36)

Aber es gilt auch: „Oberster Grundsatz der Zeugniserstellung ist die Wahrheitspflicht."

Empfänger von Zeugnissen wissen das und kalkulieren das in ihre Bewertungen der Bewerber mit ein. Deswegen bilden Zeugnisse auch nur einen Baustein unter vielen anderen bei der Einschätzung von Bewerbern.

Es gibt viele gut gemeinte, aber schlecht geschriebene Zeugnisse. Der Mitarbeiter, der das nicht erkennen kann, aber gleichzeitig auf fachkundige Hilfe bei der Interpretation dieser Texte verzichtet, lässt sich und seiner beruflichen Karriere gegenüber Sorgfalt vermissen. Wie will man dem Empfänger solcher Dokumente vermitteln, dass man kompetent in der Beurteilung wichtiger Unternehmensdaten ist, wenn man diese Kompetenz für sich selbst nicht wahrnimmt?

Ein ganz klares Problem ist die Art und Weise, wie in vielen Unternehmen regelmäßige Leistungsbeurteilung vorgenommen werden, die dann optimalerweise eine Grundlage für aussagefähige Arbeitszeugnisse darstellen. Häufig liegen solche Beurteilungen nicht vor, die früheren Vorgesetzten sind nicht mehr im Unternehmen oder können keine Aussagen mehr zum Mitarbeiter machen. Individuelle Aussagen kann aber nur der direkte Vorgesetzte machen, nicht eine Personalabteilung, die weit vom Arbeitsalltag des Mitarbeiters entfernt ist. Und so werden standardisierte Vorlagen zur Beurteilung mit Kreuzchen ausgefüllt, es wird verallgemeinert, bis der Mitarbeiter dahinter nicht mehr erkennbar ist.

Oft keine Leistungsbeurteilungen als Grundlage

Dabei könnte es der Job von Personalabteilungen sein, gut gemeinte, aber merkwürdig formulierte Aussagen von Vorgesetzten in angemessenes Zeugnisdeutsch zu bringen. Oft passiert das auch, wenn der Vorgesetzte seinem Mitarbeiter gegenüber Wertschätzung ausdrücken will. Wer so ein Zeugnis hat und es mit anderen, standardmäßig erstellten vergleicht, der wird den Unterschied erkennen können und seine Schlüsse ziehen – in der Regel positive Schlüsse.

Der Anspruch auf ein qualifiziertes Arbeitszeugnis ist in Deutschland Arbeitnehmerrecht. Referenzen, als Ersatz für Zeugnisse gerne favorisiert, unterliegen keinen rechtlichen Regeln, sie müssen auch nicht erteilt werden. Dennoch geht ein Trend in Richtung Referenzen. Wenn die allerdings sich in diese Richtung bewegen: „Ich habe meinen Ex-Chef gefragt, ob er mir eine Referenz geben kann. Er hat gesagt, ich solle mal eine entwerfen …", gibt es keinen wirklichen Vorteil in diesem Verfahren. Mündliche Referenzen sind etwas anderes – aber wie vertrauenswürdig und sinnvoll sind die, vor allem wenn die Zeit der Beschäftigung des Arbeitnehmers schon eine Weile zurückliegt? Gegen unpassende Referenzen (wenn zum Beispiel – gut gemeinte – psychologische Deutungen der Persönlichkeit gemacht werden) etwas zu unternehmen ist dem Arbeitnehmer nicht möglich. Bei einer unpassenden Beurteilung durch ein Arbeitszeugnis steht ihm zur Korrektur immerhin der Rechtsweg offen.

Referenzen als Zeugnisersatz?

Welche Funktion haben also Zeugnisse, außer über die gezeigten Leistungen zu informieren?

Bei allen nachzuvollziehenden Bedenken zum Thema „Aussagekraft von Zeugnissen", bleibt festzuhalten, dass sie

- Beleg dafür sind, dass die zeitlichen Angaben im Lebenslauf stimmen;
- zeigen, dass man in der Funktion tätig war, die man angibt;
- die Aufgaben belegen, die man wahrgenommen hat;
- einen Beweis für die hierarchische Position im Unternehmen darstellen.

Zudem: Zeugnisse sind im deutschen Arbeitsumfeld (noch?) absolut üblich, und solange das so ist, sollte man sich darum kümmern, was drinsteht. Und man sollte sich so verhalten, dass etwas Vernünftiges drinstehen kann.

Werden also in der Anzeige „vollständige" Unterlagen gefordert, dann sollte man dem Wunsch folgen und sie mitschicken: vollständig. Der Schreiber wird sich etwas gedacht haben.

Ist man unsicher, was gemeint ist, bleibt immer noch der Weg anzurufen und nachzufragen. Und eine gute Erklärung parat zu haben, wenn man gefragt werden sollte: „Haben Sie etwas zu verbergen? Oder warum fragen Sie?"

7.9 Ausblick auf zukünftige Entwicklungen

Volatiler Arbeitsmarkt

Der Arbeitsmarkt ist wie die Börse: volatil! Ein Teil der Texte dieses Buches wurde konzipiert, als noch niemand so genau wusste, wie die deutsche Wirtschaft und ihre Unternehmen die Wirtschaftskrise überstehen würden. Im Augenblick boomen Wirtschaft und Arbeitsmarkt (mindestens in einigen Regionen und Branchen) wieder und Unternehmen haben Schwierigkeiten, passendes Personal zu finden. Im Grunde könnte man einiges neu schreiben. Ob das in einem Jahr noch immer alles so aussehen wird, kann allerdings niemand voraussagen. Denn vor der Krise ist während der Krise ist nach der Krise!

Wie neue Mitarbeiter gesucht werden, welche Trends gesetzt werden, hängt von der wirtschaftlichen Stärke ab – nicht nur unseres Landes, sondern der ganzen Welt. Ob das dem Einzelnen Angst macht oder ihn eher beruhigt, ist wohl eine Frage der Persönlichkeit. Deswegen wird in Zukunft mehr denn je die Fähigkeit des Wechselwilligen gefragt sein, seine und die allgemeine Situation des Arbeismarktes halbwegs richtig zu beurteilen. Bewerben wird also vermutlich nicht einfacher werden.

Im Augenblick gehen verschiedene Schlagworte durch die Presse.

Demografischer Wandel

Das eine ist das vom demografischen Wandel. Demnach werden die jungen Leute knapp und das wird eine verstärkte Nachfrage nach Berufsanfängern hervorrufen. In allen Berufsgruppen? Ein Blick in die Glaskugel auf dem Schreibtisch sagt: Vermutlich eher nicht. Geisteswissenschaftliche Studiengänge werden es auch in Zukunft nicht leicht haben, ihren

Einstieg auf dem Arbeitsmarkt zu finden. Aber vielleicht wird man das leichter tolerieren, einfach deshalb, weil die Menge an Bewerbern mit „richtiger" Ausbildung nicht ausreichend groß sein wird. Das wird eintreten in … Und da wabern Schlieren wie von Nebel durch die Glaskugel und machen den Blick auf die Zukunft undeutlich, nein, mehr als das: Jetzt ist er ganz weg!

Ganz neu gibt es einen Referentenentwurf zur Regelung des Beschäftigungsdatenschutzes. Unter anderem soll darin geregelt werden, welche Informationsquellen Unternehmen im Rahmen der Personalauswahl nutzen dürfen. Der Entwurf sieht vor, dass Arbeitgeber / Recruiter bestimmte soziale Netzwerke nutzen dürfen, nämlich solche, die Karrierezwecken dienen. Andere Netzwerke, die eher zur privaten Kommunikation genutzt werden, sollen nicht mehr zur Recherche über Kandidaten herangezogen werden dürfen.

Beschäftigungsdatenschutz

Wie auch immer man zu solchen Initiativen steht, das Internet mit seinen Kommunikationsmöglichkeiten hat längst eine Eigendynamik entwickelt, die sich durch nationale gesetzliche Regelungen nicht wird kanalisieren lassen. Und auch mit der Kontrolle der Einhaltung dieses Gesetzes wird es schwierig werden. Denn wer lehnt einen Bewerber schon mit der Begründung ab: „Ihr Facebook-Profil passt nicht, da könnten wir Schwierigkeiten mit unseren Kunden bekommen!" Außer natürlich, jemand aus dem Unternehmen macht eine handschriftliche Notiz auf den Bewerbungsunterlagen.

Aber vielleicht wird alles gut, weil die anonyme Bewerbung Standard wird. Keine Angaben zur Person, kein Googeln von Namen, keine unpassenden Profile bei Facebook, StudiVZ & Co.! Denn in dieser Bewerbungsform soll auf alles, was eine Person identifizierbar macht, verzichtet werden: Namen, Alter, Familienstand, Fotos. Nur die Aufzählung und Beschreibung beruflicher Kenntnisse und Erfahrungen soll dem Arbeitgeber zugänglich gemacht werden, damit er objektiv seine Entscheidung treffen kann, wer zu einem Vorstellungsgespräch eingeladen wird. Wie das gehen wird? Wird das überhaupt im großen Stil praktikabel sein? Ein Versuch startet auf Initiative der Antidiskriminierungsbeauftragen des Bundes, zusammen mit einigen Unternehmen, die sich beteiligen werden. In einem Jahr wird man mehr wissen.

Anonyme Bewerbung

Müssen wir uns Gedanken um all das machen? Albert Einstein sagt dazu: „Ich sorge mich nie um die Zukunft. Sie kommt früh genug."

Die Gastautoren

Macht man sich daran, ein Sachbuch zu schreiben, dann muss man sich entscheiden: alles selber wissen (was eher eine Illusion ist!) und schreiben oder ergänzend auf fremdes Wissen zurückgreifen. Ich habe mich für die zweite Variante entschieden und Menschen mit Kompetenz und Erfahrung gefragt, ob sie ihre Kenntnisse in dieses Buch einbringen wollen. Und sie haben mir die Freude gemacht.

Für diese Unterstützung und das damit verbundene Vertrauen bedanke ich mich an dieser Stelle noch einmal nachdrücklich.

Sabine Kanzler

Blümer, Christoph	Christoph Blümer ist approbierter Apotheker und war zuletzt mehrere Jahre als Laborleiter mit Personalverantwortung in der Qualitätskontrolle bei einem großen internationalen Pharmakonzern tätig. In dieser Funktion sammelte er viele Erfahrungen zur Personalführung, insbesondere im dynamischen Umfeld eines Saisongeschäfts mit einem höheren Anteil von Zeitarbeitskräften. https://www.xing.com/profile/Christoph_Bluemer
Clausius, Bernd	Bernd Clausius ist Dipl.-Kaufmann und seit 1982 als selbständiger Personalberater tätig. Sein Weg dorthin: • 6 Jahre als Personalmann in der pharmazeutischen Industrie , zuletzt verantwortlich für Auswahl, Einstellung und Betreuung der Mitarbeiter aller Tochtergesellschaften. • 4 Jahre Tätigkeit als angestellter Personalberater bei zwei großen Beratungsunternehmen. www.bernd-clausius.de

Hartenfeller, Andrea	Andrea Hartenfeller ist Mitarbeiterin HR bei einem Spielehersteller und meint zu sich: „Dass mich mein beruflicher Weg einmal zur Personalarbeit führen würde, hatte ich mir während meines Studiums der Musikpädagogik und Musiktherapie noch nicht träumen lassen. Nach dem Sprung ins kalte Wasser der Personalberatung und beständigem Weiterlernen inklusive Aufbaustudiums bin ich heute Personalerin aus Überzeugung mit den Schwerpunkten Personalbetreuung, Führungskräfteberatung und Personalgewinnung." karriere@aha-beratung.de
Hild, Sonja	Sonja Hild blickt auf langjährige Erfahrung als Personalberaterin und Consultant bei namhaften Unternehmen im In- und Ausland zurück. Darüber hinaus engagiert sie sich im Zuge der ehrenamtlichen Bewerberberatung seit Jahren für mehr Verständnis zwischen Arbeitgebern, Dienstleistern und Bewerbern.
Klose, Hans-Eckart	Hans-Eckart Klose ist Wirtschaftspsychologe und Geschäftsführer der Perkado Eignungsdiagnostik in Freiburg. Mit Kompetenz und Leidenschaft unterstützt er Unternehmen aller Größenordnungen und Branchen mit seinem eignungsdiagnostischen Know-how beim Aufbau eines optimalen Mitarbeiterstamms. http://www.perkado.de
Klotzbier, Michael	Michael Klotzbier ist seit 10 Jahren im Sales und im Kooperationsmanagement tätig und hat im Jahr 2008 eine Umfrage unter Personalern zum Thema „Web 2.0 in Bezug auf Recruiting und Personalmarketing" durchgeführt. https://www.xing.com/profile/ MichaelH_Klotzbier

Nau, Clemens	Clemens Nau ist Geschäftsführer und Gesellschafter der salesjob GmbH. Das Unternehmen hat sich auf Fach- und Führungskräfte im Vertrieb spezialisiert und besteht aus den beiden Bereichen „salesjob Stellenmarkt", einer berufsgruppenspezifischen Internet-Karriereplattform für Top-Mitarbeiter und Führungskräfte, und der „salesjob Personalberatung", welche die Rekrutierung, Auswahl und Vermittlung von Vertriebsprofis im Kundenauftrag betreibt. www.salesjob.de
Noa, Stefan	Dr. Stefan Noa ist seit 5 Jahren im Personalmarketing tätig und beschäftigt sich dort schwerpuktmäßig mit der Schaltung von Online-Stellenanzeigen. Sein Blog unter http://www.recruiters-corner.de dient ihm darüber hinaus als Sprachrohr zur Verbreitung seiner Meinung zu diversen Themen rund um Arbeitsmarkt und Personalwesen.
Oppermann, Anne	Anne Oppermann leitet gemeinsam mit ihrem Mann die Fernstudienakademie in Münster. Sie hat verschiedene Fernkurse konzipiert und geschrieben, z. B. zu den Themen Erwachsenenbildung und Stadtmarketing. http://www.fernstudienakademie.de/
Richter, Janet Maria	Janet Maria Richter ist Recruiterin der Firma Goetzfried AG - Recruiting Experts (http://www.goetzfried-ag.com). Das Unternehmen beschreibt seine Leistungen folgendermaßen: „Wir unterstützen qualitätsgesichert alle Prozesse rund um Beschaffung, Betreuung und Verwaltung externer IT-Ressourcen. Zudem können Sie uns Ihre Projekte vollständig anvertrauen oder von uns nur einzelne Phasen durchführen lassen – ganz nach Ihrem Bedarf. Die Goetzfried AG arbeitet unabhängig von Branchen und Technologien. Durch unsere aktive Partnerschaft mit den Marktführern der IT-Branche liefern wir Ihnen ein breit gefächertes Leistungsspektrum, das auf State-of-the-Art Technologien, Methoden und Produkten basiert."

Wacker, Frank

Frank Wacker verfügt über langjährige Erfahrung als Führungskraft in der Industrie. Im mittleren Management eines Konzerns und auf Geschäftsleitungsebene im Mittelstand trug er bereits Personalverantwortung für Einkäufer und Logistiker im In- und Ausland.